“十四五”高等职业教育能源类专业系列教材
湖南理工职业技术学院教材出版基金资助(2024HYS065)

工程流体力学与流体输送设备

GONGCHENG LIUTI LIXUE YU LIUTI SHUSONG SHEBEI

主　编◎刘阳平　向　钠　唐　芳
副主编◎李勇军　陈思超　吕　爽

新形态一体化教材

中国铁道出版社有限公司
CHINA RAILWAY PUBLISHING HOUSE CO., LTD.

内容简介

本书以职业教育"五金"建设中"金教材"为导向,深度依托校企合作编写。全书内容共分两个模块。模块一为工程流体力学,主要包括流体静力学方程、连续性方程、伯努利方程、流体阻力计算方法,同时重点介绍了电磁流量计等流量测量新技术;模块二为流体输送设备,主要以离心泵、风机、压缩机为主,结合实际工程应用,重点介绍离心泵及轴封、风机选型,同时给出了离心泵典型故障及处理方法、离心式压缩机总成设计案例、离心式压缩机故障及处理方法。

本书适合作为高等职业院校(含职业本科)太阳能光热技术与应用、热能动力工程技术、城市热能应用技术、地热开发技术、工业节能技术、供热通风与空调工程技术、应用化工技术、石油化工技术、油气储运技术等专业的教材,也可作为部分中等职业学校及相关企业工程技术人员的培训教材和参考书。

图书在版编目(CIP)数据

工程流体力学与流体输送设备 / 刘阳平,向钠,唐芳主编. -- 北京 : 中国铁道出版社有限公司, 2025. 6.
("十四五"高等职业教育能源类专业系列教材).
ISBN 978-7-113-32278-6

Ⅰ. TB126;TH

中国国家版本馆 CIP 数据核字第 202594PW02 号

书　　名:工程流体力学与流体输送设备
作　　者:刘阳平　向　钠　唐　芳

策　　划:何红艳　　　　**编辑部电话:**(010) 63560043
责任编辑:何红艳　徐盼欣
封面设计:付　巍
封面制作:刘　颖
责任校对:刘　畅
责任印制:赵星辰

出版发行:中国铁道出版社有限公司(100054,北京市西城区右安门西街 8 号)
网　　址:https://www.tdpress.com/51eds
印　　刷:河北燕山印务有限公司
版　　次:2025 年 6 月第 1 版　2025 年 6 月第 1 次印刷
开　　本:787 mm×1 092 mm　1/16　**印张:**13　**字数:**289 千
书　　号:ISBN 978-7-113-32278-6
定　　价:45.00 元

前言

工程流体力学与流体输送设备是热能动力、石油化工、化工制药、暖通、环保等专业的基础课程。随着产业数字化、智能化、绿色化发展，产业对人才的需求，特别是对技术技能人才的需求也趋向于向交叉型、复合型转变。为了让职业院校的学生更好地适应新岗位的需求，在培养学生掌握必要的“技”的同时，更应该注重“术”的积累。

本书充分考虑新时代对职业院校学生培养的需要，结合学生学习特点，主要有以下特色：

一是以工程应用为导向，按模块化专题进行教材内容编排。全书共两个模块，其中模块一为工程流体力学，主要介绍流体流动基本规律及其在简单管路设计、分析过程中的应用。核心内容包括流体静力学方程、连续性方程、伯努利方程、流体阻力计算及流量测量仪表，同时紧跟行业前沿，引入了电磁流量计、超声波流量计等新技术及钢管尺寸规格等新国家标准。为提升学习挑战度和培养学生创新能力，该模块一方面设置了很多开放性的拓展思考，另一方面尝试做了一些学科间的交叉拓展。例如，介绍雷诺数 Re 时，通过知识延展，介绍了其在传热领域的应用，以及雷诺数 Re、努赛尔数 Nu、普朗特数 Pr 三者之间的关联式。

模块二为流体输送设备，主要以离心泵为主，详细介绍了离心泵工作原理、基本结构及性能参数。相比同类型教材，还新增了离心泵轴封(基于泵用轴封系统等新行业标准)、离心泵选型和使用维护等内容。同时，对风机、压缩机也做了梳理介绍，重点提供了石油化工行业离心式压缩机总成设计案例、离心式压缩机故障及处理方案等。配合案例，帮助学生奠定流体输送设备选型操作与日常维护技能基础。

二是以能力培养为本，按实际工程项目或由实际工程项目简化进行案例选取与设计。为满足教学需求，本书充分考虑了案例使用的连续性，同一案例可能在不同内容模块下反复出现。比如，选取了新能源行业太阳能供热系统作为贯穿教材始终的案例分析对象，在学习前述两个模块内容时，通过串联循环管路与循环泵的选型计算，帮助学生从整体上掌握管网设计相关知识技能。对于本书中管道规格选取、流体阻力、离心泵扬程等核心计算过程，也设计了一些典型的 Excel 计算表，学生完全可以参照借鉴，以提高学习兴趣及效率，这也是本书与其他同类教材的不同之处。

三是以校企协同为引领，凸显教材的实用性和可借鉴性。本书副主编李勇军是中国化学工程第四建设有限公司设计研究院高级工程师，他参与编写了流体输送设备模块的内容，提供了他作为设计院机械专业负责人常用的离心泵轴封及选型、离心泵运行中的典型故障与处理方法，以及重油催化裂化装置离心式压缩机总成设计案例、离心式压缩机组典型故障与处理方法等宝贵资料。同时，本书的编写还得到了西安陕鼓动力股份有限公司史冰乐工程师的大力支持。史冰乐工程师提供了陕鼓动力大量压缩机组图片及风机样本等资料，极大丰富了教材内容，并对压缩机的内容编写给出了详细的指导意见，在此表示感谢。

四是聚焦立德树人，积极挖掘与课程相关的思政元素。主要以“拓展阅读”等形式插入，让学生德技双修，如介绍钱学森等一批先驱科学家，以此引导学生注重积累、热爱科学、崇尚奋斗，报效祖国。

本书配套有PPT电子课件、微课、课程标准、教案和线上课程等数字化资源，适合作为高等职业院校（含职业本科）能源动力、石油化工类专业的教材或参考书，也可供相关领域工程技术人员学习。

全书由湖南理工职业技术学院刘阳平、向钠、唐芳任主编；由中国化学工程第四建设有限公司设计研究院李勇军，湖南理工职业技术学院陈思超、吕爽任副主编。其中模块一由向钠、唐芳编写；模块二由刘阳平、李勇军编写；陈思超、吕爽共同负责了两个模块的CAD绘图及习题编写。最后全书由刘阳平、向钠统稿定稿。

本书内容丰富，涉及面广，但由于编者水平有限，加之时间仓促，书中难免存在疏漏，恳请广大读者、同仁批评指正！诚挚欢迎读者朋友与团队交流反馈，邮箱：498414390@qq. com。

编　者

2025年1月

目 录

绪论

学习笔记

液体和气体统称为流体。例如，水、空气就是非常典型的流体。流体的特征是具有流动性，无固定形状，随容器的形状而变化，在外力作用下其内部发生相对运动。

在热能动力、暖通、石油化工、医药、食品等行业，都包含以流体为工作介质，依靠流体流动而实现的连续物料传递、能量传递工艺过程。例如，在火力发电站，石化燃料在锅炉炉膛内燃烧，产生高温高压的过热蒸汽，通过管道输送至汽轮机，并以此推动汽轮机组发电；做完功后的乏汽则在冷凝器中冷凝，由循环泵送回锅炉重新吸热、汽化，其基本流程如图 0-1 所示。

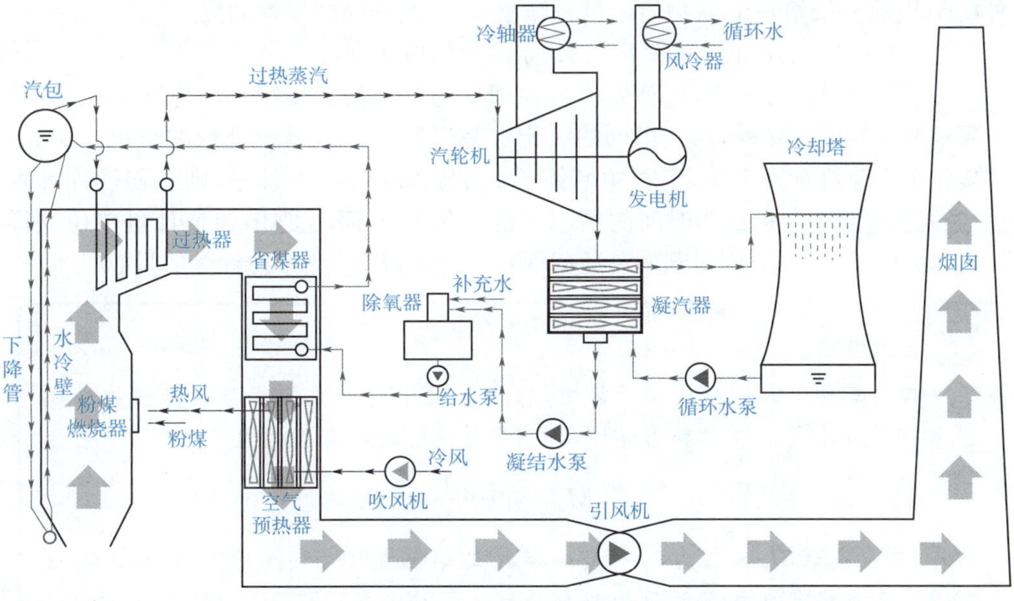

图 0-1　火电站流程原理示意图

流体的流动需要有合适的通道，通常为圆形或者矩形截面的管道。在设计管路系统时，无疑需要确定管道的规格大小。而确定管道规格时，需要熟悉流体的物理性质及流体流动的基本规律，主要包括质量守恒和能量守恒。

同样，在一根长度 10 km 的管道内，流体很难按工艺要求，自发地从一端流向另一端，这就需要外部设备对流体作功，推动流体连续流动。这样的设备就是流体机械，包括泵、风机、压缩机等。流体机械类型千差万别，在设计管路系统时，必须恰当地选用流体机械，这就要求我们熟悉典型流体机械的结构、工作原理、特性参数及特

学习笔记

性曲线等。

工程流体力学与流体输送设备的理论性与应用性都很强，会涉及大量工程设计计算，以下三个问题将贯穿始终，因而先列出来，提醒大家应做到时时注意。

一、单位制

思考如下问题：一个工程设计计算问题，公式选用对了，数值也按已知条件代入，但计算结果却不对，问题出在哪？

例如，工业节能领域，在进行管线保温设计时，要求选用的保温材料导热系数小于 500 J/(m·h·℃)，特殊情况下，也不应大于 840 J/(m·h·℃)。试问，在用傅里叶定律核算导热量 $Q=\frac{\lambda}{b}\cdot A\cdot \Delta T$ 时，导热系数 λ 可以直接代入上述数值吗？

显然不可以，λ 的国际标准单位是 W/(m·K)，在进行工程计算前，当然应该先进行单位换算。通过对比原条件中的单位 J/(m·h·℃)和国际标准单位，实际只需将 J/h 换算成 W 即可，即有

500 J/(m·h·℃)=0.139 W/(m·℃)；840 J/(m·h·℃)= 0.23 W/(m·℃)

在国际制标准单位中，基本单位有 7 个，还有 2 个辅助单位，分别如下：

七个基本单位：m(长度—米)、kg(质量—千克)、s(时间—秒)、K(温度—开尔文)、A(电流—安培)、mol(物质的量—摩尔)、cd(发光强度—坎德拉)。

两个辅助单位：rad(平面弧度)、sr(立体角的球面度)。

一般工程设计计算中，应首先将各物理量的单位换算成国际制标准单位，有特殊要求的经验公式除外，那么得到的一定也是以国际标准单位计量的结果。例如，后续介绍流速流量方程时，工程领域体积流量通常用 m^3/h 计量，则工程设计计算时，应先换算成 m^3/s，因为时间的国际标准单位是 s，而不是 h；流速计量单位同样取国际标准单位 m/s，则得到的流通截面积一定是以 m^2 为单位计量的量。

知识延展

在汽车传动轴强度设计计算中，作用于轴上的外力偶矩与轴传递的功率 P 和转速 n 有关。在材料力学中，外力偶矩 M_e 的计算公式为

$$M_e=9\,549\,\frac{P}{n}$$

式中，外力偶矩 M_e 单位为 N·m；功率 P 的单位为 kW；转速单位为 r/min。这就是一个非常典型的、经过理论推导得到的经验公式，功率 P 和转速 n 的单位都不是国际标准单位，在使用时必须按经验公式规定的单位来换算、代数。

二、稳态过程与非稳态过程

在流动系统中，若各流通截面(包括所有设备、管线)上流体的流速、压强、密度等有关物理量仅随位置而改变，但不随时间而变，则这种流动称为稳态流动。

若流体在各截面上的有关物理量既随位置而变，又随时间而变，则称为非稳态流动。

学习笔记

以水箱溢流流动为例，其流动示意图如图 0-2 所示。水箱 3 上部不断地有水从进水管 1 注入，而从下部排水管 4 不断地排出，且在单位时间内，进水量总是大于排水量，多余的水由水箱上方溢流管 2 溢出，以维持箱内水位恒定不变。在流动系统中，任取两个截面 1—1′和 2—2′，经测定发现，该两截面上的流速和压强虽然不相等，即 $u_1 \neq u_2$、$p_1 \neq p_2$，但每一截面上的流速和压强并不随时间而变化，这种流动情况就属于稳态流动。

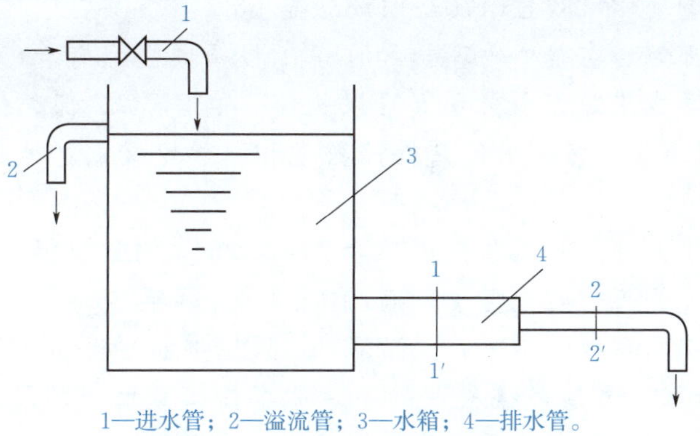

1—进水管；2—溢流管；3—水箱；4—排水管。

图 0-2　流动情况示意图

若将图 0-2 中进水管 1 的阀门关闭，箱内的水仍由排水管不断排出，由于箱内无水补充，则水位逐渐下降，各截面上水的流速与压强也随之而降低，此时各截面上水的流速与压强不但随位置而变；还随时间而改变，这种流动情况属于非稳态流动。

太阳能热发电、供热采暖、热能动力、石油化工等生产过程中，一般很难达到绝对的稳态流动，但是从时间维度看，正常操作期间其波动又很小，因而可认为依然属于连续稳态过程。

工程设计过程均以稳态流动为基础前提，本书的讨论也以稳态流动问题为主。

三、两个守恒

研究守恒问题先要明确工程流体力学的研究方法。它与刚体（即我们常说的固体）研究方法不一样，在中学物理中，我们研究一个固体的运动，是把研究对象（如一个小车）当做一个质点，然后跟随质点的运动轨迹来研究该物体的运动，以及功能转换关系，核心是质点跟踪。

流体的运动可看成无数质点杂乱无章的湍动，因此再要跟踪每一个流体质点的轨迹就非常困难，而且工程应用领域也没有必要。在实际工程应用中，我们通常只关心流场中某个确定位置流动参数的变化，如自来水管某流通截面上流量、压强、温度等。虽然跟踪某个流体质点很难，但是确定某个位置上流动参数的变化则简单容易得多，如上述提到的某个流通截面上的流量、压强、温度，都可以用相应的仪表测量。

因此在工程流体力学中，主要以流场中某一个固定的空间为研究对象，据此讨论该空间流体进出的关系、能量变化的关系。

仍以图 0-2 所示的流动情况为例，稳态条件下（考虑液面恒定，且没有溢流时的情况），进水管 1 流入水箱的水，和排水管 4 流出的水量有何大小关系？

学习笔记

答案是一定相等，这就是工程流体力学中质量守恒的表现。具体来说，就是在自由液面和排水管出口截面间的固定空间内，进入系统的质量流量和流出系统的质量流量一定相等。质量守恒概念是我们后续进行管路设计的重要基础。

拓展阅读

流体力学中，这种以具体空间为研究对象的方法称为欧拉法，由近代瑞士著名数学家和物理学家欧拉(1707—1783)提出。

欧拉的全部创造在整个物理学和许多工程领域里都有着广泛的应用。欧拉的数学和科学成果简直多得令人难以相信。他写了 32 部著作，其中有几部不止一卷，还写下了许多富有创造性的数学和科学论文。总计起来，他的科学论著有 70 多卷。

欧拉的一生并非一帆风顺。1733 年，年仅 26 岁的欧拉担任彼得堡科学院数学教授。过度的工作使他得了眼病，右眼失明，时年 28 岁。1741 年，欧拉到柏林担任科学院物理数学所所长。1766 年，欧拉重回彼得堡任职。没过多久，欧拉左眼视力衰退，最后完全失明。不幸的事情接踵而来，1771 年，一场大火将欧拉的书房和大量研究成果化为灰烬。

沉重的打击并没有使欧拉倒下。他以惊人的毅力，凭着记忆和心算进行研究，直到逝世。在失明后的 17 年间，他还口述了几本书和 400 篇左右的论文。当大火烧掉他几乎全部的著述之后，欧拉用了一年的时间口述了所有这些著述并作了修订。

欧拉的一生，是为数学发展而奋斗的一生，他那杰出的智慧、顽强的毅力、孜孜不倦的奋斗精神和高尚的科学道德，永远值得我们学习。

看下面的案例，换热器换热模型，如图 0-3 所示。

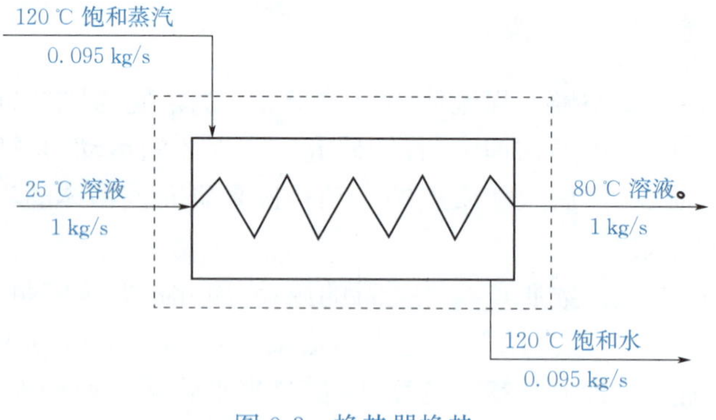

图 0-3　换热器换热

大家观察一下，进入换热器的溶液、饱和蒸汽与流出换热器的量相等吗？

显然是相等的，因为稳态流动条件下，进入系统的流量和流出系统的流量相等。同样，稳态条件下，不计热散失，饱和蒸汽释放的热量一定等于溶液吸收的热量。我们也可以把换热过程看成两部分：由蒸汽携带进入换热器系统的能量、由溶液携带离开换热器系统的能量。进入的量和流出的量相等，因为能量的转移或转化过程中，总量保持不变！

学习笔记

当然，这个案例仅仅只是一个简单的类比，后续学习中，流体进入和流出系统的能量形式会更多，主要包括动能、位能等，但是理解的逻辑完全一样。

四、一个案例

在双碳背景下，新能源行业太阳能供热采暖也得到了长足发展。其中太阳能热水系统因技术成熟，且极具商业价值，得到了广泛应用。它是利用太阳能集热器，收集太阳辐射能把水加热的一种系统，其组成主要包括集热器、保温水箱、连接管路、循环泵、控制中心和热交换器等。以某热水工程为例，其典型的运行原理如图 0-4 所示。

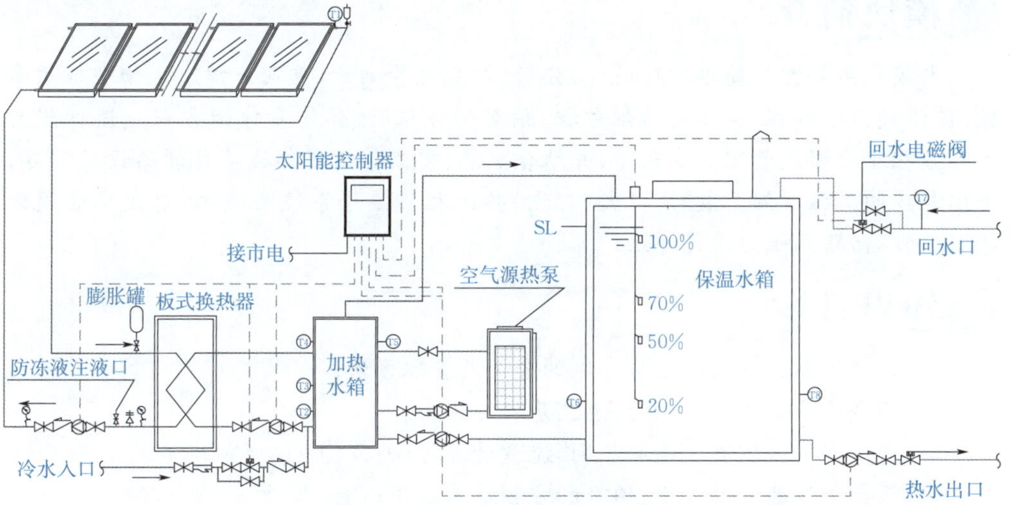

图 0-4　太阳能热水系统运行原理

运行原理图中，从太阳能平板集热器到板式换热器，构成了集热子系统，它是一个封闭内循环系统，集热工质（一般是水）在集热器中吸收太阳能，在板式换热器中放热，然后通过循环泵，重新流入集热方阵收集太阳能。

本书重点关注集热子系统，在后续模块内容中，也将以案例的形式，分步解决集热循环管规格与集热循环泵选型问题。

模块一

工程流体力学

学习笔记

模块简介

本模块主要围绕简单管路设计、分析，以及流量测量，重点介绍流体物理性质参数、流体静力学方程、流体连续性方程、伯努利方程（流体能量守恒方程）、流体阻力计算方程及典型流量测量仪表等，并结合热能、化工等工程领域常见管路设计问题，给出相应的工程案例。最后，以太阳能供热工程集热子系统为载体，对循环管规格选取、循环回路总阻力进行详细计算。

知识目标

（1）记忆流体常见物理性质参数的含义及查取方法；
（2）领会流体静力学方程的含义、基本应用；
（3）应用常见流体流速选取原则、流量计算方法；
（4）领会流体连续性方程、伯努利方程基本应用；
（5）领会流体流动类型分类及判定方法；
（6）应用流体阻力计算方法；
（7）领会常见流量计结构特点及工作原理。

能力目标

（1）能识别液位计、U 形管压差计，并进行现场读数；
（2）能对简单管路进行流量核算、管道材料及管道规格设计选取；
（3）能对简单管网进行分析，如确定设备间相对位置、离心泵扬程等。
（4）能识别常见流量计，并辅助进行现场安装、读数。

素养目标

树立标准规范、安全规范意识；培养热爱科学、坚韧不拔的人文气质，以及精益求精的工匠精神。

专题一　流体物性参数

在热能动力、石油化工、食品医药等行业，大多数物料及产品都是流体，工艺生产过程的设计，如选用适宜的流动速度、确定输送管路的直径、选用输送设备等，都

学习笔记

需要应用流体流动的基本原理，而且传热等过程（换热器的设计）也与流体的物理性质参数息息相关。因而可以说，掌握流体的物理性质是进行上述设计计算的基础。

在工艺设计过程中，最重要的物理性质参数有密度和黏度。

一、流体的密度

单位体积流体所具有的质量称为流体的密度，其表达式为

$$\rho=\frac{m}{V} \tag{1-1}$$

式中 ρ——流体的密度，kg/m^3；

m——流体的质量，kg；

V——流体的体积，m^3。

上述密度公式对气体、液体、固体均成立。

流体的密度可在文献[6]和文献[8]中查取，本书附录中也列有空气、水的密度数值。另外，一些互联网站，如“AP1700 物质物性计算查询平台”，也可方便进行常见物质的物理性质参数查询。

不同流体的密度是不同的，对一定的流体，密度 ρ 是压力[①] p 和温度 T 的函数，可用下式表达：

$$\rho=f(p,T)$$

液体的密度随压力的变化甚小，可忽略不计，故常称液体为不可压缩流体。温度对液体的密度有一定影响，一般温度越高，密度越小，但改变不大（极高压力下除外）。

（一）气体的密度

气体具有压缩性及膨胀性，其密度随压强、温度的变化很大。当压强不太高且温度不太低时，其密度可近似地按理想气体状态方程式来计算：

$$\rho=\frac{pM}{RT} \tag{1-2}$$

式中 ρ——理想气体的密度，kg/m^3；

p——气体的压强，Pa；

T——气体的绝对温度，K；

M——气体分子的摩尔质量，kg/mol；

R——气体常数，8.314 J/(mol·K)。

若已知标准状态下气体的密度 ρ_0、温度 T_0 和压力 p_0，则某状态下理想气体的密度 ρ 也可按下式计算：

$$\rho=\frac{\rho_0\cdot T_0\cdot p}{T\cdot p_0} \tag{1-3}$$

式中 ρ_0——标准状态（$T_0=273$ K，$p_0=101.33$ kPa）下气体的密度，kg/m^3，且有

$$\rho_0=\frac{M}{22.4}$$

① 在工程领域，压力与压强二者并不严格区分，压力就是压强的俗称。

学习笔记

例 1 试计算标准状态下空气的密度。已知标准状态参数为：$T_0=0$ ℃、$p_0=$ 1 个大气压，空气的摩尔质量为 29 g/mol。

解 根据理想气体密度公式，有

$$\rho=\frac{pM}{RT}=\frac{101\ 325\times29\times10^{-3}}{8.314\times273}\text{kg/m}^3=1.29\ \text{kg/m}^3$$

与本书附录 A 中查询的数据 1.293 kg/m³ 基本相同。

在很多生产中遇到的流体，往往是含有几个组分的混合物。通常手册中所列出的为纯物质的密度，混合物的平均密度 ρ_m 可以通过以下公式进行计算：

气体混合物的组成通常以体积分数表示。气体混合物的密度 ρ_m 可由下式求得（假定混合时各组分的体积不变）

$$\rho_m=\rho_1\varphi_1+\rho_2\varphi_2+\cdots+\rho_n\varphi_n \tag{1-4}$$

式中 ρ_i——各组分的密度；

φ_i——各组分的体积分数。

注意：对于理想气体，其体积分数与摩尔分数、压力分数是相等的。

当气体混合物的温度、压力接近理想气体时，（即温度不太低时，压强不太高时）仍可用式(1-2)来计算气体的密度，但式中气体分子的摩尔质量 M 应以混合气体的平均摩尔质量 M_m 代替，即

$$M_m=M_1\varphi_1+M_2\varphi_2+\cdots+M_n\varphi_n \tag{1-5}$$

式中 M_i——气体混合物各组分的摩尔质量；

φ_i——气体混合物各组分的摩尔分数（体积分数）。

例 2 试计算标准状态下空气的平均摩尔质量 M_m 及密度。已知空气组分近似为：氮气 78%、氧气 21%、惰性气体氩气 1%，其中各组分的摩尔质量(kg/mol)分别为：氮气 28、氧气 32、惰性气体氩气 18。

解 根据理想气体平均摩尔质量计算公式，有

$$\begin{aligned}M_m&=M_1\varphi_1+M_2\varphi_2+\cdots+M_n\varphi_n\\&=(28\times0.78+32\times0.21+18\times0.01)\text{g/mol}\\&=28.74\ \text{g/mol}\end{aligned}$$

由式(1-3)可得空气密度为

$$\rho_0=\frac{M}{22.4}=\frac{28.74}{22.4}=1.28\ \text{kg/m}^3$$

通过计算也可以验证，按式(1-4)也可以得到近似的结果。

（二）混合液体的密度

液体混合物的组成通常以质量分数表示，它的密度可按下式计算：

$$\frac{1}{\rho_m}=\frac{w_1}{\rho_1}+\frac{w_2}{\rho_2}+\cdots+\frac{w_n}{\rho_n} \tag{1-6}$$

式中 w_i——液体混合物中各组分的质量分数；

ρ_i——液体混合物中各组分的密度；

ρ_m——液体混合物的平均密度。

实际上，对于双组分的液体，可以参照式(1-4)，采用加权平均的方法来计算混

学习笔记

合密度，其计算误差很小，完全满足工程设计要求。

例3 试计算 293 K 时 60%(质量分数)醋酸水溶液的密度。293 K 时 $\rho_{水}=998\ \text{kg/m}^3$，$\rho_{醋酸}=1\,049\ \text{kg/m}^3$。

解 醋酸水溶液的密度按式(1-6)计算：

$$\frac{1}{\rho_m}=\frac{w_{水}}{\rho_{水}}+\frac{w_{醋酸}}{\rho_{醋酸}}=\frac{1-0.6}{998}+\frac{0.6}{1\,049}$$

所以

$$\rho_m=1\,028\ \text{kg/m}^3$$

采用加权平均方法计算：

$$\rho_m=\rho_1 w_1+\rho_2 w_2=[998\times(1-0.6)+1\,049\times0.6]\text{kg/m}^3=1\,028.6\ \text{kg/m}^3$$

显然两种计算方法几乎完全相等，对于工程设计而言，精度完全可以接受。

知识延展

加权平均是一种非常好的数学方法、数学思想，应用广泛。通过案例，可以发现加权平均方法可以很好地解决气体、液体混合密度问题；不仅如此，也适用于低浓度溶液及混合物比热容等参数计算。

比容 密度的倒数称为比容，以 υ 表示，单位为 m^3/kg，表达式为

$$\upsilon=V/m=1/\rho$$

二、流体的黏度

如图 1-1 所示，首先请大家结合图片，思考：同样一桶油和水，采用同样的倒法，谁先倒完？

感性认知告诉我们，把一桶油放完可能要比把一桶水放完慢得多，直观原因就是油太“黏”。实际客观原因就是油流动时的内摩擦力比水大。这种宏观表现就是流体的黏度（很多文献中也说“粘度”，在描述流体性质时，二者可以互换使用）。

流体的黏度和流体阻力计算息息相关，也影响和决定了流体输送设备的选型。

图 1-1 黏黏的油

(一)牛顿黏性定律

流体也是由分子组成，当流体流动时，从微观角度看，其内部质点(分子团)流动速度并不相等，而是会产生相对运动。与固体运动类似，有相对运动的流体质点间也会产生一个切向力(专业表述叫剪切力，其方向与相对运动相反)以抵抗其运动，流体的这种性质就称为黏性。对应的切向力称为黏滞力，也称为流体内摩擦力。

以水在管内流动为例：管内任一截面上各点的速度并不相同。管中心的速度最大，越靠近管壁速度越小，在管壁处水的质点附着在管壁上，速度为 0，这种现象也叫边界层效应。所以，流体在圆管内流动时，实际就像是被分割成了无数极薄的圆筒层，一层套一层，且各层以不同的速度向前运动，如图 1-2 所示。

学习笔记

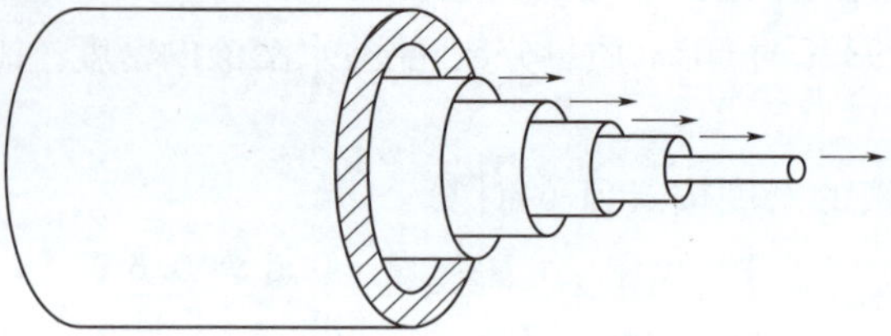

图 1-2　流体在圆管内分层流动示意图

边界层效应在生活中非常常见，如图 1-3 所示。比如，河流中流动的河水，总是邻近岸边的流动速度比河中间的慢。风力发电机组塔筒的高度必须足够高，才能保证高效的发电，原因之一就是避开靠近地面的低流速区。

图 1-3　生活中的边界层效应现象

再来看一个案例：设有两块平行的平板，其间充满了液体（如油），如图 1-4 所示。假定下板固定，上板以一定的速度 u 向右移动。由于流体有"黏"性，紧贴上板的流体层将附着在板上，以速度 u 随着上板向右运动，而紧贴下板的流体层将和下板一起保持静止。

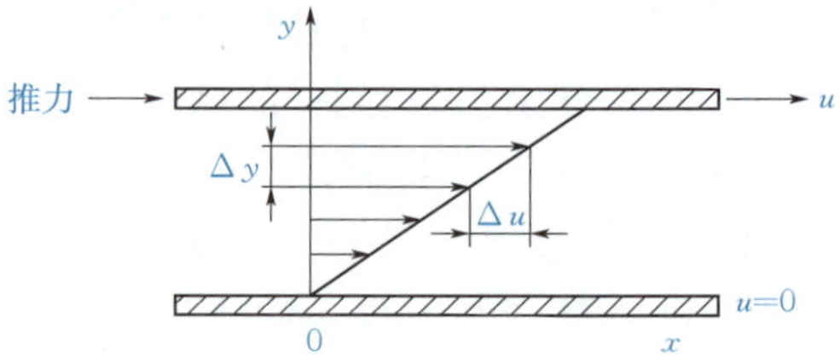

图 1-4　两平行平板间流体的速度分布

介于两板之间的各流体层，自上而下以逐层递减的速度向右移动。流动较快的流体层带动流动较慢的流体层；反之，流动较慢的流体层阻碍流动较快的流体层向前运动，从而在相邻两层流体间产生了内摩擦力。

根据牛顿的研究结果，流体运动时产生的内摩擦力与流体的物理性质有关，与流体层接触面积、流体沿垂直于流动方向的速度梯度（相邻流体层的速度变化率）成正比。其关系式可用下式表示：

$$F=\mu S\frac{\Delta u}{\Delta y} \tag{1-7}$$

式中　F——流体层间的内摩擦力，N；

S——流体层间的接触面积，m^2；

$\frac{\Delta u}{\Delta y}$——流体在垂直于运动方向上的速度变化率，1/s；

μ——表示流体物理性质的比例系数，称为动力黏度，简称黏度，Pa · S。

学习笔记

于是，单位面积上的内摩擦力 τ(称为剪应力)可表示为

$$\tau=\frac{F}{S}=\mu\frac{\Delta u}{\Delta y} \tag{1-8}$$

黏度 μ 随流体不同而异。流体越黏，其值越大。式(1-7)和式(1-8)称为牛顿黏性定律。凡遵循牛顿黏性定律的流体统称为牛顿型流体，反之则为非牛顿型流体。所有气体和大部分液体都是牛顿型流体，如生活中常见的空气、水、油等。某些高分子溶液(淀粉溶液)、油漆、血液、沥青等是典型的非牛顿型流体。

(二)流体黏度及典型应用

流体的黏度是流体一个非常重要的物理性质，相同条件下，黏度值越大，其内摩擦力越大。根据式(1-8)，当速度变化率 $\frac{\Delta u}{\Delta y}=1$ 时，黏度数值上等于流体层单位面积上的内摩擦力。可见黏度的物理意义就是促使流体产生单位速度梯度的内摩擦力。流体黏度越大，相同条件下流动越困难，所产生的流动阻力也越大。

当流体静止时，$\frac{\Delta u}{\Delta y}=0$，显然此时流体内摩擦力也为0，即流体不受内摩擦力作用。

实际上，黏度总是与速度变化率相联系，只有在运动时才显现出来。分析静止流体时，就不用考虑黏度因素。

拓展思考

因为黏度，流体流动时，内部会产生摩擦阻力，这也意味着流体流动过程中一定有能量损耗，而且流动距离越远，产生的能量损耗越大。

假设有一根水平布置，且足够长的管道，入口处的流体给定一个很大的初速度，大家想一想，流体一定能从管道另一端的出口流出吗？如果管道够长，流体最后一定会在管道中停下来。

那么对于一根足够长的管道，如西气东输长度超过 2 000 km 的管线，要维持流体流动，靠什么给它补充能量？该补充多少能量呢？

不同的流体具有不同的黏度。黏度值可由实验测定。同一流体在不同的温度、压力下数值也不同。一般液体的黏度随温度升高而减小(典型的如食用油，夏天温度高，黏度小，流动性更好)，压强的影响可以忽略不计；气体的黏度随温度升高而增大，一般气体的黏度随压强升高也增大，当压强变化不大，可以忽略不计。空气和水在不同温度下黏度值可查看本书附录 A、附录 B。

在国际单位制中，黏度的单位为 Pa·s。

在国内很多工程领域，黏度常用公制单位：P(泊)、cP(厘泊)。

$1\ \text{P}=100\ \text{cP},\quad 1\ \text{cP}=0.01\ \text{P},\quad 1\ \text{Pa}\cdot\text{s}=1\ 000\ \text{cP},\quad 1\ \text{Pa}\cdot\text{s}=10\ \text{P}$

此外，流体的黏性还常用黏度 μ 和密度 ρ 的比值来表示。这个比值称为运动黏度，以字母 ν 表示，即

$$\nu=\frac{\mu}{\rho} \tag{1-9}$$

运动黏度在流体流动类型判断，计算雷诺数 Re 时应用较多。运动黏度在国际

学习笔记

单位制中的单位为 m^2/s；在公制单位中常用单位有 St(沲)、cSt(厘沲)。

$$1\ \text{St(沲)}=100\ \text{cSt(厘沲)}=10^{-4}\ m^2/s,\quad 1\ \text{cSt(厘沲)}=1\ mm^2/s$$

知识延展

要成为一名优秀的现场工程师，常用的工程数据要记熟。

20 ℃的清水动力黏度为 100.5×10^{-5} Pa·s，即为 1.005 cP，约 1 cSt。而工业润滑油的黏度一般为 2.2～680 cSt。可见油比水要"黏"得多。

前面提到，流体流动有摩擦阻力，即能量损失。为了维持流动，必须依靠外部机械设备(泵、压缩机等)作功予以补偿。而液体输送设备，如泵在选型时，也必须考虑流体的黏度范围。不同结构形式的泵，适用的范围也有差异。例如，常用的离心泵，其适用的黏度范围一般小于 150 mm^2/s，其他泵适用黏度范围具体可参考本书模块二中表 2-7。

(三)混合物的黏度

一般流体的黏度可以从文献[6]等资料中查取。在很多工业生产过程中遇到的都是混合物。对混合物的黏度，缺乏实验条件和数据时，可以采用如下经验公式进行估算，其计算思想还是类似加权平均。

对于常压气体混合物的黏度，其估算公式如下：

$$\mu_m=\frac{\sum y_i\mu_iM_i^{0.5}}{\sum y_iM_i^{0.5}} \tag{1-10}$$

式中 μ_m——常压下混合气体的平均黏度，Pa·s；

y_i——混合物中第 i 组分的体积分数；

M_i——混合物中第 i 组分的摩尔质量，g/mol；

μ_i——混合物中第 i 组分的黏度，Pa·s。

对非缔合液体混合物的黏度，其估算公式如下：

$$\lg\mu_m=\sum x_i\lg\mu_i \tag{1-11}$$

式中 μ_m——液体混合物的平均黏度，Pa·s；

x_i——混合物中 i 组分的摩尔分数；

μ_i——与混合物同温度下 i 组分的黏度，Pa·s。

例 4 空气可近似看成由 21%的氧气和 79%的氮气组成。试求 200 ℃时常压空气的黏度。(常压 200 ℃时，氧气的黏度为 0.028 6 mPa·s，氮气的黏度为 0.024 9 mPa·s)

解 根据混合气体黏度计算公式，有

$$\mu_m=\frac{\sum y_i\mu_iM_i^{0.5}}{\sum y_iM_i^{0.5}}=\frac{0.028\,6\times0.21\times32^{0.5}+0.0249\times0.79\times28^{0.5}}{0.21\times32^{0.5}+0.79\times28^{0.5}}\ \text{mPa·s}$$

$$=0.025\,7\ \text{mPa·s}$$

根据本书附录 A 可查得，常压下 200 ℃空气黏度为 0.026 mPa·s，与计算结果基本一致。

(四)理想流体

黏度为零的流体称为理想流体。实际上，自然界并不存在理想流体。任何一种

学习笔记

流体流动时都会表现出黏性。引入理想流体的概念，对研究实际流体非常重要。影响黏度的因素有很多(流体种类、温度、压强)，给实际流体运动规律研究带来很大的困难，为了简化问题，往往将流体先视为理想流体，找出规律后，再考虑黏度的影响，将理想流体的分析结果加以修正后应用于实际流体。例如，后面介绍流体能量守恒方程(伯努利方程)时，会先讨论流体为理想流体的情形。在某些实际工程设计、简单管网分析过程中，黏性不起主导作用，则可将流体按理想流体来处理。

专题二　流体静力学

一、流体的压强

(一)流体静压强及单位

流体垂直作用于单位面积上的压力，称为流体的静压强，简称压强，其表达式为

$$p=\frac{F}{A} \tag{1-12}$$

式中　p——流体的静压强，Pa；

F——垂直作用于流体表面上的压力，N；

A——作用面的面积，m^2。

在 SI 中，压强的单位是 Pa，称为帕斯卡。但工程领域习惯上还采用其他单位，如 bar(巴)、atm(标准大气压)、mmHg、at(工程大气压)、mmHg、mmH_2O、kgf/cm^2(俗称公斤力，表示每平方厘米面积上作用有 1 kg 物体产生的重力)等。

工程上为了使用和换算方便，常将 1 kgf/cm^2 近似地作为 1 个大气压，称为 1 工程大气压，用单位 at 表示。于是

$$1\ kgf/cm^2=1\ at=9.807\times10^4\ Pa$$

常用压力单位之间的换算关系见表 1-1。

表 1-1　不同压力计量单位之间的换算

单位	Pa	bar	atm	at	mmHg	mmH_2O
Pa	1	1×10^{-5}	$0.986\ 923\times10^{-5}$	$0.101\ 972\times10^{-4}$	$7.500\ 62\times10^{-2}$	0.101 971 2
bar	1×10^{5}	1	0.986 923	1.019 72	750.062	10 197.2
atm	101 325	1.013 25	1	1.033 23	760	10 332.3
at	98 066.5	0.980 665	0.967 841	1	735.559	1×10^{4}
mmHg	133.322 4	$133.322\ 4\times10^{-5}$	$1.315\ 79\times10^{-3}$	$1.359\ 51\times10^{-3}$	1	13.595 1
mmH_2O	9.806 65	$9.806\ 65\times10^{-5}$	$9.078\ 41\times10^{-5}$	1×10^{-4}	735.559×10^{-4}	1

由表 1-1，可得到以下换算公式：

$$1\ atm=1.033\ kgf/cm^2=760\ mmHg=10.33\ mH_2O=1.013\ 3\ bar=1.0133\times10^5\ Pa$$

kgf/cm^2 在工艺现场技术人员之间使用非常多。经常会听到这样的表述："这条蒸汽管线的压力 6 公斤"，实际上说的就是管线中蒸汽的压力为 6 kgf/cm^2，近似 6 个大气压。

学习笔记

另外还需注意，在工程设计领域，一般不严格区分 atm、bar、kgf/cm^2 之间的细微差别，通常都认为有

$$1\ kgf/cm^2=1\ at=1\ atm=1\ bar=0.1\ MPa=1\times10^5\ Pa$$

知识延展

学习压强不仅仅要记住压强单位的换算，更要意识到压力设备、管线的安全风险。

我们不妨做一个简单的估算：以影视剧中常见的胸口碎大石为例，要在一个成年男子胸口压一块多重的石头，才相当于产生 1 kgf/cm^2 的压力？

考虑成年男子身高 1.8 m，石头仅与躯干上半身接触，有效接触面积约为 $0.5\ m\times0.4\ m=0.2\ m^2$，则有

$$F=p\times A=1\ kgf/cm^2\times0.2\times10^4\ cm^2=2\times10^3\ kgf$$

即要相当于有一块 2 t 重的石块压上去，才能产生 1 kgf/cm^2 的压力。这是人体绝对无法承受之重。

以热发电站为例，从锅炉出来的过热蒸汽参数可达 13.7 MPa、540 ℃。家用液化天然气罐在 40 ℃时，内部压力大概在 1.6 MPa。更是远远超出了人体可承受范围。

所以，在工艺设备现场，凡是看见提示带压力的设备、管线，都要特别注意安全。

(二)绝对压强、表压和真空度

流体的压强除用不同的单位来计量外，还可以用不同的方法来表示。工程领域，一般采用两种基准来度量压强的数值大小，即绝对压强和相对压强。

以完全没有气体分子存在的绝对真空作为基准所测量的压强称为绝对压强，它是流体的真实压强；以设备、管线安装的当地大气压强为基准所测量的压强称为相对压强。

注意：当地大气压是一个泛称，是指设备实际安装地的真实大气压，它并不是一个恒定不变的值。比如，同一台设备安装在北京和拉萨，其当地大气压当然不一样。而且当地大气压也会随不同的时节发生变化，应按当时当地气压计上的读数为准。

由于当地大气压有差异，则测量得到的相对压强一般也不一样。

流体的相对压强可以通过各种压力表直接测量读数，所以相对压强也习惯叫表压。在工程领域，一般未特别说明，压强均指表压。

常见的压力表一般通过法兰结构或者螺纹结构与设备、管线相连。

知识延展

常见的压力测量仪表除了机械式表盘结构，还有自动化电子仪表，如图 1-5 所示。压力传感器可以将气体压力信号转换成标准电流信号，传递到中央处理器，通过电子显示屏直接将压强大小显示出来。

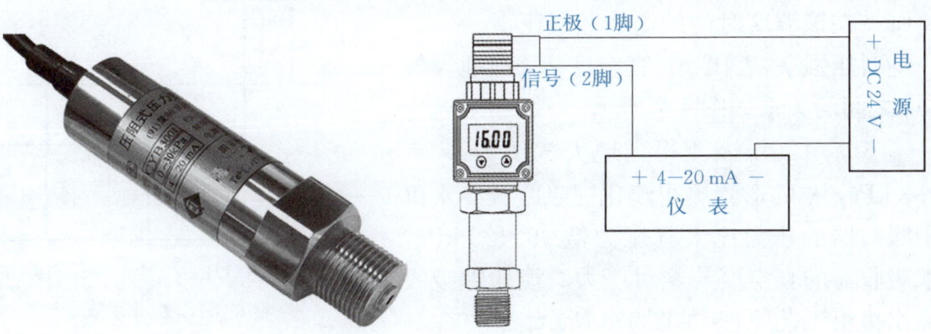

图 1-5 压力传感器外观及基本工作原理

流体的真实压强（绝对压强）永远为正，而相对压强则可能为正值，也可能为负值。

当设备中的绝对压强大于当地大气压时，相对压强为正，所用的测压仪表称为压力表，如图 1-6(a)所示。压力表上的读数为被测流体绝对压强高出当地大气压的数值，即前述的表压。

当设备中的绝对压强低于当地大气压时，相对压力为负，所用的测压仪表称为真空表，如图 1-6(b)所示。真空表上的读数为被测流体绝对压强低于当地大气压的数值，也称为真空度（实际上也是表压）。

(a)　　(b)

图 1-6 典型的压力表和真空表

表压、真空度与绝对压力的关系可用下式表示：

表压＝绝对压力－大气压

真空度＝大气压－绝对压力

注意： 我们常说的真空状态，并不是说设备内绝对压力为 0。凡是设备内压力低于当地大气压均是处于真空状态。显然，设备内绝对压力越低，它的真空度越大。当绝对压力为 0 时，设备内达到完全真空。

设备中有液体时，当设备内绝对压力降低到液体对应温度的饱和蒸气压，液体

学习笔记

就会汽化。只要液体温度不变，设备内的压强也将维持在该温度对应的饱和蒸气压下。

绝对压强 p、表压 p_e、真空度 p_v、当地大气压 p_b 之间的关系如图 1-7 所示。

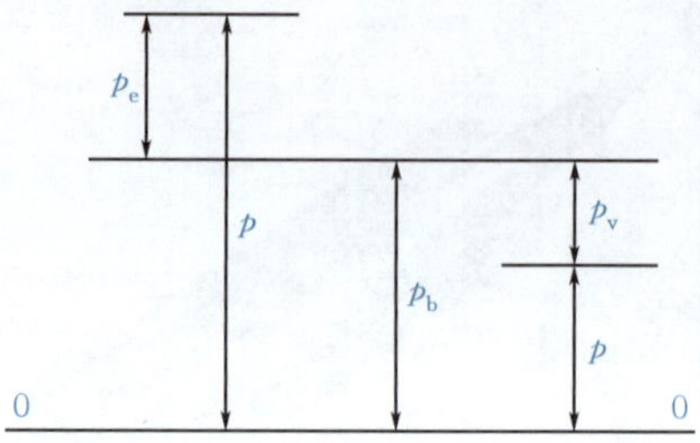

图 1-7　绝对压强、表压、真空度和当地大气压之间的关系

例 5　用气压表测得当地大气压力 $p_b=101.3$ kPa，从 U 形管测得溴化锂吸收式冷水机组中吸收器的压力比大气压力低 99.428 kPa，试求吸收器的真空度与绝对压力。溴化锂吸收式冷水机组工艺原理，如图 1-8 所示。

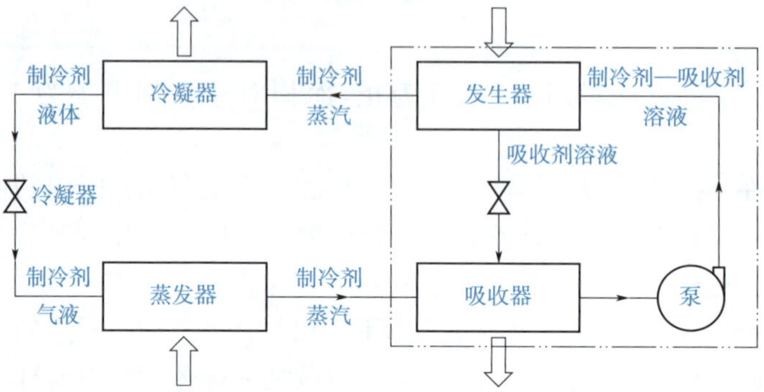

图 1-8　例 5 附图

解　大气压力　$p_b=101.3$ kPa

真空度　$p_v=99.428$ kPa

绝对压力　$p=p_b-p_v=(101.3-99.428)\text{kPa}=0.872$ kPa

知识延展

在工程领域，凡提到压力，如果不特别标注，均指表压，如前述提到的“蒸汽管线的压力 6 公斤”，指的是蒸汽管线表压为 6 kgf/cm^2。在工程热力学研究中，如理想气体状态方程，用到的压力则均为绝对压力。

二、流体静力学基本方程

流体静力学研究的是流体处于相对地面静止，且在外力作用下达到平衡时，内部压强的变化规律。用于描述这一规律的数学表达式，称为流体静力学基本方程式。

对于不可压缩流体，密度不随压力变化，其静力学基本方程式可用下面的方法简单推导而出。

以容器中盛装有密度为 ρ 的静止液体为例，如图 1-9 所示。

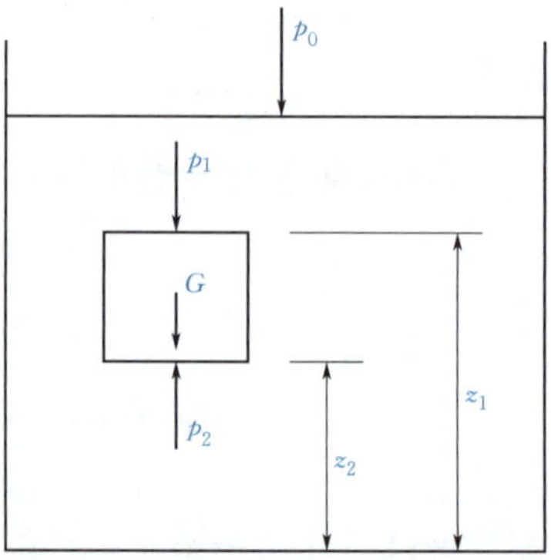

图 1-9　静止液体内的压力分布

现从静止液体中任意画出一底面积为 A 的垂直液柱，并以液柱为受力分析对象。若以容器的器

学习笔记

底为基准水平面，液柱的上、下底面与基准水平面的垂直距离分别为 z_1、z_2；以 p_1 与 p_2 分别表示高度 z_1 及 z_2 处的压力。由于液体处于静止状态，则作用于液柱上的合外力为0，即液柱下底面所受向上的液体压力与液柱所受向下的力(包括液柱自身重力及液柱上表面压力)大小应相等，化简即有

$$p_2=p_1+\rho g(z_1-z_2) \tag{1-13}$$

为讨论方便，对式(1-13)进行适当的变换，将液柱的上表面取在容器的液面上，设液面上方的压强为 p_0，下底面取在距液面任意距离 h 处，作用于其上的压强为 p，则 $p_1=p_0$，$p_2=p$，$z_1-z_2=h$，则式(1-13)可改写成为

$$p=p_0+\rho gh \tag{1-14}$$

式(1-13)和式(1-14)称为流体静力学基本方程式，说明了在重力作用下，静止液体内部压强的变化规律。此式也称为巴斯葛定律的数学表达式。即在重力作用下的流体内部任一点的压强，等于自由表面上压强 p_0 加上两截面间流体产生的重力压强 ρgh。

由式(1-14)可知：

(1)当容器液面上方的压强 p_0 一定时，静止液体内部任一点压强 p 的大小与液体本身的密度 ρ 和该点距液面的深度 h 有关。在静止的、连续的同一液体内，处于同一水平面上各点，因其深度相同，其压强都相等，即等压面。等压面的概念非常重要，解决流体静力学问题时，如液位计、U 形管压差计的应用，都需要利用这一点先找到一个关键的等压面。

(2)当液面上方的压强 p_0 有改变时，必将引起液体内部各点的压强 p 也发生同样大小的改变。这就是巴斯葛原理。

(3)式(1-14)可改写为

$$h=\frac{p-p_0}{\rho g} \tag{1-15}$$

式(1-15)说明压强差的大小可以用一定高度的液柱来表示。这就是前面所介绍的压强可以用 mmHg、mmH_2O 等单位来计量的依据。当用液柱高度来表示压强或压强差时，必须注明是何种液体，否则就失去了意义。

值得注意的是，上述式子只能用于静止的连通着的同一种流体内部，因为它们是根据静止的同一种连续的液体导出的。

下面进一步讨论流体静力学基本方程式中各项的意义：

将式(1-13) $p_2=p_1+\rho g(z_1-z_2)$ 两边均除以 ρg 并加以整理可得

$$z_1+\frac{p_1}{\rho g}=z_2+\frac{p_2}{\rho g}$$

或

$$z+\frac{p}{\rho g}=\text{常数} \tag{1-16}$$

式(1-16)中各项的单位均为 m，其中的一项 z 为流体距基准面的高度，称为位压头；另一项 $p/\rho g$ 称为静压头，又称单位质量流体的静压能，后面在流体伯努利方程中，我们还将进一步探讨压头的物理意义。

学习笔记

例 6 图 1-10 所示的开口容器内盛有油和水。油层高度 $h_1=0.7$ m，密度 $\rho_1=800\ \mathrm{kg/m^3}$，水层高度（指油水界面与小孔的距离）$h_2=0.6$ m，密度 $\rho_2=1\,000\ \mathrm{kg/m^3}$。

(1)判断下列两关系是否成立：$p_A=p_A'$，$p_B=p_B'$。

(2)计算水在玻璃管内的高度 h。

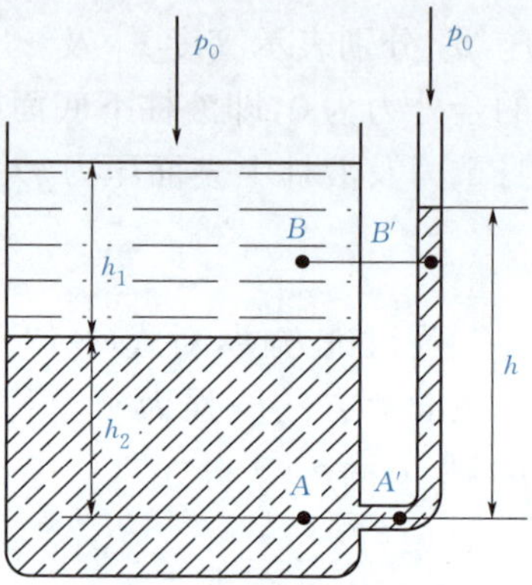

图 1-10 例 6 附图

解 (1)$p_A=p_A'$ 的关系成立，因为 A 及 A' 两点在静止的连通着的同一种流体内，并在同一水平面上。

$p_B=p_B'$ 的关系不成立，因 B 及 B' 两点虽在静止的流体同一水平面上，但不是连通着的同一种流体中。

(2)玻璃管内水的高度 h 由(1)可知：$p_A=p_A'$。

A 点的压力与 A' 点的压力都可以用流体静力学基本方程式计算，即 $p_A=p_a+\rho_1 gh_1+\rho_2 gh_2$，$p_A'=p_a+\rho_2 gh$

因为
$$p_A=p_A'$$
所以
$$p_a+\rho_1 gh_1+\rho_2 gh_2=p_a+\rho_2 gh$$
两边除以 g，整理后得
$$\rho_1 h_1+\rho_2 h_2=\rho_2 h$$
将已知数据代入计算得
$$(800\times0.7+1\,000\times0.6)\mathrm{kg/m^2}=1\,000\ \mathrm{kg/m^3}h$$
解得
$$h=1.16\ \mathrm{m}$$

三、静力学方程的基本应用

(一)压强差的测量

测量压强的仪表很多，现仅介绍以流体静力学基本方程式为依据的测压仪器，这种测压仪器统称为液柱压差计，可用来测量流体的压强或压强差。本书主要介绍 U 形管压差计。

首先，不妨从 U 形连通管开始。设连通管左右两段导管都直接与大气环境相通，往连通管内充注一定的液体，待充注完成且液面静止后，会发现左右两段导管液面一定在同一水平面上，如图 1-11 所示。

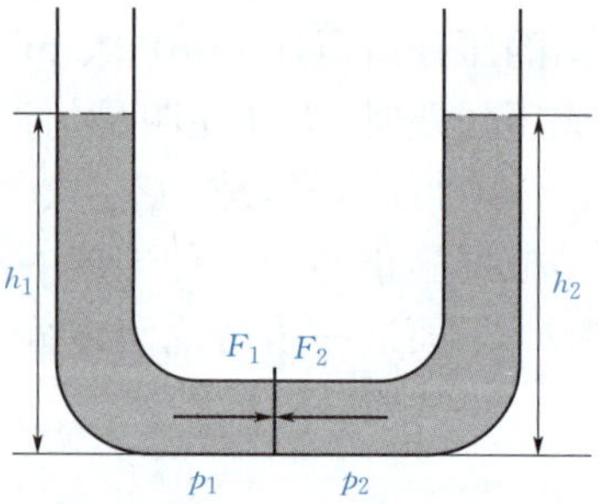

图 1-11 U 形连通管示意图

这是因为连通的同一种液体，同一水平面上压力相等。上述案例中，连通管左右液面上方均与大气环境相连，液面上方的压力都是当地大气压，故液面一定维持水平。

现在我们转换一个场景，假如左右连通管液面上方压力不相同，那么连通管内的液面还能维持水平吗？

显然不可能继续维持水平，而且一定是高压侧连通管内液面受“压”，液面要低一些，因此连通管内液面将呈现出液面高差。

这种高差和连通管两侧的压力差息息相关，或者说一一对应，通过测量连通管内液位差，就可以间接反映出压强差，这在工程领域具有重要意义。

U 形管压差计的结构如图 1-12 所示。它的主要结构是一根 U 形管（其材质根据被测流体的性质，常用的有玻璃、塑料），内装有液体作为指示液。指示液要与被测流体互不相溶，不起化学作用，且其密度应大于被测流体的密度。

指示液的选择随被测流体的不同而不同。常用的指示液有汞、四氯化碳、水和石蜡等。

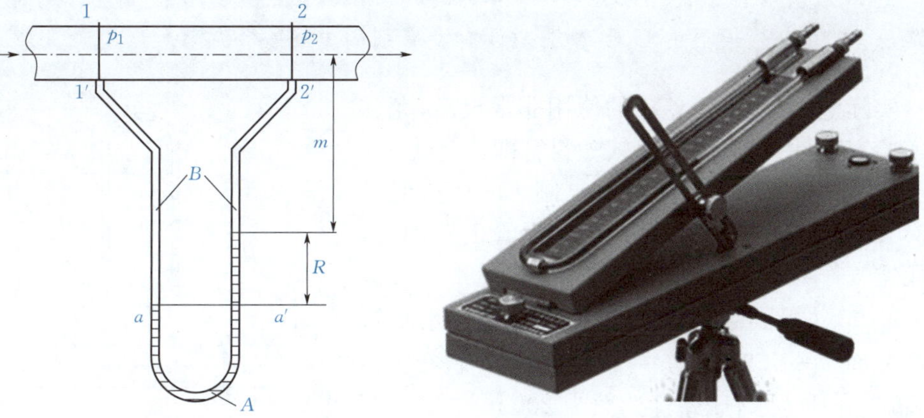

图 1-12　U 形管压差计

将 U 形管的两端与管道中的两截面相连通，若作用于 U 形管两端的压力 p_1 和 p_2 不等（图中 $p_1>p_2$），则指示液就在 U 形管两端出现高度差 R。

根据读出的高度差 R 的数值，利用静力学基本方程式，就可计算出流体两点之间的压强差。

U 形管内部的液体是密度为 ρ_A 的指示液，上部为被测流体，其密度为 ρ_B，图 1-12 中 a 和 a' 两点的压力是相等的，因为这两点都在同一种静止液体（指示液）的同一水平面上，即 $p_a=p'_a$。通过这个关系，便可求出 (p_1-p_2) 的差值：

根据流体静力学基本方程式(1-13)，可得

$$p'_a=p_2+\rho_B gm+\rho_A gR$$

$$p_a=p_1+\rho_B g(m+R)$$

由于

$$p_a=p'_a$$

于是

$$p_1+\rho_B g(m+R)=p_2+\rho_B gm+\rho_A gR$$

上式简化后即得

$$\Delta p=p_1-p_2=(\rho_A-\rho_B)gR \tag{1-17}$$

由式(1-17)可知：因为 g 是常数，压差 p_1-p_2（或 Δp）只与读数 R 和密度差 $(\rho_A-\rho_B)$ 有关，U 形管的粗细和 $(m+R)$、m 段的高低对所测结果都没有影响。而且密度差越小，U 形管两端高度差 R 越大，即使微小的压差也能通过该高差显示出来，测量的灵敏度越高。

若被测流体是气体，气体的密度要比液体的密度小得多，即 $\rho_A-\rho_B\approx\rho_A$，于是上式可简化为

$$\Delta p=p_1-p_2\approx\rho_A gR \tag{1-18}$$

学习笔记

拓展思考

1. 对于水平管线或者两测压口位于同一水平面的管线，不管中间管径是否变化，只要1—2截面积相等，则两截面间压差在数值上与1—2截面间的总流动阻力相等，故可用U形管压差计测量管路的总流动阻力。后续学习中，大家可以自己尝试用伯努利方程推导上述结论。

2. 若没有常用的指示液，有没有别的办法，依然采用U形管压差计测量管路压差/阻力？若不用U形管压差计有没有别的办法？

实际上，U形管压差计的使用非常灵活，尤其在实验室条件下，只需一根软塑料管即可替代。

接上面的讨论问题，如果自制U形管，但是没有合适的指示液怎么办？将U形管倒置即可，采用空气作为指示液。

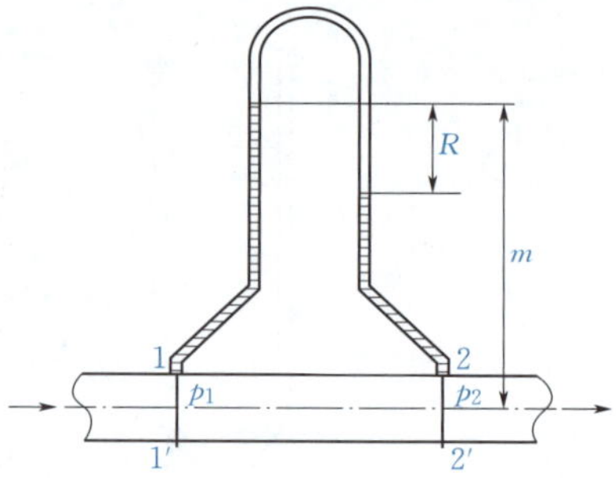

图 1-13　例 7 附图

例 7　如图1-13所示，在某实验装置水平管段两截面1—1′、2—2′连一个倒置的U形管压差计，输送介质为水，压差计读数为200 mm，试求两截面间的流体静压力差。

解　因为U形管倒置，所以其指示液就是U形管上部空间空气，假定密封段内空气压强为 p_a，分别对U形管两个测压口截面作受力分析，1—1′、2—2′截面上，管道内的流体压力，应等于测压管内液柱静压力加上液柱上方空气压力，即有

$$p_1 = p_a + \rho g m$$

$$p_2 = p_a + \rho g (m - R)$$

于是

$$p_1 - p_2 = \rho g R$$

当 $R = 200$ mm 时，可计算得到

$$p_1 - p_2 = 1\,000 \times 10 \times 0.2\ \text{Pa} = 2\,000\ \text{Pa}$$

还有没有其他办法来测量管线两截面间的压差呢？

用两块高精度的压力表当然也是可以的，如图1-14所示。实际上，现场很多管线就是在入口、出口处分别安装了一块压力表，以便实时监测其压力变化。

图 1-14　压力表监测压力

液柱式压差计除了上面介绍的U形管，还有简单的测压管，有兴趣的同学可以自行查阅资料。

(二)液位的测量

在热能领域、化工生产中需要了解容器里液体的贮存量，或需要控制设备里液体的液面，因此要对液面进行测定。

一般的存储容器均采用钢材制造，肉眼无法直接观察液面高低，因此需要专业仪表测量，常用的有玻璃管液位计，如图1-15所示。

图 1-15 玻璃管液位计实物

最原始的液位计是在容器底部的器壁和液面上方器壁处各开一小孔，两孔间用玻璃管相连。玻璃管内所示的液面高度即为容器内的液面高度。这种构造简单，但易于破损，不便于远处观测。

现在常用的还有形式各异的液位传感器，如超声波液位计，使用非常方便。

用玻璃管液位计测量液位的示意图如图 1-16 所示。

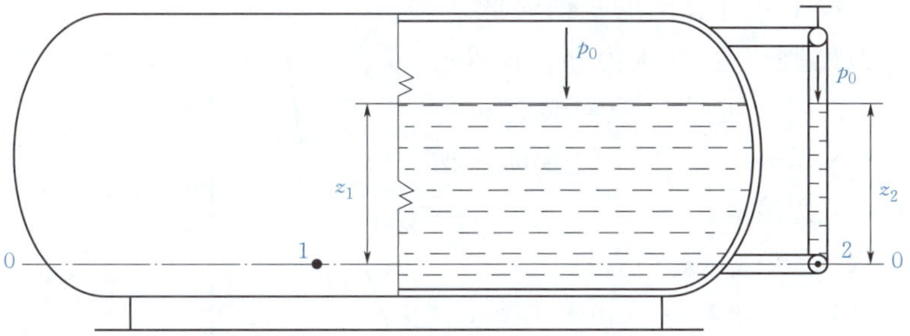

图 1-16 玻璃管液位计测量液位

图 1-16 中，在 0—0 基准面上的 1 点和 2 点的压强相等，即

$$p_1 = p_2$$

由流体静力学方程得

$$p_1 = p_a + \rho g z_1,\quad p_2 = p_b + \rho g z_2$$

式中，p_a、p_b 分别为 1 点和 2 点正上方气体的压强，于是

$$p_a + \rho g z_1 = p_b + \rho g z_2$$

因液位计上部与储槽连通，故

$$p_a = p_b$$

所以

$$z_1 = z_2$$

由此可知，用一根玻璃管与储槽上下相连通，从玻璃管液面的高度便可观察容器内液体的高度。所测液面高度与液位计玻璃管的粗细无关。

学习笔记

拓展思考

玻璃管液位计为什么一定要有一个接口和设备气相空间相联通?

(三)液封高度计算

在生产中，为了保证设备安全、正常运转，经常用液柱产生的压力把气体密封在设备中，以防止气体泄漏、有毒气体外逸污染环境，或者防止设备内部超压而自动泄压。一般液封装置中，使用的液体为水，所以又称为水封。当设备内压力超过规定值时，气体就从液封管排出，以确保设备安全操作。液封示意图如图1-17所示。

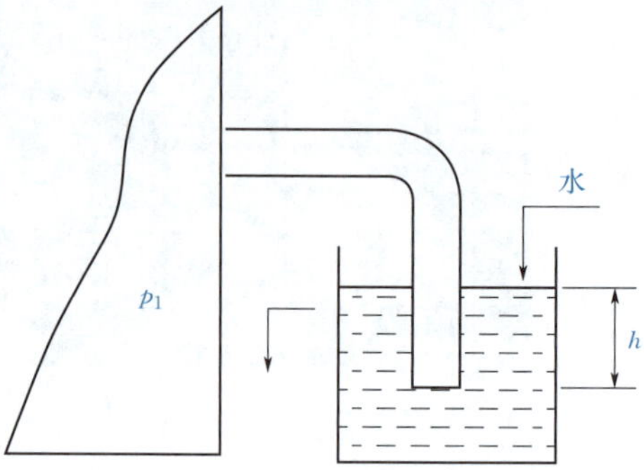

图1-17 液封示意图

若要求设备压力不超过 p_1(表压)，按静力学基本方程式，则水封管插入液面下的深度 h(单位:m)为

$$p_1=\rho_{H_2O}gh$$

变形后为

$$h=p_1/\rho_{H_2O}g \tag{1-19}$$

为了安全起见，实际安装时，管子的插入深度 h 应比按上式计算出的 h 值略低。

例8 为控制设备内压力 p_a 不超过 1.2×10^4 Pa(表压)，现采用液封装置进行保护，如图1-18所示。试求液封管插入槽内水面下的最大深度 h。

解 根据 $h=p_1/\rho_{H_2O}g$，有

$$h=[1.2\times10^4/(1\,000\times10)]\text{m}=1.2\text{ m}$$

为安全起见，实际安装时，管子深入液面下的深度应略小于1.2 m。

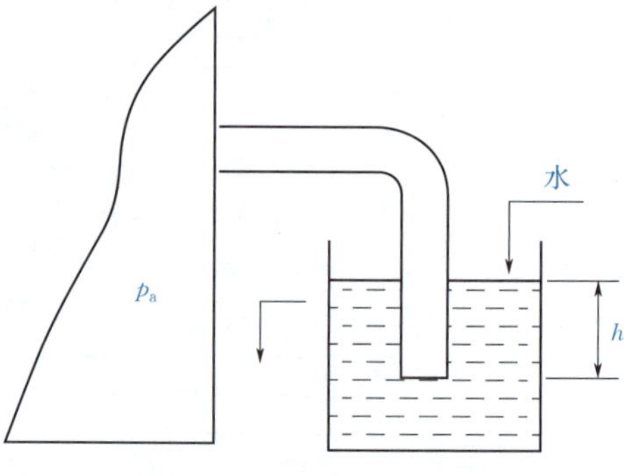

图1-18 例8附图

拓展思考

如果仅仅从安全的角度，对一台最高操作压力超过1 atm(表压)的设备，仍然采用液封合不合适?如果不合适，有什么其他的替代方案?

专题三 流体流动的基本方程

在化工、热能动力等连续性作业过程中，物料或者工质大多以流体的形式，通过管线连接，从一台设备流向另一台设备。工艺设计过程中，常需要分析流动流体内部的压力变化规律;液体从低位流向高位或从低压流向高压处，需要计算输送设备对液体提供的能量;从高位槽向设备输送一定量的料液时，需确定高位槽的安装位

置。要解决这些问题，必须掌握流体的流动规律。反映流体流动规律的基本方程式有连续性方程式与伯努利方程式。

学习笔记

一、流量与流速

（一）流量

1. 体积流量

单位时间内流体流经管道任一截面的体积，称为体积流量，以 V 表示，其单位为 m^3/s。

2. 质量流量

单位时间内流体流经管道任一截面的质量，称为质量流量，以 G 表示，其单位为 kg/s。

体积流量与质量流量之间的关系为

$$G=\rho V \tag{1-20}$$

（二）流速

1. 平均流速

流速是指单位时间内流体质点在流动方向上所流经的距离。

实验证明，流体在管道内流动时，由于流体具有黏性，管道横截面上流体质点速度是沿半径变化的。管道中心流速最大，愈靠近管壁速度愈小。在紧靠管壁处，由于流体质点黏附在管壁上，其速度等于零。

工程设计中，一般以体积流量 V 除以管道截面积 A 所得的值来表示流体在管道中的流动速度。此种速度称为平均速度，简称流速，以 u 表示，单位为 m/s。

$$u=V/A \tag{1-21}$$

质量流量与流速的关系为

$$G=\rho V=\rho Au \tag{1-22}$$

2. 质量流速

单位时间内流体流经单位道管截面积的质量称为质量流速，以 w 表示，单位为 $kg/(m^2 \cdot s)$。它与流速及流量的关系为

$$w=G/A=\rho Au/A=\rho u \tag{1-23}$$

由于气体的体积与温度、压力有关，显然，当温度、压力发生变化时，气体的体积流量与其相应的流速也将随之改变，但其质量流量不变。此时，采用质量流速比较方便。

3. 管道直径的估算

工程中应用的管道一般为圆形截面，若以 d 表示管内径，则式(1-21)可写成

$$u=\frac{V}{\frac{\pi}{4}d^2}=\frac{V}{0.785d^2}$$

于是

$$d=\sqrt{\frac{V}{0.785u}} \tag{1-24}$$

学习笔记

流量 V 一般由生产任务、用户需求等因素决定，而合理的流速 u 则应根据经济权衡决定。根据一般工程设计经验，液体流速范围常取 0.5～3 m/s，气体取 10～30 m/s。某些流体在管道中的常用流速范围见表 1-2。

表 1-2　某些流体在管道中的常用流速范围

流体类别及情况	推荐流速范围/(m/s)
自来水(3×10^5 Pa 左右)	1.0～1.5
水及低黏度液体(1×10^5 Pa～1×10^6 Pa)	1.5～3.0
高黏度液体	0.5～1.0
工业供水(8×10^5 Pa 以下)	1.5～3.0
锅炉供水(8×10^5 Pa 以下)	>3.0
饱和蒸汽	20～40
过热蒸汽	30～50
蛇管、螺旋管内的冷却水	<1.0
低压空气	12～15
高压空气	15～25
一般气体(常压)	10～20
鼓风机吸入管	10～15
鼓风机排出管	15～20
离心泵吸入管(水一类液体)	1.5～2.0
离心泵排出管(水一类液体)	2.5～3.0
往复泵吸入管(水一类液体)	0.75～1.0
往复泵泵排出管(水一类液体)	1.0～2.0
液体自流速度(冷凝水等)	0.5
真空操作下气体流速	<10

应用式(1-24)计算出管径后，还需从有关手册或本书附录 E 中选用标准管径，即所谓“圆整”。钢管尺寸详见 GB/T 17395—2024《钢管尺寸、外形、重量及允许偏差》。

知识延展

式(1-24)就是本书要解决的第一个核心问题：简单管路规格怎么设计计算。一个方程中有三个未知数，要得到管道规格大小，必须先确定流量和流速。

如前所述，流速应由经济性衡算确定，但是一般有经验值可取，因而可认为流速是一个“标准值”，方案设计时只需在一定范围内选取即可。比如，某工程技术人员设计一条输送清水的管道，根据经验值，他取流速为 1.5 m/s 或者 2 m/s 都可以，甚至可以取 0.5～3 m/s 范围内的其他任何值。

关键是流量怎么办呢？

学习笔记

简而言之，它是由人或者设备的需求（或者说处理能力）决定的。比如，某学校某栋学生宿舍住了 1 000 人，按 GB 50015—2019《建筑给水排水设计标准》，人均用水量可按 60～100 L/d 取，则 1 000 人每天总用水量约为 60～100 t。如此便可以得到一天的平均流量：总用水量除以一天 24 h。

对于设备也是一样，其处理能力决定了输入或者输出的流量。例如，对于绪论中提到的太阳能供热系统。其集热方阵的循环流量就完全由太阳能集热板决定，根据 GB 50495—2019《太阳能供热采暖工程技术标准》，循环流量一般按 0.02 L/(m^2·s)设计，则对于一个 100 m^2 的方阵，循环流量就为 2 L/s。

对于管道规格的设计计算，其结果并不唯一，主要原因是流速的选择可以多样，最后按管道规格标准进行“圆整”时，实际向上或者向下圆整都可以。

需注意，圆整后还应对管道中的实际流速进行核算，一方面看实际流速是否会超出一般经验值范围，另一方面也是为后续管道流动阻力核算做准备。

拓展思考

某工程公司设计人员，在核算一条普通管道中空气流速时，计算得到的值为 800 m/s，试问合理吗？

显然是不合理的，计算的流速已经远远大于声速。

根据一般工程经验，普通管线中空气流速在 10～30 m/s 之间，上述核算值显然超出“常规”，优秀的工程师必须要有质疑它的能力。

这就要求大家学习的时候能够牢记常用的标准规范、树立标准规范意识。通常一个行业涉及的标准规范少则数十项，多则数百项，这都是大家今后工作必须遵守的规则。这也意味着，即使大学毕业了，后续还要不断地积累学习，正是“活到老，学到老”。

有兴趣的同学还可以在文献[9]中找找声速方程：

$$c=\sqrt{k \cdot R_g \cdot T}$$

式中，k 为等熵指数（其值等于定压比热容与定容比热容之比，对于空气，k 值约为 1.4）；R_g 气体常数；T 为热力学温度。可见声速也并不是一个常数，与气体的性质和温度状态有关。

比如，对于空气，T 取 300 K，可查得 k 为 1.4，R_g 为 287 J/kg·K，可计算得到声速为 347 m/s。普通的管线，气体不可能超声速，如果要超声速，则必须借助喷管，如拉法尔管。

继续回到绪论中提到的太阳能热水系统案例，现在集热循环干管的规格你会选取了吗？

例9 某厂生产设备进料量为 50 000 kg/h，料液的性质和水相近，密度为 960 kg/m^3。试选择进料管的管径。

解 根据管径计算式 $d=\sqrt{\dfrac{V}{0.785u}}$

学习笔记

式中，$V=G/\rho=[50\,000/(960\times3\,600)]\ \mathrm{m^3/s}=0.014\,5\ \mathrm{m^3/s}$；因料液性质与水接近，选取 $u=1.8$ m/s，故 $d=\sqrt{\dfrac{0.014\,5}{0.785\times1.8}}\ \mathrm{m}=0.101$ m

再根据管子的标准规格，选用 $\phi108\times4$ mm 的无缝钢管。

根据所选管道规格，其内径为：$d=(108-4\times2)\mathrm{mm}=100\ \mathrm{mm}=0.1$ m

重新核算流速，即 $u=V/(0.785\times d^2)=[0.014\,5/(0.785\times0.1^2)]\mathrm{m/s}=1.85$ m/s

注：管道规格选好后，一定要重新核算流速。

知识延展

通过上述案例的计算，大家可能会发现，管线规格设计计算过程好“难”啊，公式完全记不住，也记不清到底要不要进行单位的换算，等等。那么，我们是不是可以借助一些简单的工具，快速完成上面的计算呢？

电子表格 Excel 函数功能就可以很好地帮我们完成上面的计算，这里给出一个 Excel 计算参考框架，大家根据自己的需要，可以进行适当的扩展。

简单管路设计计算（彩色区域为输入、灰色区域为输出）			
项　　目	数值	单位	备注
一、管道规格选取			
1. 流量 V		$\mathrm{m^3/h}$	
2. 流速 u		m/s	
3. 计算管径 d		mm	$d=\sqrt{\dfrac{V}{0.785u}}$
4. 选取规格		mm	查本书附录
二、流速核算			
5. 实际管外径 D		mm	
6. 实际壁厚 δ		mm	
7. 实际内径 d		mm	$d=D-2\delta$
8. 实际流速 u		m/s	$u=\dfrac{V}{0.785d^2}$

大家可以用上面的例子进行验算。有了这个表格，下次遇到同类型的问题，只需打开表格，让 Excel 帮我们计算。这样才算是将不同课程做到融会贯通、活学活用，也是我们成长为大国工匠的必由之路。

二、流体流动时的连续性方程

设流体在管道中作连续稳定流动，如图 1-19 所示，从截面 1—1′流入，从截面 2—2′流出。若在管道两截面之间无流体漏损，根据质量守恒定律，从截面 1—1′进

入的流体质量流量 G_1 应等于从截面 2—2′流出的流体质量流量 G_2，即

$$G_1=G_2$$

由式(1-22)知　　$G=\rho Au$

故有　　$G=\rho_1A_1u_1=\rho_2A_2u_2$　　(1-25)

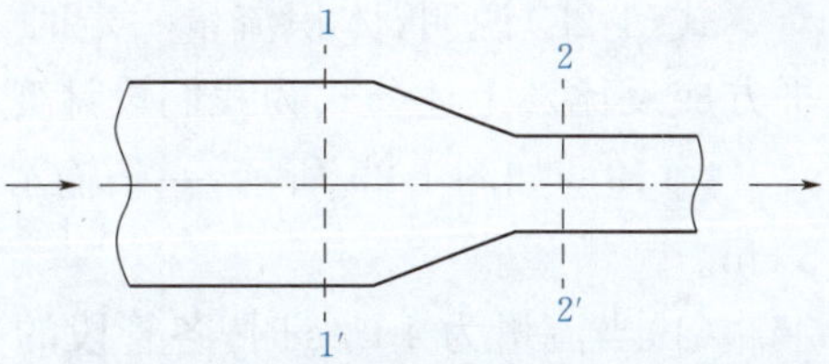

图 1-19　连续性方程式的推导

此关系可推广到管道的任一截面，即

$$G=\rho_1A_1u_1=\rho_2A_2u_2=\rho Au=常数 \tag{1-26}$$

式(1-26)表示在稳定流动系统中，流体流经各截面的质量流量不变，而流速 u 随管道截面积 A 及流体的密度 ρ 而变化。

若流体不可压缩，即 $\rho=$常数，则上式可简化为

$$V=A_1u_1=A_2u_2=Au=常数 \tag{1-27}$$

式(1-27)说明，在连续稳定的不可压缩流体的流动中，不仅流经各截面的质量流量相等，它们的体积流量也相等，流体流速与管道的截面积成反比。截面积愈大之处流速愈小，反之亦然。

在前面介绍流体的概念时，我们说液体为不可压缩流体，气体是可压缩流体。这固然是对的，但是在工程设计中处理时，“不可压缩”流体的概念更加宽泛，即当气体流速小于声速的 0.3，或两截面间气体压力降的百分比 $(p_1-p_2)/p_1\leqslant 20\%$，可认为气体为不可压缩流体。

式(1-25)～式(1-27)都称为连续性方程式。在一些文献中，也称之为流体质量守恒方程。它表明，稳定流动情况下，流入某空间的流体，和流出该空间的流体一定是等量的。

知识延展

质量守恒、能量守恒、动量守恒是自然界普遍成立的一般规律。只不过在研究具体问题时处理方法略有差异。

对于固体，我们采用的是“轨迹跟踪法”。比如，一个运动的滑块，通过跟踪它实时运动轨迹，从而分析它运动过程中的能量变化。

对于流体，我们采用的是“固定体积法”，即我们的分析对象是一个固定的空间(流域)。例如，图 1-19 中“1—1”“2—2”截面与管内壁围成的空间，稳态流动情形下，流进去多少质量，一定就会流出来多少质量，即所谓的质量守恒。

后续我们还会分析流体能量守恒，彼时还是针对一个固定流域，那么也请大家提前想一想，稳态流动时，流入该固定空间的能量和流出的能量会有什么关系呢？

对于圆形管道，由式(1-27)可得

$$\begin{cases} u_1\dfrac{\pi}{4}d_1^2=u_2\dfrac{\pi}{4}d_2^2 \\ \dfrac{u_2}{u_1}=\left(\dfrac{d_1}{d_2}\right)^2 \end{cases} \tag{1-28}$$

式中，d_1 及 d_2 分别为管道上截面 1 和截面 2 处的管内径。

学习笔记

式(1-28)说明，体积流量一定时，不可压缩流体在管道中的流速与管道内径的平方成反比。上述公式为我们设计变截面管线提供了便利。

例 10 如图 1-20 所示，一条输水管道，管内径为：$d_1=2.5$ cm；$d_2=10$ cm；$d_3=5$ cm。

(1)当流量为 4 L/s 时，各管段的平均流速为多少？

(2)当流量增至 8 L/s 或减至 2 L/s 时，平均流速如何变化？

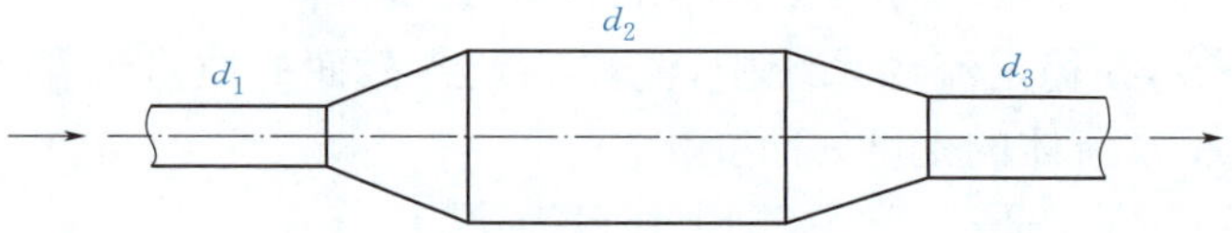

图 1-20　例 10 附图

解　(1)根据式(1-21)，有 $u_1=\dfrac{V}{A_1}=\dfrac{4\times10^{-3}}{\dfrac{\pi}{4}\times(2.5\times10^{-2})^2}$ m/s=8.15 m/s

由式(1-28)，有 $u_2=u_1\left(\dfrac{d_1}{d_2}\right)^2=8.15\times\left(\dfrac{2.5}{10}\right)^2$ m/s=0.51 m/s

$$u_3=u_1\left(\frac{d_1}{d_3}\right)^2=8.15\times\left(\frac{2.5}{5}\right)^2 \text{ m/s}=2.04 \text{ m/s}$$

(2)各截面流速比例保持不变，流量增至 8 L/s 时，流量增为原来的 2 倍，则各段流速增加至 2 倍，即

$$u_1=16.3 \text{ m/s},\quad u_2=1.02 \text{ m/s},\quad u_3=4.08 \text{ m/s}$$

流量减小至 2 L/s 时，即流量减小 1/2，各段流速为原值的 1/2，即

$$u_1=4.08 \text{ m/s},\quad u_2=0.26 \text{ m/s},\quad u_3=1.02 \text{ m/s}$$

拓展思考

上面案例中，一段简单管线设计成如此复杂的变截面似乎没有必要，那么，实际工程中，有没有变截面管线的案例呢？

大家可以提前搜一搜，看看什么是文丘里管，什么是汽抽子。

三、伯努利方程及基本讨论

(一)流动系统的总能量衡算

它是在稳态流动情况下，研究流体从管道的某一截面流到另一截面时，流体能量形式转换与能量数量变化关系。为了从最简单的情况出发，暂不考虑流体流动时的摩擦阻力及压缩性，也就是说将流体作为理想流体来处理。

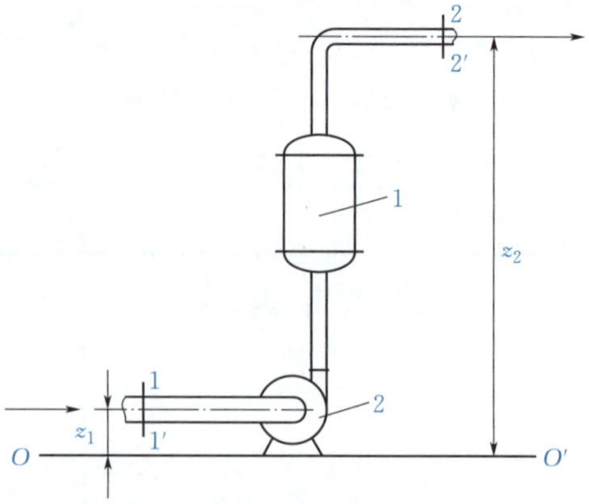

图 1-21　伯努利方程式的推导

如图 1-21 所示，有一理想流体在稳定流动系统中，流体从截面 1—1′流入，经粗

学习笔记

细不同的管道，从截面 2—2′流出。管路上装有对流体作功的泵 2 及向流体输入或从流体取出热量的换热器 1。

衡算范围：内壁面、1—1′与 2—2′截面围成的固定空间。

衡算基准：1 kg 流体。

基准水平面：$O—O'$面。

设：u_1，u_2——流体分别在截面 1—1′和 2—2′处的流速，m/s；

p_1，p_2——流体分别在截面 1—1′与 2—2′处的压强，Pa；

z_1，z_2——截面 1—1′与 2—2′的中心至基准水平面 $O—O'$的垂直距离，m；

A_1，A_2——截面 1—1′与 2—2′的面积，m^2；

v_1，v_2——流体分别在截面 1—1′与 2—2′处的比容，m^3/kg。

下面，以 1 kg 流体为分析基准，介绍流体进、出系统时输入和输出的能量：

知识延展

流入截面 1—1′至 2—2′流域的能量形式有哪些？

想明白了这个问题，还要继续想一想，具体分析时，能量的载体有多少？通常我们不用关心截面 1—1′和 2—2′之间的流域有多大、流域内具体包含有多少量的流体，只需关心单位时间内，有多少流体（即后续伯努利方程不同的衡量基准）流进了分析空间，同时，有同样多的流体流出了分析空间，这些流体进来、出去的时候都携带了一定的能量。

在稳态流动时，通常分析基准有单位质量（1 kg），或者单位体积（1 m^3）、单位重量（1 N）流体。

（1）内能。物质内部能量的总和称为内能，用符号 U 表示。内能也称热力学能，微观上它是物体内部分子、原子等具有的内动能、内位能，以及维持一定分子结构和原子核内部的原子能、电磁场作用下的电磁能的总和。宏观条件下，物体的内能与温度成正比，温度越高，具有的内能越多。

1 kg 流体输入与输出的内能分别以 U_1 和 U_2 表示，单位是 J/kg。

知识延展

应用伯努利方程进行具体工程问题分析时，不需要计算流体内能有多少，也不用关注内能的变化量，后面结合热力学第一定律，可以将内能项化简消掉。

（2）位能。流体因受重力的作用，在不同的高度位置具有不同的位能；相当于质量为 m 的流体自基准水平面升举到某高度 z 所作的功，即

$$位能=mgz$$

位能的单位$=kg\cdot(m/s^2)\cdot m=N\cdot m=J$，其中：$1\ kg\cdot m/s^2=1\ N$。

1 kg 流体输入与输出的位能分别为 gz_1 与 gz_2，其单位为 J/kg。

位能是个相对值，随所选的基准水平面位置而定，在基准水平面以上的位能为正值，以下的为负值。

（3）动能。流体以一定的速度运动时，便具有一定的动能。质量为 m，流速为 u

学习笔记

的流体所具有的动能为

$$动能=mu^2/2$$

$$动能的单位=kg\cdot(m/s)^2=kg\cdot(m/s^2)\cdot m=N\cdot m=J$$

1 kg 流体输入与输出的动能分别为 $u_1^2/2$ 与 $u_2^2/2$，单位是 J/kg。

(4)静压能。静止流体内部任一处都有一定的静压强。流动着的流体内部任何位置也都有一定的静压强。如图 1-22 所示的流动系统，出流管水平管段，A、B 两根玻璃测压管中均会出现一段液柱，液柱高度产生的静压力即反映了测压管所在截面流动流体静压力的大小。

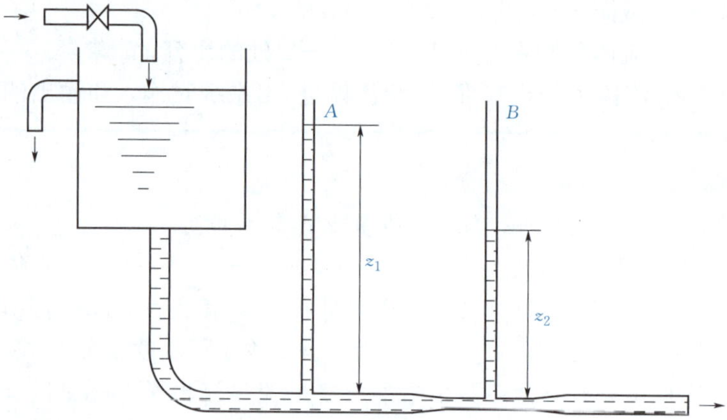

图 1-22　流动流体静压强

视 频

流动流体的静压强在测压管中的表现

同理，对于图 1-21 所示的流动系统，流体通过截面 1—1′时，由于该截面处流体具有一定的压力，这就需要对流体作相应的功，以克服这个压力，才能把流体推进系统里去。于是通过截面 1—1′的流体必定要带着与所需的功相当的能量进入系统，流体所具有的这种能量称为静压能。

设质量为 m、体积为 V_1 的流体通过截面 1—1′，把该流体推进此截面所需的作用力为 p_1A_1，而质量为 m 的流体完全通过此截面所走的距离为 V_1/A_1，(能量或功=力×距离)则流体带入系统的静压能为

$$输入的静压能=p_1A_1\cdot V_1/A_1=p_1V_1$$

对 1 kg 流体，则有

$$输入的静压能=p_1V_1/m=p_1v_1$$

$$静压能的单位=Pa\cdot m^3/kg=N/m^2\cdot m^3/kg=N\cdot m/kg=J/kg$$

同理，1 kg 流体离开系统 2—2′截面时输出的静压能为 p_2v_2，其单位为 J/kg。

上述输入与输出系统的四项能量，实际上就是流体在截面 1—1′及 2—2′上所具有的各种能量，其中位能、动能及静压能都属于机械能，三者之和称为总机械能。

知识延展

确切地说，静压能 pv 反应的即工程热力学中所说的流体推动功。推动功是流体在流动过程中传递的功。工质在流动的时候，总是源源不断从后面获得推动功，而对前面的工质作出推动功。根据功能原理，这部分的功由静压能转化而来。

学习笔记

此外，图 1-21 中的管路上还安装有换热器和泵，则进、出该系统的能量还有：

(1)热能。热力学中，把热力系统和外界之间仅仅由于温差，而通过边界传递的能量称为热能，也称过程热量。

注意热能和内能的区别，热能是过程量，通过热传递、热对流、辐射等方式传递，而内能是状态量，宏观上，主要由物体本身的温度、质量等因素决定。

设换热器向 1 kg 流体供应的或从 1 kg 流体取出的热量为 Q，其单位为 J/kg。若换热器对所衡算的流体加热，则 Q 为从外界向系统输入的能量；若换热器对所衡算的流体冷却，则 Q 为系统向外界输出的能量。

(2)外功(净功)。1 kg 流体通过泵(或其他输送设备)所获得的能量，称为外功或净功(本质是轴功传递而来，即通过机械轴传递的功，显然轴功不会 100%被流体吸收)。外功也称为有效功，以 W 表示，其单位为 J/kg。它也是后续进行流体机械选型的关键参数之一。

根据能量守恒定律，对于连续稳定流动的系统，“流入”某个流域的总能量(包括流体本身携带的能量，以及外界通过泵、换热器等设备输入的能量两部分)，应等于“流出”该流域的总能量。如果进入系统的能量和流出系统的能量不相等，对于该流域，任意一个流通截面上一定会出现变化的量，如温度、压力或者流量发生变化，如此便不能称之为稳态流动。于是便可列出以 1 kg 流体为基准的且在 1—1′和 2—2′截面间流动时的能量衡算式，即

$$U_1+gz_1+\frac{u_1^2}{2}+p_1v_1+Q+W=U_2+gz_2+\frac{u_2^2}{2}+p_2v_2 \tag{1-29}$$

令
$$\Delta U=U_2-U_1,\quad g\Delta z=gz_2-gz_1$$
$$\Delta u^2/2=u_2^2/2-u_1^2/2,\quad \Delta(pv)=p_2v_2-p_1v_1$$

式(1-29)又可写成

$$\Delta U+g\Delta z+\frac{\Delta u^2}{2}+\Delta(pv)=Q+W \tag{1-30}$$

知识延展

式(1-30)中间有三项和热力学第一定律非常相似，大家看出来了吗？

热力学第一定律是能量守恒原理的一种表达方式，它的物理含义即：一个系统内能的改变等于传递给系统的热量加上系统对外部环境所作的功，即膨胀功或者叫体积变化功，它是由系统内部流体体积变化引起，而对外界作的功。系统内部流体膨胀，则流体对外作功，流体被压缩，则外界对流体作功。

$$\Delta U=Q+W_{膨胀功}$$

大家一定要注意，热力学第一定律中的膨胀功和前面提到的推动功，是两个完全不同的概念，要注意区分。

要使上述能量守恒方程便于应用，必须借助热力学第一定律，对公式(1-30)进行化简，尤其是消去式中的内能项，具体变形将在后续内容中给出。

式(1-29)与式(1-30)是稳定流动过程的总能量衡算式，也是流动系统中热力学第一定律的表达式。方程式中所包括的能量项目较多，尤其包含了内能、过程热量

学习笔记

等参数，实际工程设计中并不实用，因而必须进行相应的简化。

(二)流动系统的机械能衡算与伯努利方程式

1. 流动系统的机械能量衡算式(适用于可压缩与不可压缩流体)

在流体输送过程中，主要考虑各种形式机械能的转换。为便于使用式(1-29)或式(1-30)，可以利用热力学第一定律，把内能 U 和热能 Q 从式中消去。具体推导过程，本书不做过多解释，具体可参考文献[1]。

实际流体流动过程中，为克服流动阻力必然消耗一部分机械能，这部分机械能最终转变成热能(类似固体表面间的相对滑动产生的摩擦热)，从实用角度，这部分机械能是损失掉了，因此也常称为能量损失。

设 1 kg 流体在系统中流动，因克服流动阻力而损失的能量记为 $\sum h_f$，其单位为 J/kg。同时，一般管线中不管是液体，还是气体，在工程设计中均可视为不可压缩流体(气体流速小于声速的 0.3)，其密度在流动过程中可视为常数。则以 1 kg 流体为基准的能量衡算式可变形为

$$g\Delta z+\frac{\Delta u^2}{2}+\frac{\Delta p}{\rho}=W-\sum h_f \tag{1-31}$$

或者

$$gz_1+\frac{u_1^2}{2}+\frac{p_1}{\rho}+W=gz_2+\frac{u_2^2}{2}+\frac{p_2}{\rho}+\sum h_f \tag{1-31a}$$

对于理想流体而言，不存在流动阻力，同时又没有外功加入时，即 $\sum h_f=0$，$W=0$，式(1-31a)可简化为

$$gz_1+\frac{u_1^2}{2}+\frac{p_1}{\rho}=gz_2+\frac{u_2^2}{2}+\frac{p_2}{\rho} \tag{1-32}$$

式(1-32)称为理想流体的伯努利方程式。

式(1-31)和式(1-31a)是伯努利方程式的引申，它考虑了实际流体的情况，也称为伯努利方程式。其本质是流体稳态流动时的机械能衡算。

拓展阅读

伯努利家族(Bernoulli family)，又译作贝努利家族，是 17—18 世纪瑞士的一个出过多名数理科学家的家族。在该家族中人才辈出，连续出过十余位数学家，堪称是数学史上的一个奇迹。本文的主角即丹尼尔第一·伯努利。

丹尼尔第一·伯努利 1700 年 2 月 9 日生于荷兰格罗宁根，起初他像其父一样习医，1721 年获巴塞尔大学医学博士学位，但在其家族的熏陶感染下，不久便转向数学，在父兄指导下从事数学研究，并且成为这个家族中成就最大者。

1724 年，他在威尼斯旅途中发表《数学练习》，引起学术界关注，并被邀请到俄国圣彼得堡科学院工作。同年，他用变量分离法解决了微分方程中的“里卡蒂”方程。第二年，25 岁的丹尼尔受聘为圣彼得堡科学院数学教授，并被选为该院名誉院士。1733 年，他返回巴塞尔，教授解剖学、植物学和自然哲学。丹尼尔的贡献集中在微分方程、概率和数学物理，被誉之为数学物理方程的开拓者和奠基人。

他曾 10 次获得法国科学院颁发的奖金。丹尼尔于 1747 年当选为柏林科学院院士，1748 年当选巴黎科学院院士，1750 年当选英国皇家学会会员。

作为伯努利家族博学广识的代表，丹尼尔的成就涉及多个科学领域。他出版了经典著作《流体动力学》(1738 年)，给出"伯努利定理"等流体动力学的基础理论；研究弹性弦的横向振动问题(1741—1743 年)，提出声音在空气中的传播规律(1762 年)。他的论著还涉及天文学(1734 年)、地球引力(1728 年)、磁学(1743 年、1746 年)，振动理论(1747 年)、船体航行的稳定(1753 年、1757 年)等。

伯努利家族人才济济，数百年来一直受到人们的赞颂，也给人们一个深刻的启示：家庭的优势积累，可以是优秀人才成长的摇篮。丹尼尔·伯努利的成功和家族几代人的传承、积累息息相关，但是伯努利自身对科学的热爱、孜孜不倦的追求才是他取得伟大成就的关键。

(三)伯努利方程式的讨论

(1)式(1-32)表示理想流体在管道内作稳定流动而又没有外功加入时，在任一截面上单位质量流体所具有的位能、动能、静压能之和为一常数，称为总机械能，以 E 表示，单位为 J/kg。

这个常数 E 意味着 1 kg 理想流体在各截面上所具有的总机械能相等，而每一种形式的机械能不一定相等，各种形式的机械能可以相互转换。即：式(1-32)表示了理想流体流动过程中各种形式的机械能相互转换的数量关系。

例如，某理想流体在水平管道中稳态流动，若在某处管道的截面积变小，则流速必然增加，因为总机械能恒定，静压能就必然相应降低，即一部分的静压能转变为动能，后面文丘里流量计就是应用该原理设计。

反之，当另一处管道截面增大，流速减小，动能减小，则静压能相应增加。在一些需要将流体输送到高处或者更远处的情形下，通常选择更大的管径；离心泵叶轮出口流道截面设计成渐扩截面，也是这个道理。

(2)式(1-31a)中各项单位为 J/kg，表示单位质量流体所具有的能量。应注意 gz、$u^2/2$、p/ρ 与 W、$\sum h_f$ 的区别。前三项是指在某截面上流体本身所具有的能量，而后两项是指流体在两截面之间所获得和所损耗的能量。

为更好地应用伯努利方程，还可以这样理解：对于固定的分析流域，流入系统的能量等于流出系统的能量。其中流入的能量包括入口截面处流体机械能和外界补偿功(具体问题具体分析，若是分析流域有流体机械，则有外功；若是分析流域没有流体机械，则外功为 0)，流出系统的能量包括出口截面处流体机械能和能量损耗(由流体黏度引起的摩擦损耗)。

更进一步，W 是输送设备对单位质量流体所作的有效功，单位是 J/kg，它是决定流体输送设备的重要数据。典型的离心泵机组外观及铭牌参数样例如图 1-23 所示。W 即与铭牌参数中的功率息息相关。

单位时间输送设备对流体所作的有效功称为有效功率，以 N_e 表示，单位是 J/s 或 W。

学习笔记

(a)

型号 PZQ 65-50-7.5			口径 80 mm
流量 50 m³/h	扬程 30 m	吸程 8 m	机组效率 69%
功率 7.5 kW	电压 380 V	电流 14.4 A	频率 50 Hz
转速 2 900 r/min	相数 三相	气蚀余量 3.5 m	绝缘等级 F
防护等级 IP55	接法 Δ	执行标准 JB/T 6664—2017	
质量 kg	编号 20220729001	日期 2022 年 07 月	

(b)

图 1-23 典型的流体机械及铭牌参数

$$N_e = W \cdot G \tag{1-33}$$

式中 G——流体的质量流量,kg/s。

记泵的工作效率为 η,则泵所需配套的轴功率 N 为

$$N = N_e / \eta \tag{1-34}$$

(3)对于可压缩流体的流动,若所取系统两截面间的绝对压强变化小于原来绝对压强的 20%,仍可用式(1-31)和式(1-32)进行计算,但此时式中的流体密度 ρ 应以两截面间流体的平均密度 ρ_m 来代替。这种处理方法导致的误差,在工程计算上是允许的。

(4)对于非稳态流动系统的任一瞬间,伯努利方程式仍成立。

(5)如果系统里的流体是静止的,则 $u=0$;没有运动,自然没有阻力,即 $\sum h_f = 0$;由于流体保持静止状态,也就不会有外功加入,即 $W=0$;于是式(1-31a)变成

$$gz_1 + \frac{p_1}{\rho} = gz_2 + \frac{p_2}{\rho}$$

上式与流体静力学基本方程式无异。由此可见,伯努利方程式除表示流体的流动规律外,还表示了流体静止状态的规律,而流体的静止状态只不过是流动状态的一种特殊形式。

(6)流体的衡算基准(单位)不同,式(1-31a)便有不同的表达形式。

①以单位重量(1 N)流体为衡算基准。

将式(1-3a)各项除以 g,则得

$$z_1 + \frac{u_1^2}{2g} + \frac{p_1}{\rho g} + \frac{W}{g} = z_2 + \frac{u_2^2}{2g} + \frac{p_2}{\rho g} + \frac{\sum h_f}{g}$$

令 $$H_e = W/g, \quad H_f = \sum h_f / g$$

则

$$z_1 + \frac{u_1^2}{2g} + \frac{p_1}{\rho g} + H_e = z_2 + \frac{u_2^2}{2g} + \frac{p_2}{\rho g} + H_f \tag{1-31b}$$

式(1-31b)各项的单位为 m;z、$u^2/2g$、$p/\rho g$ 与 H_f 分别称为位压头、动压头、静压头与压头损失,H_e 则称为输送设备对流体所提供的有效压头。z、$u^2/2g$、$p/\rho g$ 为单位重量流体所具有的能量,它的物理意义表示单位重量流体所具有的机械能可以把它自身从基准水平面举升的高度。

式(1-31b)在流体输送机械中,将经常用到。

学习笔记

知识延展

对输送液体的泵而言，H_e 即为泵的扬程，它的物理意义表示 1 N 流体可以自基准面被泵举升的高度。以扬程等于 10 m 为例，并不是说从泵的出口法兰，或者从泵所连接管道的出口处，可以把液体“喷”出去 10 m 远，而是说泵可以把自泵吸入口的液体举升 10 m 高。

例如，某自建房高 12 m，要把地面的水输送到屋顶的水池，则泵的扬程最少要 12 m，否则，无法把水送上去，并且会发现，从地面引向屋顶的管道某截面处，液面在上下波动，但就是上不去。

②以单位体积（1 m^3）流体为衡算基准。

将式(1-31a)各项乘以流体密度 ρ，则有

$$\rho g z_1 + \frac{\rho u_1^2}{2} + p_1 + W\rho = \rho g z_2 + \frac{\rho u_2^2}{2} + p_2 + \rho \sum h_f \tag{1-31c}$$

式(1-31c)各项的单位为 Pa；表示单位体积流体所具有的能量，为压强的单位。

（四）应用伯努利方程式的注意事项

伯努利方程是分析、计算各种流体流动问题的核心工具，学会使用伯努利方程，对今后工作中处理流体流动问题具有重要的实践意义。

1. 作图与确定衡算范围

根据具体问题，画出流动系统的示意图，并指明流体的流动方向。定出两个分析截面，以明确流动系统的衡算范围。

分析截面的确定应该具体问题具体分析，如分析整个管道中泵所需的扬程，则可取整个管道的进出口作为分析截面；如果仅仅只分析管道中的某一小段，则以该段管道的起止截面作为分析截面即可。

2. 截面的选取

两截面均应与流动方向相垂直，并且在两截面间的流体必须是连续的。所求的未知量应在截面上或在两截面之间，且截面上除所需求取的未知量外，都应该是已知的或能通过其他关系计算出来的。

3. 基准水平面的选取

选取基准水平面的目的是确定流体位能的大小，实际上在伯努利方程式中所反映的是位能差（$\Delta z = z_2 - z_1$）的数值。所以，基准水平面可以任意选取，但必须与地面平行。z 值是指选取的两个计算截面的中心与基准水平面间的垂直距离。为了计算方便，通常取基准水平面通过衡算范围的两个截面中的任一个截面。

4. 单位必须一致

在应用伯努利方程式之前，应把有关物理量换算成一致的单位，然后再进行计算。特别注意：两截面的压强除要求单位一致外，还要求表示方法一致，要么都用表压，要么都用绝对压力，不能混合使用。

5. 容器与管子

若选取的两截面，一为容器的截面（如储水箱自由液面、贮液池自由液面），一为

学习笔记

管子的截面，由于容器截面一般远大于管道流通截面，因此容器内的流速相对于管内的流速小得多，方程式中容器截面上的动压头($u^2/2g$)可以忽略不计。

四、伯努利方程式的典型应用

(一)确定管道中流体的流量

对一定的管路，若没有测量流量的仪表，就无法直观地得知流体的流量，此时就可以利用管路中其他参数，如压力 p、位置 z 等信息，取一小段管道作为分析对象，以该管段上下游截面作为分析截面，列出伯努利方程，即可估算出流量。

例 11 如图 1-24 所示，一段水平通风管道的直径自 300 mm 渐缩到 200 mm。为了粗略估计其中空气的流量，在锥形接头两端分别测得粗管截面 1—1′的表压强为 1 200 Pa，细管截面 2—2′的表压强为 800 Pa。空气流过锥形管的能量损失可以忽略。求空气的体积流量为多少 m^3/h。(空气的温度为 20 ℃，当地气压为 101.33×10^5 Pa)

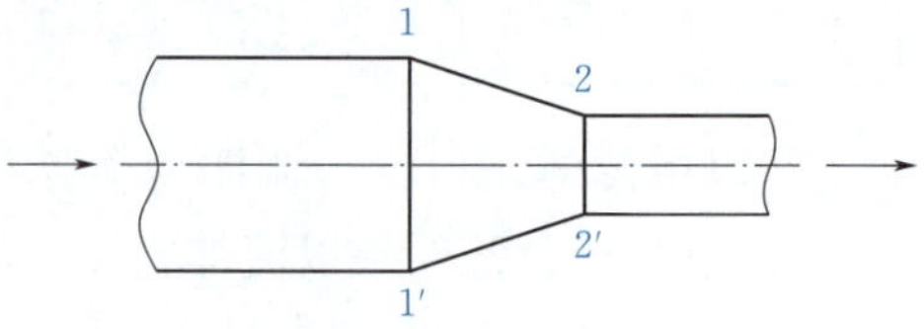

图 1-24 例 11 附图

解 已知 $V=Au$，要求流量 V，必须先求出流速 u；空气在锥形管两端的压强变化仅为 400 Pa，可按不可压缩流体来处理。

在截面 1—1′与 2—2′之间列伯努利方程式，并选取管道中心线作基准水平面。由于两截面间无外功加入，故 $W=0$；能量损失可忽略，故 $\sum h_f=0$。据此，按式(1-32)，伯努利方程式可写为

$$gz_1+\frac{u_1^2}{2}+\frac{p_1}{\rho}=gz_2+\frac{u_2^2}{2}+\frac{p_2}{\rho}$$

式中，$z_1=z_2$；$p_1=1\,200$ Pa；$p_2=800$ Pa(表压)。

取空气的平均摩尔质量为 29 kg/kmol，则在截面 1—1′与 2—2′间的空气平均密度为

$$\rho=\rho_m=\frac{M}{22.4}\cdot\frac{T_0p_m}{Tp_0}=\frac{29}{22.4}\times\frac{273\times[101\,330+0.5\times(1\,200+800)]}{293\times101\,330}$$

$$\rho=\rho_m=1.22\ \text{kg/m}^3$$

所以

$$0+\frac{u_1^2}{2}+\frac{1\,200}{1.22}=0+\frac{u_2^2}{2}+\frac{800}{1.22}$$

化简得

$$u_2^2-u_1^2=656 \tag{a}$$

式(a)中有两个未知数，须利用连续性方程式定出 u_1 与 u_2 的另一关系，即

$$u_1A_1=u_2A_2,$$

有

$$u_2=u_1\frac{A_1}{A_2}=u_1\left(\frac{d_1}{d_2}\right)^2=u_1\left(\frac{0.3}{0.2}\right)^2$$

$$u_2=2.25u_1 \tag{b}$$

以式(b)代入式(a)，即$(2.25u_1)^2-u_1^2=656$，解得 $u_1=12.71$ m/s

空气的体积流量为

$$V=3\,600\times\frac{\pi}{4}d_1^2u_1=3\,600\times\frac{\pi}{4}\times0.3^2\times12.71=3\,234\ \text{m}^3/\text{h}$$

学习笔记

其他说明：上面案例的计算过程，体现了伯努利方程在流量测量中的应用，为相应流量计的设计提供了理论依据。

（二）确定容器间的相对位置

在石油化工、热能动力、太阳能热利用等装置中，通常会涉及多种不同类型的设备，这些设备受工艺要求限制，大部分时候都不能安装在同一水平面内，即设备间总是存在高度差。尤其对于一些自流或者自然循环系统，为使液体可以自动流到低位目的地（或者能顺利回流），并达到一定的流量要求，就必须正确设计高位容器的位置。这些都必须依赖伯努利方程分析计算。例如，太阳能自然循环集热系统中，就要求太阳能集热器高出间接式换热器或者集热水箱一定距离。

例 12 用虹吸管从高位槽向反应器加料，如图 1-25 所示。高位槽和反应器均与大气连通。要求料液在管内以 1 m/s 的速度流动。设料液在管内流动时的总能量损失为 20 J/kg，试求高位槽的液面应比虹吸管的出口高出多少。

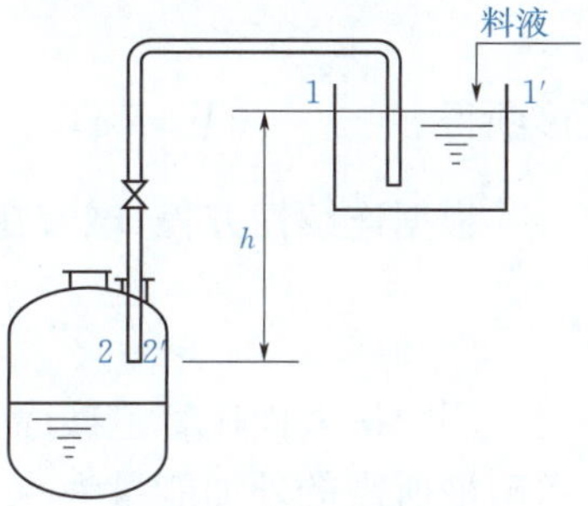

图 1-25 例 12 附图

解 取高位槽液面为 1—1′截面，虹吸管出口为 2—2′截面，并以 2—2′截面为基准水平面。在两截面间列伯努利方程式，即按式(1-31a)，有

$$gz_1+\frac{u_1^2}{2}+\frac{p_1}{\rho}+W=gz_2+\frac{u_2^2}{2}+\frac{p_2}{\rho}+\sum h_f$$

式中，$z_1=h$（为题中欲求的未知数）；$z_2=0$；$p_1=p_2=0$（表压）。

高位槽截面比管道截面要大得多，在流量相同情况下，槽内流速比管内流速就小得多，故高位槽内流速可忽略不计，即 $u_1\approx 0$。

依题意知：$u_2=1m/s$，$\sum h_f=20$ J/kg，没有外加功 $W=0$

将上列数值代入伯努利方程式并简化得 $gz_1=u_2^2/2+\sum h_f$，即有 $9.81h=1/2+20$，解得 $h=2.09$ m，即高位槽液面应比虹吸管出口高 2.09 m。

（三）确定输送设备所需的外加能量

流体由于黏性的原因，流动的过程中总有摩擦阻力，在远距离输送或者从低位向高位输送流体的时候，就必须通过泵或者压缩机向流体补偿能量，以增加流体的位能或用来克服流体流动过程中的能量损失。准确地确定流体输送设备的有效功，是进行流体输送设备选型的关键。

例 13 用泵将贮槽中的稀碱液送到蒸发器中进行浓缩，如图 1-26 所示。泵的进口管为 $\phi 89\times 3.5$ mm 的钢管，碱液在进口管的流速为 1.5 m/s，泵的出口管为 $\phi 76\times 2.5$ mm 的钢管。贮槽中碱液的液面距蒸发器入口处的垂直距离为 7 m，碱液经管路系统的能量损失为 40 J/kg，蒸发器内碱液蒸发压力保持在 0.2 kgf/cm^2（表压），碱液的密度为 1 100 kg/m^3。送料量为 20 m^3/h，试计算所需的外加能量和有效功率。

解 取贮槽的液面 1—1′为基准面，蒸发器入口处管口为 2—2′截面，在 1—1′与 2—2′截面间列伯努利方程式，即

$$gz_1+\frac{u_1^2}{2}+\frac{p_1}{\rho}+W=gz_2+\frac{u_2^2}{2}+\frac{p_2}{\rho}+\sum h_f$$

学习笔记

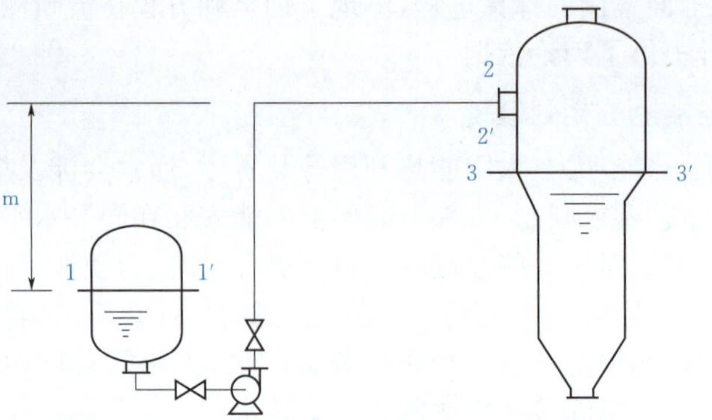

图 1-26　例 13 附图

移项得
$$W=g(z_2-z_1)+\frac{u_2^2-u_1^2}{2}+\frac{p_2-p_1}{\rho}+\sum h_f \quad (a)$$

根据连续性方程，碱液在泵的出口管中的流速为

$$u_2=u_0\left(\frac{d_0}{d_2}\right)^2=1.5\times\left(\frac{82}{71}\right)^2\ \text{m/s}=2.0\ \text{m/s}$$

因贮槽液面比管道截面大得多，故可认为 $u_1\approx 0$。将已知各值代入式(a)，则输送碱液所需的外加能量为

$$W=\left[9.81\times7+\frac{2^2-0}{2}+\frac{(0.2-0)\times9.81\times10^4}{\rho}+40\right]\text{J/kg}=128.5\ \text{J/kg}$$

按式(1-33)，有　　$N_e=W\cdot G$

$$G=V\rho=20/3\,600\times1\,100\ \text{kg/s}=0.005\,6\times1\,100\ \text{kg/s}=6.167\ \text{kg/s}$$

所以有效功率为　$N_e=128.5\times6.167\ \text{W}=792.5\ \text{W}\approx0.793\ \text{kW}$

泵通过泵轴带动叶轮对流体作功(即轴功)，一部分被流体“吸收”(即前面计算的有效功)，还有一部分因克服各种损耗而消耗掉。若考虑泵的效率为 η，则泵轴消耗的功率(简称轴功率)N 为 $N=N_e/\eta$。

一般泵的效率在 0.6～0.7 之间，本案例取为 0.65，则泵的轴功率为 $N=\frac{0.793}{0.65}\text{kW}=1.22\ \text{kW}$。

知识延展

上述案例中，流体机械有效功、轴功的确定，是后续泵、拖动电机选型的关键。准确的设计计算可以有效避免因选择规格过大的设备而造成的资源浪费、运行效率过低问题，也可以避免因选择规格过小的设备而造成的不能满足使用需求的问题。

(四)确定管路中流体的压强

设备或管路某截面的压强、温度、流量是管路设计计算中的三大核心问题。正确确定其压强，是流体能按设计的工艺要求顺利实现工艺过程的保证。

例 14　如图 1-27 所示，水在虹吸管内做稳定流动，管路直径没有变化，水流经管路的能量损失可以忽略不计，试计算管内截面 2—2′、3—3′、4—4′和 5—5′处的压强。大气压强为 760 mmHg。图中所标注的尺寸均以 mm 计。

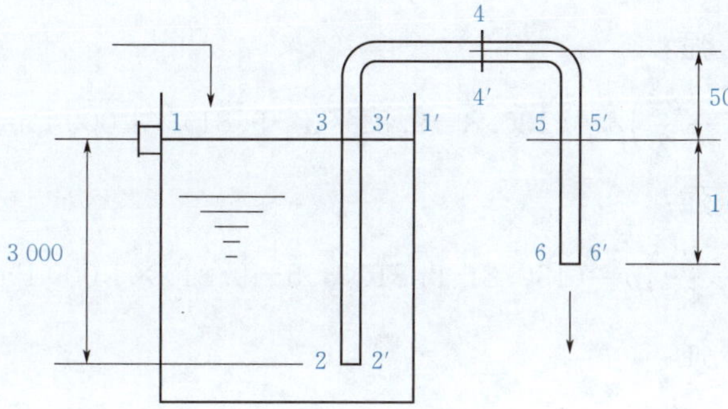

图 1-27　例 14 附图

解　为计算管内各截面的压强，应首先计算管内水的流速。

先在储槽水面 1—1′及管子出口内侧截面 6—6′间列伯努利方程式。并以截面 6—6′为基准水平面。由于管路的能量损失可忽略不计，即 $\sum h_f=0$，故伯努利方程式可写为

$$gz_1+\frac{u_1^2}{2}+\frac{p_1}{\rho}=gz_6+\frac{u_6^2}{2}+\frac{p_6}{\rho}$$

式中，$z_1=1$ m；$p_1=0$(表压)；$u_1\approx 0$；$z_6=0$ m；$p_6=0$(表压)。

将上列数值代入上式，并简化得

$$9.81\times 1=\frac{u_6^2}{2}$$

解得 $u_6=4.43$ m/s

由于管路直径无变化，则管路各截面积相等。根据连续性方程式可知：管内各截面的流速不变，即 $u_2=u_3=u_4=u_5=u_6=4.43$ m/s，则

$$\frac{u_2^2}{2}=\frac{u_3^2}{2}=\frac{u_4^2}{2}=\frac{u_5^2}{2}=\frac{u_6^2}{2}=9.81\ \text{J/kg}$$

因流动系统的能量损失可忽略不计，故水可视为理想流体，则系统内各截面上流体的总机械能 E 相等，即

$$E=gz+\frac{u^2}{2}+\frac{p}{\rho}=\text{常数}$$

现计算总机械能 E 的值：根据题干附图 1-27 分析，1—1′截面上压力、流速已知(与大气相通，则截面上压力就是大气压；流速可近似取为 0)，固可先计算该截面上总机械能，然后根据伯努利方程机械能守恒，即可分别计算其他截面上的压力。取截面 2—2′为基准水平面，则上式中 $z=3$ m，$p=101\ 330$ Pa，$u\approx 0$，所以 1—1′截面总机械能为

$$E=\left(9.81\times 3+0+\frac{101\ 330}{1\ 000}\right)\text{J/kg}=130.8\ \text{J/kg}$$

计算各截面的压强时，亦应以截面 2—2′为基准水平面，则 $z_2=0$，$z_3=3$，$z_4=3.5$，$z_5=3$。

截面 2—2′的压强：

学习笔记

$$p_2=\left(E-gz_2-\frac{u_2^2}{2}\right)\rho=(130.8-0-9.81)\times 1\,000\ \text{Pa}=120\,990\ \text{Pa}$$

截面 3—3′的压强：

$$p_3=\left(E-gz_3-\frac{u_3^2}{2}\right)\rho=(130.8-9.81\times 3-9.81)\times 1\,000\ \text{Pa}=91\,560\ \text{Pa}$$

截面 4—4′的压强：

$$p_4=\left(E-gz_4-\frac{u_4^2}{2}\right)\rho=(130.8-9.81\times 3.5-9.81)\times 1\,000\ \text{Pa}=86\,660\ \text{Pa}$$

截面 5—5′的压强：

$$p_5=\left(E-gz_5-\frac{u_5^2}{2}\right)\rho=(130.8-9.81\times 3-9.81)\times 1\,000\ \text{Pa}=91\,560\ \text{Pa}$$

拓展思考

如果虹吸管出口截面高出自由液面，容器中的水能不能自动流出？

若要虹吸流量大一点，可采取什么措施？

根据上面的计算结果，4—4′截面处的绝对压强小于标准大气压，即该截面流体处于真空状态，如果管道刚好在 4—4′截面出现了破损，如该截面有一个细微的小孔，会发生什么现象？实际工程中配管，管线拐弯处通常用弯头焊接或者螺纹连接，那么对于拐弯处的密封性能有什么要求？

专题四 流体流动现象（流动类型）

一、流体的两种流动类型

（一）雷诺实验

19 世纪初，人们已经发现流体流经管路时的能量损失与流速有着一定的关系：在流速较小时，能量损失与流速的一次方成正比；而当流速较大时，能量损失与流速的二次方成正比。

1883 年，英国物理学家雷诺经过大量的实验研究，发现能量损失与流速之间的关系之所以不同，是因为流体流动过程中，其微观流体质点存在两种截然不同的运动型态。

为了直接观察流体流动时内部质点的运动情况及各种因素对流动状况的影响，雷诺设计了相应的实验装置，如图 1-28 所示。

在水箱 3 内装有溢流装置，以维持水位恒定。从水箱的侧壁安装一根水平透明玻璃管 4，玻璃管末端安装阀门 5 控制流速。水箱上方有装有带颜色液体的小瓶 1，有色液体可经过细管 2 注入玻璃管内。在水流经玻璃管的过程中，同时把有色液体送到玻璃管入口以后的管中心位置上。有色液体的流量也用阀门控制，通过观察有色液体的运动轨迹，间接得到玻璃管内不同流速条件下，流体质点的微观运动情况。

学习笔记

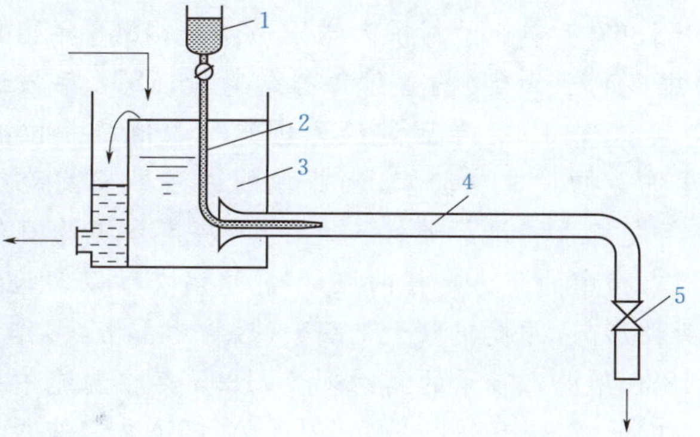

1—颜色液体小瓶；2—细管；3—水箱；4—水平玻璃管；5—阀门。

图 1-28 雷诺实验装置

实验中可以清晰地观察到，当玻璃管里的水流速度不大时，从细管引到水流中心的有色液体基本成一条界限分明的直线，平稳地流过整根玻璃管，与玻璃管里的水并不相混杂，如图 1-29 所示；这种现象表明玻璃管中的水的质点是沿着与管轴线平行的方向做直线运动。

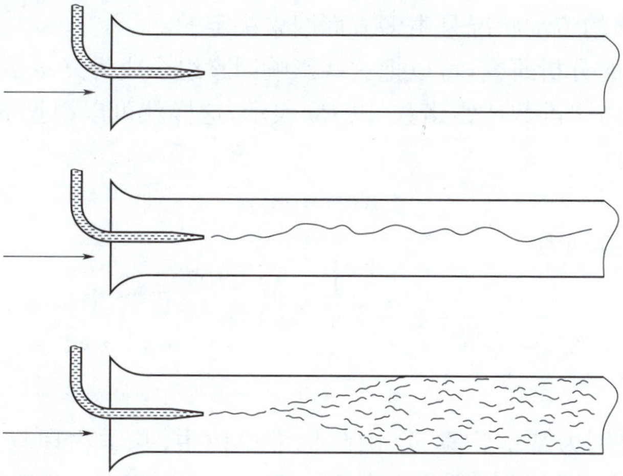

图 1-29 流体流动类型示意图

视频

雷诺实验现象

若把水流速度逐渐提高到一定数值，有色液体的细线开始出现螺旋波浪形。速度再增，细线便完全消失，有色液体流出细管后随即破碎为小漩涡，向四处散开，与周围的水完全混合在一起，使整根玻璃管中的水呈现均匀的颜色。这种现象表明水的质点除了沿着管道向前运动外，各质点还在做不规则的径向运动，且彼此相互碰撞并相互混合；质点速度的大小和方向随时发生变化。

这个实验揭露出流体流动有两种截然不同的类型：一种称为滞流或层流；另一种称为湍流或紊流。

拓展阅读

雷诺（Osborne Reynolds，1842—1912），英国力学家、物理学家和工程师，1842 年 8 月 23 日生于北爱尔兰的贝尔法斯特，1912 年 2 月 21 日卒于萨默塞特

学习笔记

的沃切特。雷诺1867年毕业于剑桥大学王后学院，1868年出任曼彻斯特欧文学院（后改名为维多利亚大学）的首席工程学教授；1877年当选为皇家学会会员；1888年获皇家勋章；1905年因健康原因退休。他是一位杰出的实验科学家。由于欧文学院最初没有实验室，因此他的许多早期试验都是在家里进行的。他于1883年发表了一篇经典性论文——《决定水流为直线或曲线运动的条件以及在平行水槽中的阻力定律的探讨》。这篇文章以实验结果说明水流分为层流与紊流两种形态，并提出以无量纲数（后称为雷诺数）作为判别两种流态的标准。他于1886年提出轴承的润滑理论，1895年在湍流中引入有关应力的概念。雷诺兴趣广泛，一生著述很多，其中近70篇论文都有很深远的影响。这些论文研究的内容包括力学、热力学、电学、航空学、蒸汽机特性等。他的成果曾汇编成《雷诺力学和物理学课题论文集》两卷。

（二）雷诺数

若用不同的管径和不同的流体分别进行实验，则可从实验中发现，不仅流速 u 能引起流动状况改变，而且管径 d、流体的黏度 μ 和密度 ρ 也都能引起流动状况的改变。可见，流体的流动状况是由多方面因素决定的。

通过进一步的分析研究，可以把这些影响因素组合成为 $du\rho/\mu$ 的形式。

$du\rho/\mu$ 称为雷诺准数或雷诺数，以 Re 表示，这样就可以根据 Re 准数的数值来分析流动状态，即

$$Re=du\rho/\mu$$

雷诺准数的量纲为

$$[Re]=\left[\frac{du\rho}{\mu}\right]=\frac{L\cdot\dfrac{L}{T}\cdot\dfrac{M}{L^3}}{\dfrac{M}{L\cdot T}}=L^0\cdot T^0\cdot M^0=1$$

式中，L、T、M 分别为基本物理量（国际标准单位中，基本物理只有7个）长度、时间、质量的量纲，如直径 d，不管其具体单位是 mm、cm 还是 m，都是长度单位，因而其量纲可统一用 L 表示；同样，流速 u 单位为 m/s，其涉及的基本物理量有长度 L、时间 T，按单位的性质，可将其量纲表示为 L/T。有兴趣的同学可以自己尝试推导一下黏度 μ 的量纲。

因为各个物理量的单位可以全部对消，可见 Re 准数是一个无因次数群，或者说 Re 准数是一个没有单位的数群，也将其称为量纲为1的数群。所谓数群，可认为就是几个物理量通过组合计算而得到的一个新量。

也请注意，这种物理量之间的组合不是任意的，一般都建立在大量的实验数据基础上，对影响某一现象或过程的各种因素有了一定认识后，再用物理分析、数学推演等方法确定。它能很好地揭示各物理量之间的关系，又能说明某一现象或过程的一些本质。

组成此数群的各物理量，必须用一致的单位表示。因此，要么用国际标准单位计算，要么都用工程制单位计算。但无论采用何种单位制，只要数群中各物理量的

单位一致，所计算出的 Re 值必相等。

学习笔记

知识延展

得到无量纲准数的物理分析方法常见的有瑞利法和 π 定理（又称泊金汉定理，它是 E. Buckingham 于 1951 年提出的，应用更加广泛）。

π 定理表述：如果一个物理过程涉及 n 个物理量（可理解为包含因变量和自变量）和 m 个量纲，则这个物理过程可以用 n 个物理量组成的 $n-m$ 个无量纲量（相似准则数）的函数关系来描述，这些无量纲量用 $\pi_i(i=1,2,\cdots,n-m)$ 来表示。

有兴趣的同学可以查阅文献[10]，并自己尝试推导雷诺数 Re。

（三）雷诺数判断流体流动类型

利用 Re 准数的大小可以判断流体的流动状态。无论管径大小、流体种类（密度、黏度）、流动速度如何不同，只要雷诺数相同，流动类型必然相同，即流体微观质点运动情形一定相同。

实验证明，流体在直管内流动时：

当 $Re\leqslant 2\,000$ 时，流体的流动类型属于层流。

当 $Re\geqslant 4\,000$ 时，流动类型属于湍流。

而 Re 值在 2 000～4 000 时为过渡流，此时流体处于不稳定状态，可能是层流，也可能是湍流；若受外界条件的影响，如管道直径或方向的改变、外来的轻微震动，都易促成湍流的发生，所以将这一范围称为不稳定的过渡区。

在生产操作条件下，常将 $Re>3\,000$ 的情况按湍流来考虑。

流体的流动类型，本质上反映的是流体质点微观运动情形。层流下质点平动，湍流下质点的运动表现为平动加随机的径向湍动。雷诺数 Re 越大，流体随机的径向湍动越剧烈。

知识延展

在工程流体力学、传热学中，最常用的准数有雷诺数 Re、普朗特数 Pr、努塞尔数 Nu。三个准数定义式分别为

$$Pr=\frac{\mu c_{\mathrm{p}}}{\lambda},\quad Nu=\frac{hd}{\lambda},\quad Re=\frac{\rho d u}{\mu}$$

为更好地理解上面三个无量纲准数涉及物理量的意义，以圆形管道内流体的传热过程为例（如管壳式换热器中的换热管）进行说明：

d——特征长度，对于管内流动流体，取管内径，若分析对象为管外侧流体流动，取管外径，m；

ρ——管内流体密度，$\mathrm{kg/m^3}$；

u——管内流体平均流动速度，m/s；

μ——管内流体黏度，Pa·s；

学习笔记

c_p——管内流体比热容，J/(kg·℃)；

λ——管内流体导热系数，W/(m·℃)；

h——表面膜传热系数，W/(m^2·℃)。

注意：表面膜传热系数 h 在不同的换热条件下，其值是不同的，或者说 h 是由管内流体基本物性参数、流速、管径等参数决定。

大量的实验数据表明，雷诺数 Re、普朗特数 Pr、努塞尔数 Nu 三者之间有密切的联系，通常用所谓的经验关联式表示。对于管内流体强制对流传热，工程领域应用时间最长、最普遍的关联式为

$$Nu=0.023Re^{0.8}Pr^n$$

管内流体被加热时，n 取 0.4；流体被冷却时，n 取 0.3。上式习惯上称为 Dittus-Boelter 公式，此式适用于流体与壁面温度具有中等温差的场合，主要用于不同工艺(即不同流体种类、流速、换热管尺寸)条件下，换热管内侧表面膜传热系数 h 的计算。实验已经验证的范围为 $Re=10^4\sim1.2\times10^5$，$Pr=0.7\sim120$，最大偏差一般在 25%以内。

具体应用时，可以先通过流速 u、管径 d、流体物理性质参数(ρ、μ、c_p、λ)先计算得到雷诺数 Re、普朗特数 Pr(根据 Pr 定义式，它本身就是一个由物性参数组合而来的准数，因而也可认为是一个特殊的物性参数，一般可以直接查取)，然后由关联式得到努塞尔数 Nu 的具体值；最后结合努塞尔数 Nu 定义式，即可得到表面传热系数 h 的具体值。

在换热器工艺设计计算中，根据总传热系数 K 与表面膜传热系数 h 之间的关系，即可快速确定总传热系数 K。

从上述关联式也可以看出，表面膜传热系数 h 正比于 $Re^{0.8}$，可见凡是能增大 Re 的举措均有利于流体传热。例如，对于给定的流体，显然流速 u 越大，Re 也越大，于是表面膜传热系数 h 也越大，越有利于传热，即工程上所说的强化传热。

例 15 有一内径为 25 mm 的水管，如管中流速为 1.0 m/s，水温为 20 ℃。求：

(1)管道中水的流动类型；

(2)管道内水保持层流状态的最大流速。

解 (1)查 20 ℃时水的黏度为 1 cP，即 0.001 Pa·s，密度为 998.2 kg/m³，管中雷诺数为：$Re=du\rho/\mu=0.025\times1\times998.2/0.001=2.5\times10^4>4\,000$ 故管中为湍流。

(2)因层流最大雷诺数为 2 000，即

$$Re=du_{max}\rho/\mu=2\,000$$

故水保持层流的最大流速为

$$u_{max}=[2\,000\times0.001/(0.025\times988.2)]\text{m/s}=0.08\text{ m/s}$$

注：从例 15(2)解答可以看出，维持层流时，流速实际非常小，通常不会超过 0.1 m/s。而实际管道规格设计时，流速多在 1 m/s 往上，因而可以说，对于一般设计的管线，其内部流体的流动型态一般是湍流。

学习笔记

二、非圆形截面管道内的雷诺数计算

前面所讨论的都是流体在圆形管道内流动的情形，但在工程领域，常常还会遇到非圆形截面的情形。例如套管式换热器，其内外管之间的流通截面就是一个环形；暖通空调中，大型中央空调的通风管道通常是矩形。显然，对于非圆形管道内流体雷诺数的计算，必须找到一个与圆形管道内直径 d 相当的"直径"替代。

由此，引入水力半径 r_H 的概念。水力半径的定义即流体在管道中流动时，其流通截面 A 与润湿周边长度 Π 之比，即

$$r_H=\frac{A}{\Pi} \tag{1-35}$$

流体润湿周边长度，是指某个流通截面上，流体与固体壁面的接触长度。对于内径为 d_i 的圆形管，显然某个流通截面上，流体与管内壁的接触长度就是管道内圆周的长度，即润湿周边长为 $\Pi=\pi d_i$，其流通截面为 $A=\frac{\pi}{4}d_i^2$，故对于圆形管，其水力半径为

$$r_H=\frac{A}{\Pi}=\frac{\frac{\pi}{4}d_i^2}{\pi d_i}=\frac{d_i}{4} \quad 或 \quad d_i=4r_H$$

即圆形管道中，管道内直径等于水力半径的 4 倍。

将此概念推广到非圆形管，用 4 倍水力半径来代替非圆形管的"直径"，称为当量直径，以 d_e 表示，即

$$d_e=4r_H=4\times\frac{A}{\Pi} \tag{1-36}$$

例 16 某流体从套管的环隙空间流过，设内管的外直径为 d_o，套管（外管）的内直径为 D_i，试求套管环隙的当量直径。

解 根据几何条件，套管环隙实际流通面积为

$$A=\frac{\pi}{4}(D_i^2-d_o^2)$$

流体实际润湿周长为外管内圆和内管外圆之和，即

$$\Pi=\pi(D_i+d_o)$$

则套管环隙的当量直径为

$$d_e=4r_H=4\times\frac{A}{\Pi}=4\times\frac{\frac{\pi}{4}(D_i^2-d_o^2)}{\pi(D_i+d_o)}=D_i-d_o$$

流通截面为其他形状的非圆形管道，其当量直径均可按此法推得。当量直径另一个用途就是计算非圆形管道的流体阻力，后续学习中还将用到。

这里还应指出，当量直径是用来衡量流动过程特征尺寸的参数。例如，对于矩形截面，可用当量直径 d_e 代替雷诺数 Re 计算时用到的管内径 d。

学习笔记

绝不能用当量直径来计算流体实际流通横截面积、流速和流量。仍然以雷诺数 Re 为例，Re 定义式中的流速 u 是指流体真实流速，不能用当量直径 d_e 来计算。

三、流体在圆形管道内的质点运动及速度分布

不同的流通截面，流体质点的速度分布是不一样的，本书仅以圆形管道内流体流动为例进行简要介绍。

当流体流过固体壁面时，由于流体具有黏性，紧贴着固体壁面的流体由于附着力，使得这一部分流体速度为零。

同理，当流体在圆管内流动时，无论是滞流或湍流，在管道任意截面上，流体质点的速度沿管径而变，管壁处速度为零，离开管壁以后速度渐增，到管中心处速度最大。

流速在管道截面上的分布规律，即圆形管内流体质点速度如何分布，因流动类型而异，如图 1-30 所示。

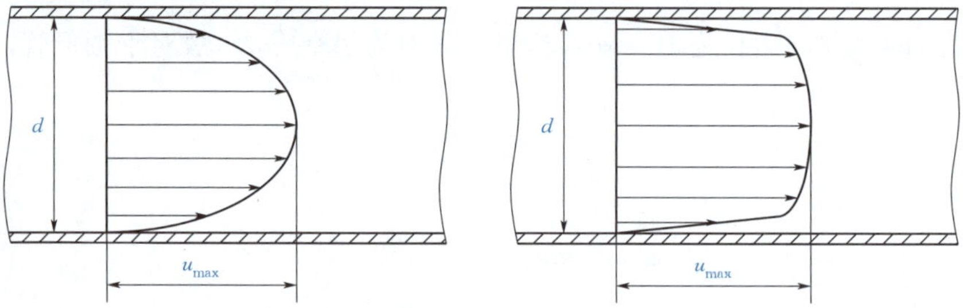

图 1-30　圆管内速度分布

理论分析和实验都已证明：

滞流时的速度沿管径按抛物线的规律分布，如图 1-30(a)所示，平均流速 u 等于管中心处最大流速 u_{max} 的 0.5。

湍流时，流体质点的运动情况比较复杂。经实验测定，湍流时圆管内的速度分布曲线如图 1-30(b) 所示。由于流体质点的强烈分离与混合，产生旋涡导致靠管中心各点速度彼此扯平，使速度分布比较均匀，曲线顶端显得平坦，所以速度分布曲线不再是严格的抛物线。工程应用中，湍流时的平均流速 u 一般可取管中心处最大流速 u_{max} 的 0.82 倍。

需要说明的是，u、u_{max} 的比值并不是一个定值，其随着 Re 准数而变化，具体可参考专题七表 1-10。

知识延展

在管路入口、拐弯、分支、阀门等位置，流体流动会受到外界条件或者固体壁面的影响，这些区域的速度分布就不会符合上述规律。

理解管内流体质点速度分布，尤其掌握最大速度与平均流速的关系，对流体速度(流量)的测量具有重要意义。例如，在流体流量测量专题中，提到了皮托管，这是一个典型的测量流通截面上某一点流速的仪表，如果要比较精确地测量流量，则安装皮托管时，就应该尽可能保证其测压口位于管道流通截面正中，保证测量的流速

学习笔记

是最大流速，然后利用最大流速与平均流速的关系，得出平均流速及流量值。

四、流体边界层

（一）边界层的概念及形成

以流体流过固定平板为例，边界层示意图，如图 1-31 所示。流体以均匀速度 u_s 流经固体壁面时，由于黏性，黏附于壁面上的静止流体层与其相邻的流体层间产生内摩擦力，使得垂直于流动方向上的不同流体层产生速度梯度，至离壁面一定距离后（垂直于平板表面的距离，图中 $y=\delta$ 即边界层厚度，实际应用中规定：沿固体壁面法线，速度达到来流速度 u_s 的 99%处的距离为边界层厚度。而在边界层外，速度梯度很小，即使黏度较大的流体，黏滞力也很小，可忽略不计），流体速度接近来流速度 u_s，存在该速度梯度的流体层即为流体边界层，如图 1-31 中最外侧虚线与壁面间的区域。

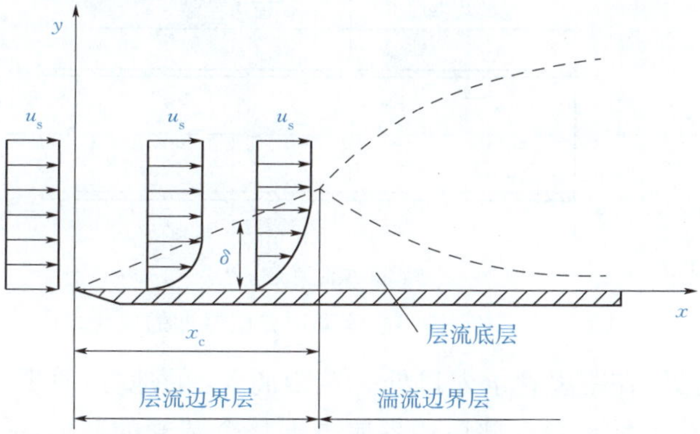

图 1-31　流体边界层

边界层以外的区域，速度梯度可视为零，称为流体的外流区或者主流区。应指出，边界层的厚度 δ 与从平板前缘算起的距离 x 相比是很小的。例如，在汽轮机叶片的出汽边上，边界层最大厚度一般为零点几毫米。

如图 1-31 所示，在平板的前缘处，边界层较薄，且边界层内流体的流动总是层流，这种边界层称为层流边界层。在距平板前缘某临界距离 x_c 处，边界层内的流动由层流转变为湍流，此后的边界层称为湍流边界层。

但在湍流边界层内，靠近平板的极薄一层流体，仍维持层流，即层流内层或层流底层。

以距平板前缘的距离 x 作为几何尺寸定义的雷诺数为 $Re_x=\dfrac{u_s x\rho}{\mu}$。$u_s$ 为主流区的流速。边界层内流体的流型可由 Re_x 值确定。

对于光滑的平板壁面，当 $Re_x \leqslant 2\times10^5$ 时，边界层内的流动为层流；当 $Re_x \geqslant 3\times10^6$ 时，为湍流；Re_x 值为 $2\times10^5 \sim 3\times10^6$ 时，可能是层流，也可能是湍流。

（二）圆管内流动时的边界层

在热能动力等工程领域，遇到更多的是流体在管内流动的情况。对于管内流动边界层的理解，与流体在平板上流动有类似的地方，这里我们重点关注边界层发展及层流底层厚度问题。

学习笔记

1. 圆管内边界层发展

流体在进入圆管前，以均匀的流速流动。在管道进口处，流体速度分布比较均匀，仅在靠管壁处形成很薄的边界层。在黏性的影响下，随着流体向前流动，边界层逐渐增厚。

随着流体流动轨迹发生变化，流体在圆形直管内流动时，边界层厚度变化，如图 1-32 所示。

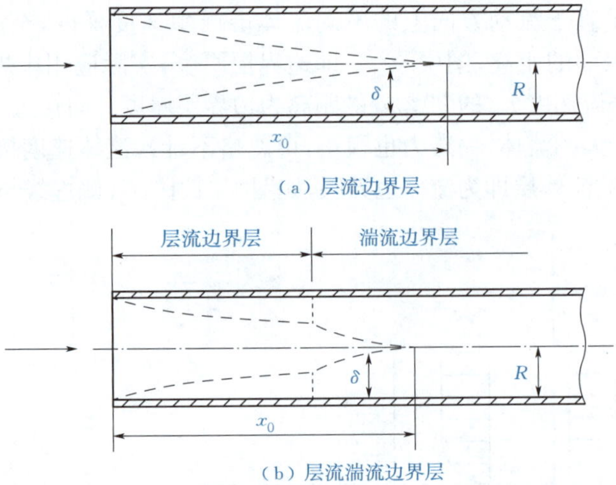

图 1-32　圆管进口段流动边界层厚度的变化

由图 1-32 可见，在距离管子入口处一定距离 x_0 的地方，管壁上形成的边界层最终都在管道的中心线汇合。此后边界层占据整个圆管的截面，其厚度维持不变，等于管子的半径 R。距管入口 x_0 的直线距离称为稳定段长度或进口段长度。在稳定段以后，各个流通截面速度分布保持不变，称为完全发展流动。

实际上，前面提到的平均流速与管中心最大流速的关系，也是在稳定段以后才成立。

知识延展

管线上流量计、压力传感器、温度传感器等仪表安装位置可以随意定吗？

理解圆管的稳定段长度非常重要，它与管线上安装仪表（流量计、压力表、温度计等）的测量精度息息相关。

测量仪表在管道上的安装位置，一般应选在圆管中流体速度分布保持不变的平直部分。对于层流，通常取稳定段长度 $x_0=(50\sim100)d$；湍流时，稳定段长度一般比层流短。

当遇到管路拐弯、分支，或者在阀门附近，由于受到固体壁面的影响，这些区域的速度分布与流体完全发展流动区也不一样，安装仪表应尽量避开。

2. 圆管内层流底层厚度

流体在管道内的流速愈大，主流区部分湍流程度愈强，层流底层就愈薄。管内流体黏度愈大，层流底层厚度就愈厚。

光滑圆管中，湍流流动时层流底层厚度 δ_b 可采用半理论半经验公式计算：

$$\frac{\delta_b}{d}=\frac{61.5}{Re^{7/8}} \tag{1-37}$$

学习笔记

式中 d——管内径,mm。

注意:式(1-37)中的系数61.5在不同的文献中会有所差异,主要是公式推导过程中,假设管截面平均流速 u 与管中心最大流速 u_{max} 的比值不同而引起的。当 $u/u_{max}=0.81$ 时,系数为61.5。

由式(1-37)可知,同一管道,流速越大,雷诺数 Re 也会越大,相应的层流底层会越小。如在内径为100 mm的管道中,以输送20 ℃清水为例,流速 $u=1$ m/s,可从本书附录B中查得黏度 $\mu=100.5\times10^{-5}$ Pa·s、密度近似为 $\rho=1\,000$ kg/m³,可计算得到雷诺数 $Re=1\times10^5$,层流底层厚度 $\delta_b=0.26$ mm;若流速增加10倍,雷诺数相应增加10倍,即 $Re=1\times10^6$,可计算得到层流底层厚度 $\delta_b=0.035$ mm。说明 Re 值增大时,层流底层厚度 δ_b 显著下降。

层流底层的厚度显然极薄,但是由于此层内的流动是层流,其对传热与传质过程都有重大影响。

知识延展

层流底层对传热过程的影响可以用一组数据粗略地做个对比。以60 ℃的热水在管内流动为例,热量传递过程一定是从管内热水向大气环境散失。

因为层流底层的存在,在这一极薄的流体层内,由于流体质点没有径向的混合,热量传递以热传导为主,60 ℃时水的导热系数 $\lambda=0.66$ W/(m·℃)。

一般以水为介质的条件下,流体与固体表面的对流传热系数 h 可达 2 000 W/m²·℃,可见依靠对流和仅仅依靠热传导,在同样的温差和传热面积下,传递的总热量完全不一样。

实际上,换热器领域说的强化传热,就是设法强化层流底层这一极薄流体层内的传热。常见的方法如适当增大流速,从前文计算中可以看到,流速增加,层流底层厚度减小,传热的速度当然会增加。

3. 边界层分离与卡门涡街

流体在管道内流动有边界层,同样当流体在障碍物外表面绕流,也会产生边界层,并且当流体绕流曲面障碍物(如球体、圆柱体)时,无论是层流还是湍流,在一定的条件下,还会发生边界层与固体表面脱离的现象,并在脱离处产生旋涡,这种现象称为边界层分离。

关于边界层分离的机理,本书不做过多分析,有兴趣的同学还可以查阅本书参考文献[1]。

以绕流圆柱体为例,边界层的分离位置一般位于流体流过柱体最大截面后的C点位置,如图1-33所示,且发生流体边界层分离现象时,在圆柱体的后面会产生一对旋转方向相反的对称漩涡(本质是边界层分离面与壁面间的流体因回流而产生漩涡)。

当雷诺数超过一定数值(孔珑主编《工程流体力学》第四版介绍的数值为 Re 大约为40,Re 计算时特征长度取圆柱体直径 d),对称漩涡不断增长并出现摆动;继续

学习笔记

增大雷诺数，这对不稳定的对称漩涡分裂，最后形成几乎稳定、非对称的、多少有些规则的、旋转方向相反的交替漩涡，这些漩涡又相互影响，最终形成一列旋涡涡街。这种交替出现的旋涡最早由冯·卡门进行深入研究，所以学术上也把这种交替出现的漩涡涡街叫作卡门涡街。

视频

卡门涡街仿真动画

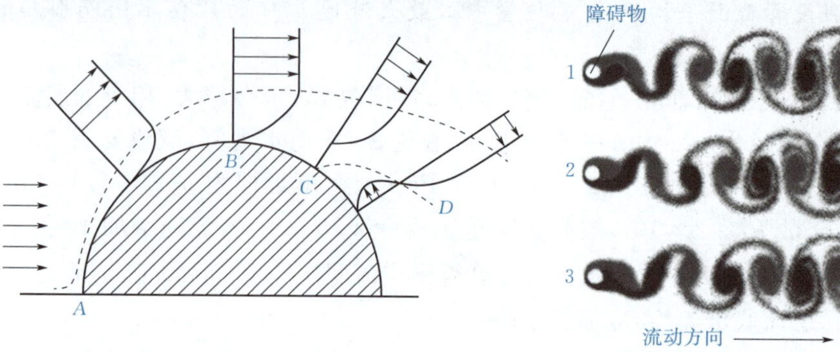

图 1-33　流体流过圆柱体表面的边界层分离

拓展阅读

西奥多·冯·卡门(1881—1963)，航天工程学家，开创了数学和基础科学在航空航天和其他技术领域的应用。他所在的加利福尼亚理工学院实验室后来成为美国国家航空和航天喷气实验室。

在他的指导下，加州理工大学一批航空工程师开始研究喷气推进和液体燃料火箭、力学和应用数学，后来成立喷气推进实验室。

1939 年，冯·卡门要求他的学生钱学森把两大命题作为博士论文的研究课题，从而建立崭新的“亚声速”空气动力学和“超声速”空气动力学。而其中一个命题就是著名的“卡门钱学森公式”。这个公式是由冯·卡门提出命题，钱学森做出结果。原理是对亚声速气流中空气压缩性对翼型压强分布情况的计算，就是一种计算高速飞行着的飞机机翼表面压力分布情况的科学公式。这个公式第一次发现了在可压缩的气流中，机翼在亚声速飞行时的压强和速度之间的定量关系。通俗来说，就是当飞机的飞行速度接近声速时，空气的可压缩性对机翼和机身的升力的影响究竟有多大？“卡门-钱公式”回答了这个问题，准确地表达了这种量的关系，并且为实验所证明。

1946 年，冯·卡门提出跨声速相似律，它与普朗特的亚声速相似律、钱学森的高超声速相似律和阿克莱的超声速相似律合起来，为可压缩空气动力学形成了一个完整的基础理论体系。

正是这种交替出现的边界层分离，会造成障碍物在垂直于流体流动方向上出现一个交替变化的压力差，在这种压力差的作用下，障碍物会出现横向振动(垂直于流体流动方向的振动)。

理解边界层分离对工程设计也非常重要。图 1-34 所示的圆柱体设备，当空气绕流时，会出现卡门涡街现象，造成设备横向振动，当横向振动频率接近设备固有频率，则有可能造成设备失效风险。因此，在设备顶部加装有几块螺旋形的翅片板，起到一个螺旋导流的作用，让空气尽可能顺畅地绕流过去，削弱边界层分离，降低设备横向振动幅度。

图 1-34 高塔型设备顶部螺旋片防卡门涡街

专题五 流体在管内的流动阻力

一、常见管道材料类别

管路主要由管子、管件和阀件等构成，它们在工程装置中，像“血管”一样将各种设备连接在一起，从而保证流体连续流动，完成各种工艺过程。

不同工艺过程中，如热能动力和石油化工，其输送的介质、介质的工艺参数(温度、压力、流量)也完全不同，很多场合还要求管道能够耐腐蚀。因此，了解管路基本组成、管材的选用、管路布置原则及安装要求，是非常有必要的。

(一)管材

工程中常用的管子按材料划分，主要有金属管、非金属管、复合管。其中金属管主要包括铸铁管、钢管、合金管、有色金属管，有色金属管中又有紫铜管、黄铜管、铅管和铝管等。非金属管有陶瓷管、水泥管、塑料管及橡胶管等。复合管则是由金属与非金属材料复合而成的管子，如在金属管内衬以搪瓷、橡胶等材料，这样能同时满足强度、防腐的要求。下面重点介绍应用最多的钢管及塑料管。

1. 钢管

按钢管成型方法，可分为无缝钢管和有缝钢管。

无缝钢管是棒料钢材经穿孔热轧和冷拔制成，固有热轧管和冷拔管之分。用于制造无缝钢管的材料有普通碳素钢、优质碳素钢、低合金钢及不锈钢等。无缝钢管是工程领域应用最多的管材，其特点是质地均匀、强度高。

碳钢管可用于压强较高且无腐蚀流体的输送，根据 GB/T 150.1～GB/T 150.4—2024《压力容器[合订本]》规定，其极限温度一般为 425 ℃。比如，热能动力行业，输送循环水、过热蒸汽，采用牌号为 20 的碳素钢管即可。

学习笔记

知识延展

工程领域使用到的钢材成分千差万别，每一种不同成分的钢材都有自己的“身份证号”，即钢的牌号。碳素钢主要分为普通碳素结构钢和优质碳素结构钢两类。普通碳素结构钢的牌号以材料的“屈服强度＋质量等级＋冶炼过程脱氧方式”确定，如 Q235B；优质碳素结构钢以材料中碳含量的万分数表示，如 20 钢，表示碳含量 0.2% 的优质碳素结构钢。

低合金钢、不锈钢等可用于腐蚀性较强、600 ℃以上高温流体的输送。其中无缝钢管是制作换热器管束、锅炉水冷壁等设备的主要材料。

无缝钢管的规格用 ϕ 外径（mm）× 壁厚（mm）的形式表示，如管子规格为 $\phi 57 \times 3$，表示外径为 57 mm，壁厚为 3 mm，实际内径为 51 mm。无缝钢管的规格具体可见 GB/T 17395—2024《钢管尺寸、外形、重量及允许偏差》。

有缝钢管又称焊接管，一般多用低碳钢制成，主要分为水煤气钢管、直缝电焊钢管和螺旋电焊钢管三种。

水煤气钢管适用于水、煤气、蒸汽及一些腐蚀性很低的液体、空气的输送。按表面是否处理来分，有镀锌管和黑铁管（不镀锌）两种；根据能够承受压力的大小，又可分为普通管和加厚管，普通管的极限工作压力为 1 MPa（表压），加厚管的极限工作压力为 1.6 MPa（表压）。

其规格用公称直径 DN（mm）表示，公称直径 DN 不是管内径，也不是管外径，它是一个表示管径规格的值，有缝钢管的规格习惯上也用英寸（1 英寸＝2.54 cm，英寸也表示为 in、″）表示。如 DN25 的水煤气钢管，也可以表示为 1 英寸，其外径为 33.5 mm，其中普通管的壁厚为 3.25 mm，内径为 27 mm；而加厚管的壁厚为 4 mm，内径为 25.5 mm。

直缝电焊钢管和螺旋电焊钢管是用钢板焊制而成，它适用于直径要求较大而壁厚较薄的情况，在工业中使用很少。

2. 非金属管

非金属管有水泥管、陶瓷管、玻璃管、塑料管及橡胶管等，化工生产中常用的有陶瓷管、塑料管和橡胶管。

陶瓷管的耐腐蚀性好，可输送除氢氟酸以外的所有酸碱物料，但其性脆、机械强度低，不耐压和不耐温度剧变，在工业生产中主要用于输送压力低于 0.2 MPa、温度低于 150 ℃的腐蚀性流体，多用于输送腐蚀性污水。

塑料管的种类很多，常用的有聚氯乙烯管、聚乙烯管（PE）、交联聚乙烯管（PEX）、聚丙烯管（PPR）、聚丁烯管（PB）、增强塑料管（玻璃钢管）等。其共同特点为质量小、抗腐蚀性好、易于加工，但耐热性能差、强度低。一般用于常温常压条件下的酸碱输送，也用于蒸馏水和去离子水的输送。

供热采暖系统管道应选用耐腐蚀、安装连接方便可靠的管材。热水供应系统管道还应该符合饮用水卫生要求。一般可采用薄壁铜管、薄壁不锈钢管、塑料热水管等。一般热水住宅入户管敷设在垫层内时可采用交联聚乙烯管（PEX）、聚丙烯管（PPR）、聚丁烯管（PB）等。

学习笔记

PE(聚乙烯管)有中密度聚乙烯管和高密度聚乙烯管(HDPE),根据壁厚分为SDR11和SDR17.6系列。前者适用于输送气态的人工煤气、天然气、液化石油气,后者主要用于输送天然气。PE材料由于其强度高、耐高温、抗腐蚀、无毒、耐磨等特点,还被广泛应用于给排水领域,它是替代普通钢铁材质给水管的理想管材。市政工程排污管、地源热泵地埋管等一般选用高密度聚乙烯管。

PB(聚丁烯管)温度适用范围是−30～100 ℃,具有耐寒、耐热、耐压、不生锈、不腐蚀、不结垢、寿命长(可达50～100年),且能长期耐老化,有"塑料中的黄金"的声誉。在自来水及热水管道方面,PB管是公认的无毒、无味及最佳耐用性、卫生性最好的管道材料;因其良好的保温、施工和永久耐用性,最适合用于地板辐射采暖管道系统,在太阳供热住宅的热水及供暖系统上也发挥很好的性能和效果;因其耐腐蚀性(抗酸碱盐),无毒无味,是化学工程、食品加工工程、综合医院、工业用水等方面的最佳管材。

PPR是三型聚丙烯的简称,又叫无规共聚聚丙烯管。其性能稳定,耐热保温,耐腐蚀,内壁光滑不结垢、管道系统安全可靠,并不渗透,使用年限可达50年。主要应用领域包括:建筑物的冷热水及采暖系统,包括集中供热系统、地板等辐射采暖系统;可直接饮用的纯净水供水系统;中央(集中)空调系统;输送或排放化学介质等工业用管道系统。典型的塑料管实物外观如图1-35所示。

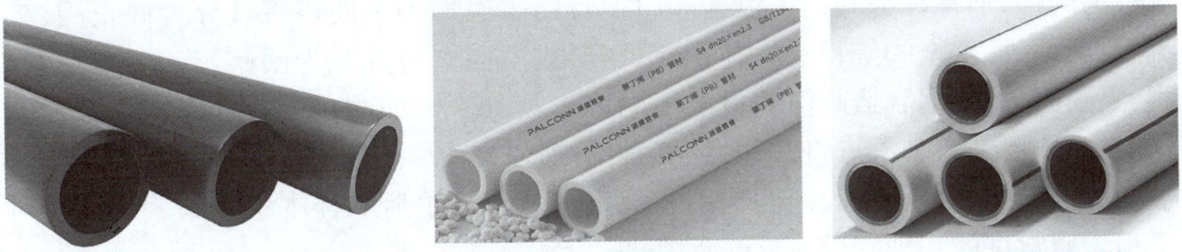

(a) PE聚乙烯塑料管　(b) PB聚丁烯管　(c) PPR聚丙烯塑料管

图1-35　典型的塑料管实物外观

知识延展

生活中常用的塑料管还有一种称为PVC管,主要由聚氯乙烯加入其他成分制成,外观如图1-36所示。PVC管材主要分为四大类:PVC-U、C-PVC、PVC-O和改性PVC。除了具有许多相同的特性外,每种类型的PVC管材对于不同的应用都有其自身的优势。PVC管一般只适用于输送温度不超过45 ℃的给水系统,也可用于污水和地下排水等。生活中,PVC管还可用作电线保护管,如商场、医院等建筑室内布置的电气线路,让其穿过PVC管,可起到一定的保护作用。

图1-36　PVC管外观

学习笔记

(二)管件与阀件

1. 管件

管件为管与管之间的连接部件。它主要用在改变管路流向、连接管路支路、改变管路直径、延长管路、堵塞管路五种情况。

(1)用于改变管路流向的管件有90°弯头、45°弯头、180°回弯头等;

(2)用于连接管路支路的管件有三通、四通等;

(3)用于改变管路直径的管件有异径管(大小头)、内外螺纹接头(补芯)等;

(4)用于延长管路的管件有管箍(俗称轴节、管接头等)、活接头、法兰等;

(5)用于堵塞管路的管件有管帽、丝堵、盲板等。管帽、丝堵用于螺纹连接管路,盲板用于法兰连接管路。

图 1-37　典型的管件

典型的管件如图1-37所示。

2. 阀件

在管路中用作调节流量,启闭或切换管路及对管路起安全、控制作用的机械装置称为阀件,通常称为阀门。根据阀门在管路中的作用不同可将其分为截止阀、节流阀、止回阀、安全阀等;根据阀门的结构形式不同可将其分为闸阀、旋塞、球阀、蝶阀、隔膜阀等;根据制造阀门的材质不同可将其分为铸铁阀、不锈钢阀、塑料阀及陶瓷阀等;按启动力来源可将其分为他动启闭阀和自动启闭阀,他动启闭阀又有手动、气动和电动之分。各种阀门的选用和规格可从有关手册和样本中查到。下面仅对工程领域常见的几种阀做简单的介绍。

(1)闸阀,也称闸板阀,如图1-38所示。主要部分是安装在阀体内的闸板,通过转动手轮,使得连接在阀杆上的闸板在阀体内上升或下降,以达到启闭管路的目的。闸阀形体较大,造价较高,密封面容易磨损。但全开时流体阻力小,密封性能较好,多用于大直径管路作为启闭阀,也适宜用作放空阀及真空系统的阀门。但不适宜用作调节流量和用于含有固体颗粒的极易沉降物料的管路上,以免引起密封面磨损和影响闸板的闭合。

图 1-38　闸阀

(2)截止阀,又称球心阀,如图1-39所示。主要部分是圆形阀盘和阀座,流体自下而上通过阀座。它也是通过转动手轮来带动阀杆上下移动,使得与阀杆连接的圆形阀盘上升或下降,由此改变其与阀座之间的距离,以启闭管路和调节流量。截止阀与闸阀相比,调节性能好,多用于流量调节。但流体阻力大，也不宜用于黏度大含有颗粒易沉淀的介质，不宜用作放空阀及真空系统的阀门。

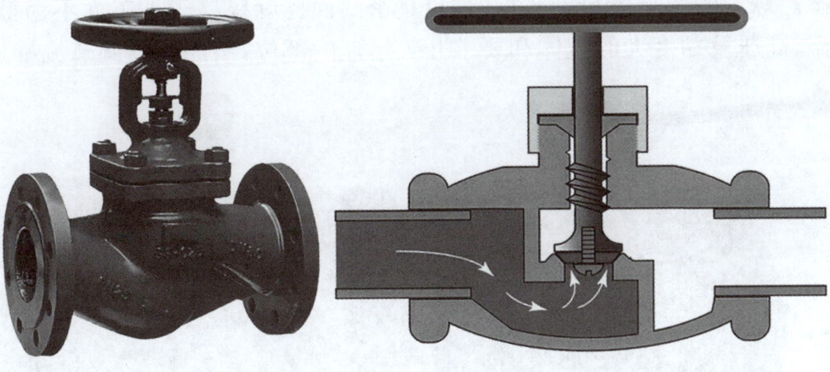

图 1-39 截止阀

节流阀是截止阀的一种，其结构与截止阀相似，如图 1-40 所示。所不同的是阀座的口径小，用一个圆锥或流线型的阀芯代替圆形阀盘，可以较好地控制和调节流体流量，或进行节流调压等。适用于温度较低、压力较高的介质，以及需要调节流量和压力的部位，但不宜用于黏度大含有颗粒易沉淀的介质，不宜作隔断阀。

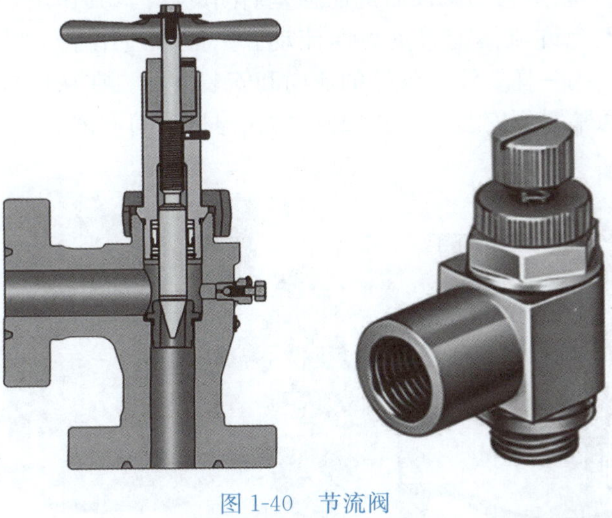

图 1-40 节流阀

安装截止阀时要注意流体流向与截止阀指定的方向一致。

(3)旋塞，也称考克，如图 1-41 所示。它是在阀体内插入一个中间有穿孔的圆锥形旋塞作为阀芯，利用旋塞的转动来启闭管路和调节流量，旋塞的启闭常用手柄而不用手轮，将手柄转动 90°即可使旋塞全开或者全关。

旋塞结构简单，开关迅速，操作方便，流体阻力较小，质量小，适用于温度较低、黏度较大的流体，一般不适用于蒸汽和温度较高的流体。

图 1-41 旋塞

学习笔记

(4)球阀，结构与旋塞相似，如图 1-42 所示，所不同的是利用一个中间开孔的球体作为阀芯，依靠球体的旋转来控制阀门的开启和关闭，图 1-42 中左边的球阀处于全开状态。球阀的特点也与旋塞相似，只是密封面比旋塞易于加工而不易擦伤。适用于低温、高压及黏度大的流体和要求开关迅速的部位，不能用作调节流量。

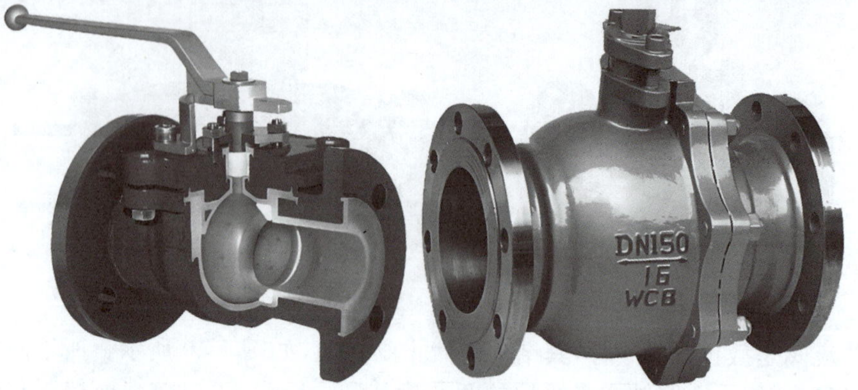

图 1-42　球阀

(5)止回阀，又称单向阀，按结构可分为升降式和摇板式两种。图 1-43 所示的止回阀为摇板式。它是利用阀前后的压强差启闭的阀门，其作用是只允许流体向一个方向流动，而不允许流体朝着反方向流动。一般不适用于含颗粒和黏度大的流体，安装时与截止阀一样要注意流体的流向和安装方位。在从低位向高位输送液体时，机泵出口处通常需要安装一个止回阀，防止停机瞬间液体倒流，冲击机泵叶轮。

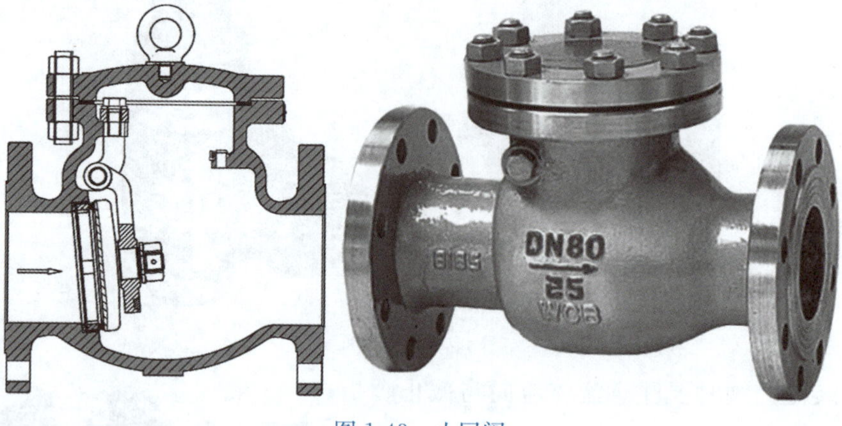

图 1-43　止回阀

(6)安全阀，用来防止管路或设备中压力超过规定指标的装置。当工作压力超过规定值时，阀门可自动开启，以排出流体达到泄压目的，当压力达到规定的指标后，阀门又自动关闭，用此来保证生产的安全。

安全阀可分为两种类型：弹簧式和重锤式。图 1-44 所示为弹簧式安全阀。弹簧式安全阀主要依靠弹簧的作用力达到密封效果，当设备内压力超过弹簧的弹力时，阀门被流体顶开，流体排出，设备压力降低。当设备或管内的压力降到与弹簧压力平衡时，阀门重新关闭。而重锤式安全阀是靠杠杆上重锤的作用力来达到密封效果，作用过程与弹簧式安全阀相同。

学习笔记

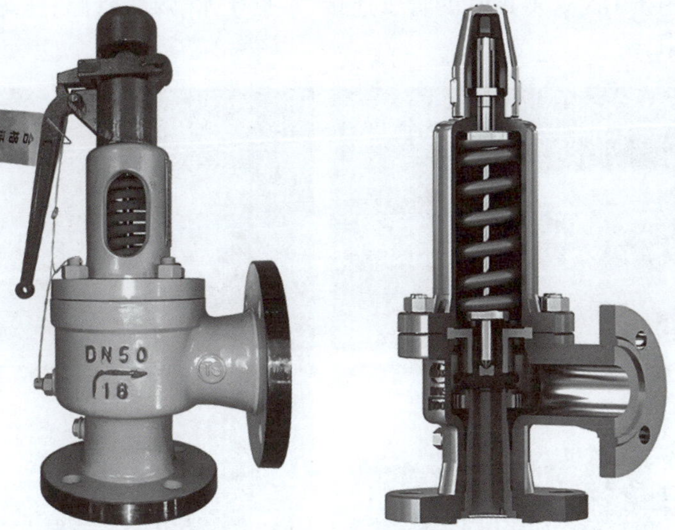

图 1-44 弹簧式安全阀

以上所述的闸阀、截止阀、旋塞、球阀为他动启闭阀，止回阀、安全阀为自动启闭阀。

二、管路的连接方式与布置原则

(一)管路的连接方式

管路的连接包括管子与管子的连接，管子与管件、阀门及各种设备接口之间的连接。目前普遍采用的连接方式有法兰连接、螺纹连接、焊接连接及承插式连接。

1. 法兰连接

法兰连接如图 1-45 所示，这是一种可拆式的连接，是化工管路最常用的连接方法。它由法兰盘、垫片、螺栓和螺母组成，法兰盘与管子通过焊接而连接在一起。这种连接简单、便宜、牢固且严密，多用于无缝钢管、大直径有缝钢管和有色金属管的连接。

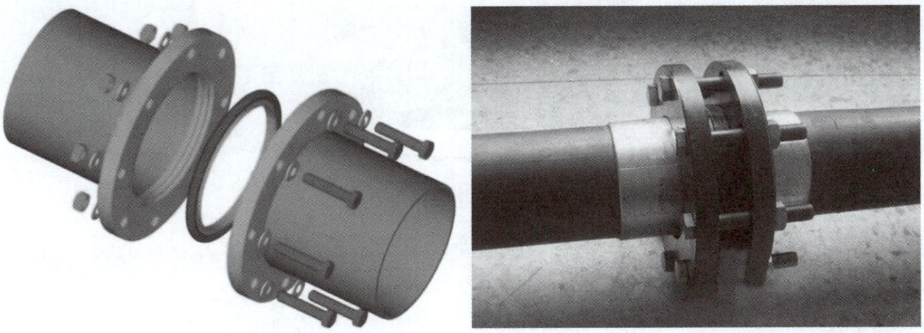

图 1-45 法兰连接

2. 螺纹连接

螺纹连接如图 1-46 所示，这也是一种可拆式的连接，它由管箍、弯头等各种带有螺纹的管件及拆卸方便的活接头组成。螺纹连接是靠螺纹之间的咬合及在螺纹之间加敷密封材料来达到密封的目的，因此，其密封可靠性较低，使用压力和温度不

学习笔记

宜过高。多用于 DN≤50 mm 的管子连接，常见于水、煤气管路、压缩空气管路及低压蒸汽管路中。

图 1-46　螺纹连接

3. 焊接连接

焊接连接是用焊接的方法将管子与管子、管子与三通、弯头等管件连成一体的连接方式，如图 1-47 所示。这种连接结构简单，密封可靠，安装方便，广泛地应用于钢管、有色金属管的连接。但由于它是一种不可拆卸的连接，给清理检修工作带来不便，因此对需要经常拆卸的管路或不允许动火的场合，不宜采用焊接连接法。

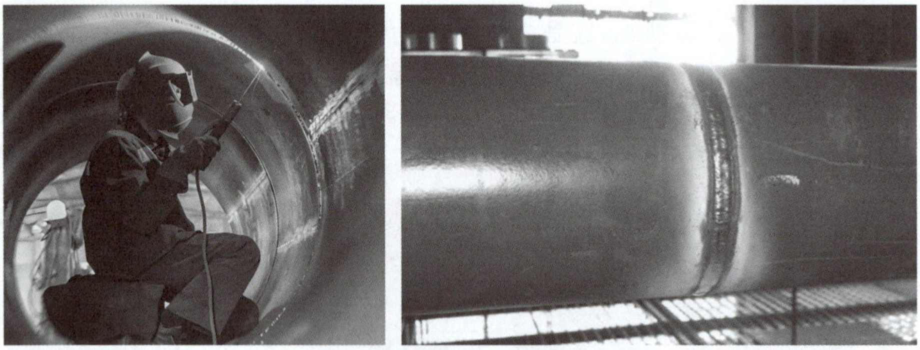

图 1-47　管道焊接及焊缝

管路的焊接有对焊、搭焊、加衬环对接焊、加管箍焊接等方法，实际工作中可根据管路材料和施工要求合理选择。

4. 承插式连接

对于铸铁管、水泥管和陶瓷管常采用承插式连接。用承插式连接的管子的一端做成口径较大的钟形插套，另一端做成平头，连接时，是将一根管子的平头插入另一根管子的钟形插套内，并在形成的环隙内充以填料加以密封，如图 1-48 所示。

常用的填料有麻丝、石棉绳、水泥、铅等。其优点是安装方便，两管同心度偏差较大不会影响密封效果；缺点是难以拆除，不耐高压。

学习笔记

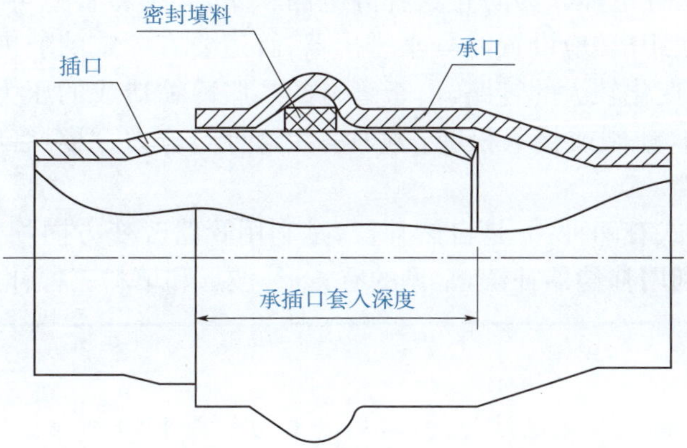

图 1-48 承插接口示意图

(二)管路布置的一般原则

管路的布置要考虑安装、检修、操作方便和操作安全,同时要尽可能减少基建费用和操作费用,并根据生产的特点、设备的布置、物料的特性及建筑结构等进行综合考虑。热能动力、石油化工等行业,管路布置的一般原则如下:

(1)各种管道应成列平行铺设,尽量走直线,少拐弯、少交叉以减小流体流动阻力,便于共用管架,减少管架的数量和材料,并做到整齐美观便于施工。为了便于操作和安装检修,管道铺设尽可能采用明线,对于上下水管及废水管需要采用地下铺设的,其埋地深度应在当地冰冻线以下,并列管路上的管件和阀门应错开安装。

(2)设备之间的管道连接,应尽可能短而直,尤其用合金钢的管道和工艺要求阻力小的管道;对加热炉的出口管道、真空管道等,还要有一定的柔性,以减少人工补偿和由热膨胀产生位移的力和力矩。整个装置的管道,纵向与横向的高度要错开,一般情况下管道改变方向时应改变高度。

(3)当管道需要改变高度和方向时,尽量做到"步步高"或者"步步低",避免在管道内形成积聚气体的"气袋"或积聚液体的"液袋",如不可避免时应于高点设置放空(气)阀,低点设置放净(液)阀。

(4)不得在人行道和机泵等设备上方设置法兰,以免法兰渗漏介质时落于人体和机泵上,造成人身安全和机泵损坏事故。对输送有腐蚀性流体的管道法兰应设置安全防护罩。输送易燃、易爆的流体的管道,不得设置在生活间、楼梯间和走廊处。管道布置不应挡门、窗,应避免通过电动机、配电盘、仪表盘上方。

(5)管道离地的高度,以便于检修和安全为准。通过人行通道时,最低离地距离不低于 2 m;通过公路时,高度不得小于 4.5 m;与铁轨面的净距离不小于 6 m;通过工厂主要交通干线时,一般高度为 5 m。当管道沿墙壁安装时,管架可固定在墙上,管中心与墙壁之间的距离,见表 1-3。

表 1-3 管中心与墙壁之间的距离

管径 DN/mm	25	40	50	80	100	125	150
管中心离墙距离/mm	120	150	160	170	190	210	230

(6)输送易燃、易爆如醇类、醚类及烃类等物料时,因它们在管道中流动而产生

学习笔记

静电，使管道变为导电体。为防止这种静电的积聚，必须将管道可靠接地。在蒸汽管路上，每隔一段距离，应设置冷凝水排出器，管道要有一定的坡度，以免管路内积液。对一些温度变化较大的管路，由于管材的热胀冷缩造成的压力或拉力，很容易造成管子的弯曲、断裂或接头松脱，为了消除这种热应力，要对管路的长度进行补偿，这就是热补偿。

热补偿的方式有两种：一是自然补偿，是利用管路改变方向拐弯处的自由伸缩进行补偿；二是利用补偿器补偿，常见的有方形、波形和填料三种补偿器。

知识延展

以太阳能槽式光热电站为例，其集热镜场如图 1-49 所示。集热介质导热油工作温度 400 ℃，输送导热油的管道材料为碳钢，估算每 100 m 长高温管道，轴向伸长量有多少。

图 1-49　槽式光热电站集热镜场

线膨胀量计算公式如下：

$$L=\alpha_l \cdot \Delta t \cdot H$$

式中　L——计算的线膨胀量，mm；

α_l——材料的平均线膨胀系数，mm/mm·℃，见表 1-4；

Δt——材料温度与 20 ℃间的温度差，℃；

H——两点间膨胀量计算时，两点的直线距离，mm，案例中为 100 m。

表 1-4　钢材平均线膨胀系数

钢　类	在下列温度(℃)与 20 ℃之间的平均线膨胀系数/[10^{-6}mm/(mm·℃)]									
	−50	0	50	100	200	250	300	350	400	450
碳素钢、碳锰钢、低铬钼钢	10.39	10.76	11.12	11.53	12.25	12.56	12.90	13.24	13.58	13.93
中铬钼钢(Cr5M0-Cr9Mo)	9.77	10.16	10.52	10.91	11.39	11.66	11.90	12.15	12.38	12.63
高铬钢(Cr12-Cr17)	8.95	9.29	9.59	9.94	10.45	10.67	10.96	11.19	11.41	11.61
奥氏体钢(Cr18Ni9-Cr19Ni14)	15.97	16.28	16.54	16.84	17.25	17.42	17.61	17.79	17.99	18.19
奥氏体钢(Cr25Ni20)				15.84	16.05	16.06	16.07	16.11	16.13	16.17

学习笔记

根据1-4，查得碳钢管在400 ℃与20 ℃之间平均线膨胀系数为13.58×10^{-6} mm/mm·℃，可计算得到每100 m伸长量约为

$$L=\alpha_l \cdot \Delta t \cdot H=13.58\times10^{-6}\times(400-20)\times100\times10^3\ \text{mm}=516\ \text{mm}$$

即每100 m长管道热膨胀伸长量高达516 mm。如此大的伸长量，若不设伸缩节或其他补偿措施，管道产生的膨胀推力，足以将管道推弯，甚至折断。因此在做配管设计时，必须充分考虑管道的伸缩，并予以补偿。

(7)多根管道并列安装时应考虑管道之间的相互影响。在垂直方向上，通常要求热管道在上，冷管道在下；高压管道在上，低压管道在下；无腐蚀的管道在上，有腐蚀的管道在下；输气的管道在上，输液的管道在下；保温的管道在上，不保温的管道在下；不经常检修的管道在上，经常检修的管道在下。在水平方向上，通常是常温管道、大管道、振动大的管道及不经常检修的管道靠近墙或柱子。

(8)由于管道法兰处容易漏液，故管道除与法兰连接的设备、阀门、特殊管件连接处必须采用法兰连接外，其他均应采用对焊连接。对镀锌管除特别要求外，不允许焊接，DN≤50 m的管子，允许用螺纹连接(阀门为法兰时除外)，但阀门与设备连接之间，必须要加活接头以便于检修。

三、流体在管内的流动阻力

在前面应用伯努利方程式案例分析中，对能量损失$\sum h_f$一项，不是给出了数值就是忽略不计，这样做是因为还没有介绍$\sum h_f$的计算。流体在流动过程中要消耗能量以克服流动阻力，因此流动阻力的计算颇为重要，可以说流动阻力的大小决定了管网系统输送设备的规格。

流动阻力产生的原因与影响因素归纳为：流体具有黏性，流动时存在着内摩擦，是流动阻力产生的根源；固定的管壁或其他形状固体壁面，促使流动的流体内部发生相对运动，为流动阻力的产生提供了条件。所以流动阻力的大小与流体本身的物理性质、流动状况、流道的形状及尺寸等因素有关。

流体在管路中流动时的阻力可分为直管阻力和局部阻力两种。直管阻力也称沿程阻力，是流体流经一定管径的直管时，由于流体内摩擦而产生的阻力。局部阻力主要是由于流体流经管路中的管件、阀门及管截面的突然扩大或缩小等局部地方所引起的阻力。

伯努利方程式中的$\sum h_f$项是指所研究管路系统的总能量损失(或称阻力损失)，它既包括系统中各段直管阻力损失h_f，也包括系统中各种局部阻力损失h_f'，即

$$\sum h_f=h_f+h_f' \qquad (1\text{-}38)$$

在流体的能量衡算过程中，采用的衡算基准不同，伯努利方程式可写成不同形式。管路系统能量损失既然是伯努利方程式中的一项，因此它也可用不同的方法来表示。由式(1-31a)、(1-31b)及式(1-31c)可知：

$\sum h_f$是指单位质量(1 kg)流体流动时所损失的机械能，单位为J/kg；

学习笔记

$\frac{\sum h_f}{g}$是指单位重量(1 N)流体流动时所损失的机械能,单位为 J/N=m;

$\rho\sum h_f$是指单位体积($1\ m^3$)流体流动时所损失的机械能,以 Δp_f 表示,即 $\Delta p_f=\rho\sum h_f$,Δp_f 的单为 $J/m^3=Pa$。

由于 Δp_f 的单位可简化为压力的单位,故常称 Δp_f 为流动阻力引起的压力降。

值得强调的是,Δp_f 与伯努利方程式中两截面间的压力差是两个截然不同的概念,初学者常常产生误会。由式(1-31c),有外功加入的实际流体的伯努利方程式为

$$\rho g z_1+\frac{\rho u_1^2}{2}+p_1+\rho W=\rho g z_2+\frac{\rho u_2^2}{2}+p_2+\rho\sum h_f$$

整理可得

$$\Delta p=p_2-p_1=\rho W-\rho g\Delta z-\frac{\rho\Delta u^2}{2}-\rho\sum h_f$$

上式说明,因流动阻力而引起的压力降 Δp_f,并不是两截面间的压力差 ΔP。压力降 Δp_f 表示 $1\ m^3$ 流体在流动系统中仅仅是由于流动阻力所消耗的能量。且应指出,在此处 Δp_f 仅仅是一个符号,其中的 Δ 并不代表数学中的增量。而两截面间的静压力差 Δp 是由多方面因素而引起的,如各种不同形式机械能的相互转化都会使两截面静压差发生变化,此处的 Δ 代表的就是数学中的增量。

一般情形下,Δp_f 与 Δp 在数值上不相等。但是当流体在一段直径相同,且没有外功加入的水平管内流动时,由于 $W=0$,$\Delta z=0$,$\frac{\Delta u^2}{2}=0$,因此两截面间的静压差 Δp 与压力降 Δp_f 在绝对数值上相等。

拓展思考

对于一条无变径的水平管道,有没有办法直接测量得到两截面间的总能量损失?

(一)流体在直管中的流动阻力

根据实验得知,在流体物理性质、管道规格、管长都相同的情况下,流速增大,能量损失也随之增大。根据伯努利方程,从量纲分析角度,对于单位质量的流体,其动能$\frac{u^2}{2}$应与总能量损失 $\sum h_f$ 单位相同,均为 J/kg。反过来说,流体能量损失应该可以表示成动能$\frac{u^2}{2}$的函数,同样对于直管段的能量损失上述推论也成立。

考虑管道规格、管线长度影响,直管阻力可表示为

$$h_f=\lambda\frac{l}{d}\cdot\frac{u^2}{2}\tag{1-39}$$

或

$$\Delta p_f=\rho\sum h_f=\lambda\frac{l}{d}\cdot\frac{\rho u^2}{2}\tag{1-39a}$$

$$\frac{\sum h_f}{g}=\lambda\frac{l}{d}\cdot\frac{u^2}{2g}\tag{1-39b}$$

学习笔记

式中 λ——无因次的系数，称为摩擦系数，它是雷诺数与管壁粗糙度的函数，具体可查图 1-51；

l——计算管段的长度，m；

d——计算管段的内直径，m；

u——计算管段流通截面上，流体的平均流速，m/s。

式(1-39)称为范宁(Fanning)公式。此式对于层流与湍流均适用。

应用式(1-39)计算 h_f 时，关键是要找出 λ 值。此外，有些资料中计算直管阻力的公式中常采用范宁摩擦系数 f，则 $\lambda=4f$，引用时应予注意。

流体作层流流动时，流体层平行于管道轴线，流体的流动速度比较缓慢，对管壁凸出部分没有什么碰撞作用，所以，在层流时的流体阻力或摩擦系数与管壁粗糙度无关，即不论管壁粗糙程度如何，λ 只与 Re 有关，与光滑管内的层流情况一样。

层流时，$Re<2\,000$：

$$\lambda=\frac{64}{Re} \tag{1-40}$$

湍流时，摩擦系数与 Re 的关系则由实验确定。

知识延展

管道内流体阻力计算公式、计算方法有很多，不同文献资料中有不同的经验公式，根据公式注明的使用条件，都可以相应地进行选用。例如，在供热采暖领域，常用来核算单位长度直管流动阻力的计算公式为：$i=105C_h^{-1.85}d_i^{-4.87}q_g^{1.85}$。式中，$i$ 为单位长度直管流动阻力，kPa/m；C_h 为海澄-威廉系数，无量纲，对于塑料管取 140，普通钢管取 100；d_i 为管道内径，m；q_g 为流量，m^3/s。

1. 管壁粗糙度对摩擦系数的影响

热能、化工等行业领域所铺设的管道，按其材质的性质和加工情况，大致可分为光滑管与粗糙管。通常把玻璃管、黄铜管、塑料管等列为光滑管，把钢管和铸铁管等列为粗糙管。

也应注意，即使是用同一种管子铺设的管道，由于使用时间的长短、腐蚀和结垢的程度不同，管内壁的粗糙程度也会有很大的差异。

管壁粗糙度可用绝对粗糙度与相对粗糙度来表示。绝对粗糙度是指壁面凸出部分的平均高度，以 ε 表示。相对粗糙度是指绝对粗糙度与管道直径的比值，即 ε/d。某些工业管道的绝对粗糙度数值，见表 1-5。

表 1-5 某些工业管道的绝对粗糙度

管道类别		绝对粗糙度 ε/mm
金属管	无缝黄铜管，铜管及铝管	0.01～0.05
	新的无缝钢管或镀锌铁管	0.1～0.2
	新的铸铁管	0.3
	具有轻度腐蚀的无缝钢管	0.2～0.3
	具有显著腐蚀的无缝钢管	0.5 以上

学习笔记

续上表

管道类别		绝对粗糙度 ε/mm
金属管	旧的铸铁管	0.85 以上
非金属管	干净玻璃管	0.0015～0.01
	橡皮软管	0.01～0.03
	木管道	0.25～1.25
	陶土排水管	0.45～6.0
	很好整平的水泥管	0.33
	石棉水泥管	0.03～0.8

在选取管壁粗糙度 ε 的值时，必须要考虑流体对管壁的腐蚀作用，流体中的固体杂质是否会黏附在管内壁上等因素。

同时实验数据还表明，管壁粗糙度对摩擦系数 λ 的影响程度与管径的大小有关，如图 1-50 所示；如对于绝对粗糙度 ε 相同的管道，直径 d 不同，对 λ 的影响就不相同，对直径小的影响较大。所以，在流动阻力的计算中不但要考虑绝对粗糙度 ε 的大小，还要考虑相对粗糙度 ε/d 的大小。

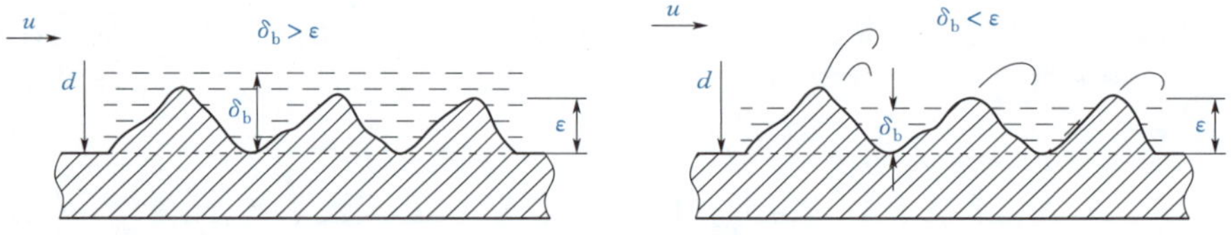

图 1-50　流体流过管壁面的情况

当流体作湍流流动时，靠近管壁处总是存在着一层层流内层，如果层流内层的厚度 δ_b 大于壁面的绝对粗糙度，即 $\delta_b>\varepsilon$[见图 1-50(a)]时，此时管壁粗糙度对流体阻力或摩擦系数的影响与层流时相近，这种情况的管子，称为水力光滑管。

随着 Re 数的增加，湍流主体区域扩大，使层流内层的厚度 δ_b 逐渐变薄。

当管壁的绝对粗糙度 ε 大于层流内层厚度 δ_b 时，即 $\delta_b<\varepsilon$[见图 1-50(b)]。管壁粗糙面部分地暴露在层流内层之外的湍流区域。

壁面凸出部分便伸入湍流区内与流体质点发生碰撞，使湍动加剧，引起旋涡，使流体的能量损失增大。此时壁面粗糙度对摩擦系数的影响便成为重要的因素。

Re 值愈大，层流内层愈薄，这种影响愈显著。在一定的 Re 数条件下，粗糙度越大，能量损失就越大。

在工程设计计算中，为使用方便，将摩擦系数实验结果进行综合整理，以相对粗糙度 ε/d 为参数，标绘 Re 与 λ 的关系，同时把层流时的 $\lambda=64/Re$ 一并绘在图上，如图 1-51 所示。这样，便可以依据 ε/d、Re 的值从图中快速地查取 λ 值。

图 1-51 按雷诺准数范围可分为如下四个区域：

(1)层流区($Re\leqslant 2\,000$)，$\lambda=64/Re$，与 ε/d 无关，λ 和 Re 准数成直线关系。

(2)过渡区($2\,000<Re<4\,000$)，流动处于不稳定状态，在此区域内层流或湍流的 λ-Re 曲线都可应用。为安全起见，对于流动阻力的计算，一般将湍流时的曲线延伸，以查取 λ 值。

学习笔记

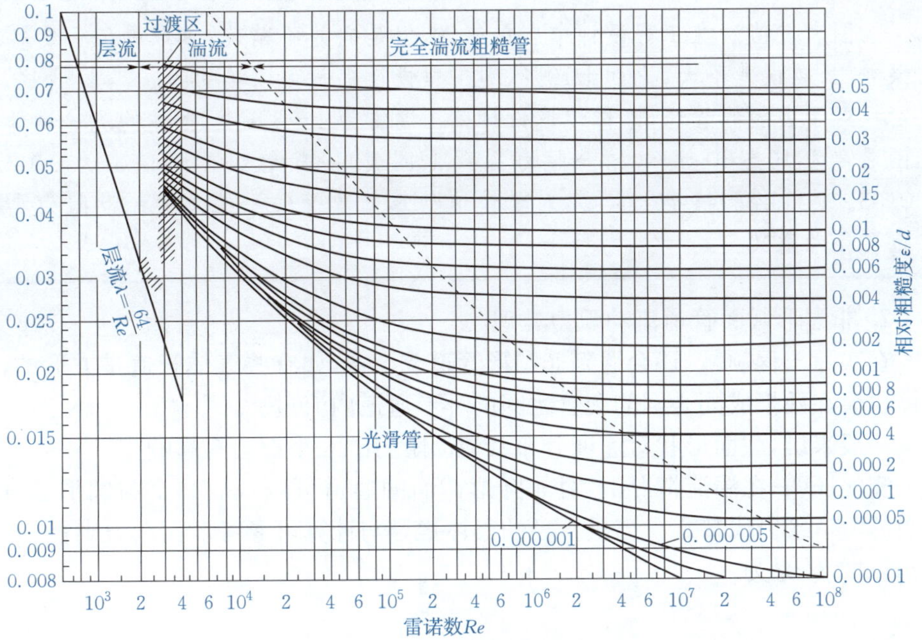

图 1-51 摩擦系数λ与雷诺数及相对粗糙度的关系

(3)湍流区($Re \geqslant 4\ 000$ 及虚线以下的区域),λ 与 Re 和 ε/d 均有关,在这个区域内对于不同的 ε/d 标绘出一系列曲线;其中最下面的一条曲线为流体通过光滑管的摩擦系数 λ 与 Re 的关系曲线。

(4)完全湍流区(在图中虚线以上的区域),λ 与 Re 无关,仅与 ε/d 有关。在一定的管路中,由于 λ、ε/d 均为常数,当 l/d 一定时,由式(1-39)知 $h_f \propto u^2$。所以此区域又称阻力平方区。

知识延展

上述摩擦系数 λ 与雷诺数、相对粗糙度的关系图表也称莫迪图。本质是根据实验数据,把各个相对粗糙度 ε/d 下,Re 和 λ 的对应关系绘制在同一个坐标图中,也需注意,莫迪图中横坐标与左侧纵坐标并不是均匀线性变化的,而是按对数关系变化的,即常用的对数坐标图。具体使用该图查取摩擦系数 λ 时,分如下三步进行即可:

(1)确定管道相对粗糙度 ε/d,根据莫迪图右侧相对粗糙度坐标找到对应的 Re-λ 曲线;

(2)计算管道中流体的 Re 值,在横坐标上找到该值对应的点,作一条竖直参考线,与第(1)步中选定的 Re-λ 曲线交于某点;

(3)以第(2)步中得到的交点为基准,作一条水平参考线,与左侧摩擦系数坐标轴交于一点,则该交点处的读数,就是该管道、该设计工况下对应的摩擦系数值。

如果管道的相对粗糙度 ε/d 确定好后,莫迪图中并没有完全对应一致的 Re-λ 曲线,则取包含了 ε/d 值且上下相邻的两条 Re-λ 曲线,按中间插值法取值即可。

学习笔记

图表查值法在工程设计中应用广泛，但是它并不精确，查取的值一定存在误差，只要误差不大，比如±10%，则工程设计都是可以接受的。

对于一般的管线，液体流速设计范围通常为1～3 m/s，气体的流速设计范围通常为10～30 m/s，结合阻力系数λ图表，一般管线λ值通常为0.02～0.03。以上经验值也很重要，对于快速估算简单管线系统总的流动阻力具有重要参考意义。

2. 非圆形截面管道流动阻力处理

在实际工程领域，还会遇到非圆形管道或设备，如有些气体管道是方形的，有时流体也会在两根成同心圆的套管之间的环形通道内流过。

一般来讲，截面形状对速度分布及流动阻力的大小都会有影响。

实验证明，在湍流情况下，对非圆形截面的通道可以找到一个与圆形管直径 d 相当的“直径”以代替之。当量直径的具体推导与计算可参考前面水力半径 r_H 的内容，其对应关系为

$$d=4r_H$$

得到当量直径后，直接代入范宁公式，即可计算得到非圆形截面管道的直管阻力。

需要进一步说明的是，已有实验研究结果表明，当量直径用于湍流情形下的阻力计算比较可靠。用于矩形管时，其截面的长宽比不能超过3∶1；用于环形管时，其可靠性较差。

层流时应用当量直径计算阻力的误差更大，若一定要用当量直径进行计算，则除了将范宁公式中的管内径替换成当量直径外，还必须对层流时的摩擦系数进行修正，即

$$\lambda=\frac{C}{Re} \tag{1-41}$$

式中 C——常数，无因次。

一些非圆形管的常数 C 值见表1-6。

表1-6 一些非圆形管的常速 C 值

非圆形管的截面形状	正方形	等边三角形	环形	矩形 长∶宽=2∶1	矩形 长∶宽=4∶1
常数 C	57	53	96	62	73

例17 某供热管网采用 $\phi57\times3.5$ 的钢管提供70 ℃供暖热水，钢管的绝对粗糙度 ε 取0.3 mm，其直管段总长500 m，管内热水流速1.8 m/s，试估算每米管长的沿程阻力。

解 λ 与相对粗糙度 ε/d、Re 都有关，首先确定 ε/d 和 Re。

由已知条件 $\varepsilon=0.3$ mm、$d=(57-3.5\times2)$ mm $=50$ mm，查表可查得热水黏度 $\mu=406\times10^{-6}$ Pa.s，密度 $\rho=977.8$ kg/m^3，则有 $\varepsilon/d=0.3/50=0.006$

$$Re=du\rho/\mu=0.05\times1.8\times977.8/406\times10^{-6}=2.16\times10^5$$

由莫迪图，查得 λ 值约为0.031。

学习笔记

计算每米阻力：

$$h_f=\lambda\frac{l}{d}\times\frac{u^2}{2}=0.031\times\frac{1\ 000}{50}\times\frac{1.8^2}{2}\text{J/kg}=1\text{J/kg}$$

$$\rho h_f=\lambda\frac{l}{d}\times\frac{\rho u^2}{2}=0.031\times\frac{1\ 000}{50}\times\frac{977.8\times1.8^2}{2}\text{Pa}=977.8\ \text{Pa}$$

注意：对于输送液体的管道，每米压力降 1 000 Pa 左右也是一个非常有用的工程大数。

例 18 如图 1-52 所示，温度为 20 ℃的清水由地面送至水塔底部，要求流量 $Q=88\ m^3/h$。已知泵安装时距水池液面高度 $H_g=3$ m，压送高度 $H_p=40$ m，泵进出管规格均采用 $\phi157\times6$ mm 钢管，管路沿程摩擦系数 $\lambda=0.018$，泵吸水管直段总长 14 m，压水管直段总长 78 m，试计算整个管线总的直管阻力，以单位重量流体计。

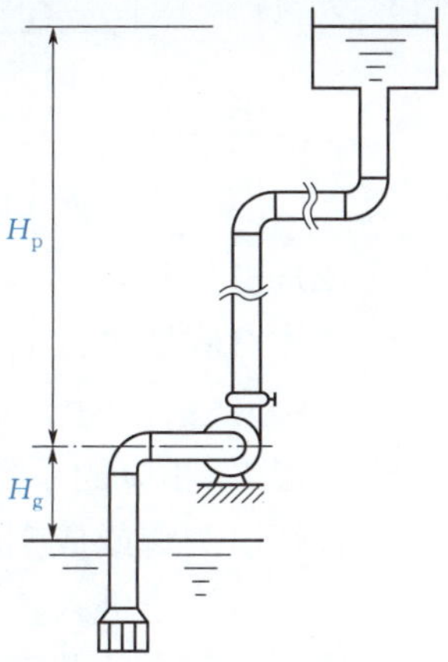

图 1-52 例 18、19 附图

解 确定管内流速：

$$u=\frac{Q}{\frac{\pi}{4}d_i^2}=\frac{88}{3\ 600\times\frac{\pi}{4}\times0.145^2}\ \text{m/s}=1.48\ \text{m/s}$$

确定管路总的沿程阻力：

$$\frac{h_f}{g}=\lambda\frac{l}{d}\times\frac{u^2}{2g}=0.018\times\frac{78+14}{0.145}\times\frac{1.48^2}{2\times9.81}\ \text{m}=1.28\ \text{m}$$

注意：案例中计算用到的流速 u 为管道内实际的平均流速，而不是管道规格设计计算时假设的设计值。这也是为什么，在管道规格设计计算时，得到管道规格后，要重新核算流速的原因，因为这是核算流体阻力的重要参数。

(二)管路上的局部阻力

流体在管路的进口、出口、弯头、阀门、扩大、缩小等局部位置流过时，其流速大小和方向都发生了变化，且流体受到干扰阻碍，使涡流现象加剧，内摩擦增加，形成局部阻力而消耗能量。

流体湍流流动时，局部阻力所引起的能量损失有两种计算方法：阻力系数法和当量长度法。

1. 阻力系数法

克服局部阻力所引起的能量损失，也可以表示为动能 $u^2/2$ 的一个倍数，即

$$h_f'=\zeta\frac{u^2}{2}\quad 或\quad \Delta p_f'=\zeta\frac{\rho u^2}{2}\tag{1-42}$$

式中，ζ 称为局部阻力系数，一般由实验测定，在文献[7]等资料中可以直接查取；u 为流体流速，取与管件相连的直管段内的平均流速即可。

下面列举几种较常用的局部阻力系数 ζ 的求法：

(1)管路的突然扩大与突然缩小

管路由于直径改变而突然扩大或缩小，所产生的能量损失按式(1-42)计算，式中的流速 u 均以小管的流速为准，局部阻力系数 ζ 可根据小管与大管的截面积之比从图 1-53 所示的曲线上查得。突然扩大查(a)线，突然缩小查(b)线。

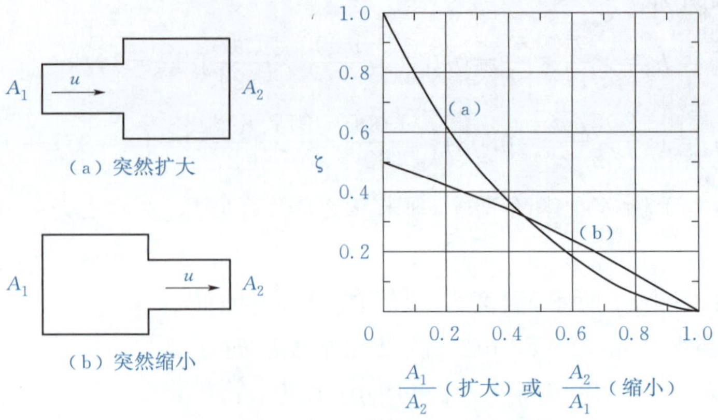

图 1-53　突然扩大和突然缩小的局部阻力系数

(2)进口与出口

流体自容器进入管内，可看作从很大的截面 A_1 突然进入很小的截面 A_2，即 $A_2/A_1 \approx 0$。根据图 1-53 所示的曲线(b)，查出局部阻力系数 $\zeta=0.5$，这种损失常称为进口损失，相应的系数 ζ 又称进口阻力系数。

若管口圆滑或成喇叭状，则局部阻力系数 ζ 相应减小，为 0.25～0.05。

流体自管子进入容器或从管子直接排放到管外空间，可看作自很小的截面 A_1 突然扩大到很大的截面 A_2，即 $A_1/A_2 \approx 0$，从图 1-53 中的曲线(a)，查出局部阻力系数 $\zeta=1$，这种损失常称为出口损失，相应的阻力系数 ζ 又称出口阻力系数。

(3)管件与阀门

管路上的配件如弯头、三通、活接头等总称为管件。不同管件或阀门的局部阻力系数可从文献[7]等有关手册中查得；现部分列出，具体见表 1-7 和表 1-8。

表 1-7　闸阀、旋塞、蝶形阀等的局部阻力系数

闸阀	开度	全开	3/4			1/2		1/4		
	ζ	0.17	0.9			4.5		24		
旋塞	开度 α/(°)	5	10	15	20	25	30	40	50	60
	ζ	0.05	0.29	0.75	1.56	3.10	5.47	17.3	52.6	206
蝶形阀	开度 α/(°)	5	10	15	20	25	30	40	50	60
	ζ	0.24	0.52	0.90	1.54	2.51	3.91	10.8	32.6	118
标准螺旋阀	当阀门全开时，$\zeta=2.90$									

表 1-8　关键的局部阻力系数

管件名称	ζ 值	
标准弯头	45°，$\zeta=0.35$	90°，$\zeta=0.75$
90°方形弯头	1.3	
180°回弯头	1.5	
活管接	0.4	

学习笔记

2. 当量长度法

此法是将流体流过管件、阀门等所产生的局部阻力，折合成相当于流体流过长度为 l_e 的同一直管时所产生的阻力。这样所折合的管道长度 l_e 称为当量长度；其局部阻力所引起的能量损失 h_f' 可由下式计算：

$$h_f'=\lambda \frac{l_e}{d}\cdot\frac{u^2}{2} \tag{1-43}$$

l_e 之值由实验确定，常以 l_e/d 来表示，在文献[7]等资料中可以直接查取。流体流速 u、摩擦系数 λ，均取与管件相连的直管段对应的值即可。某些局部阻力的 l_e/d 值和 ζ 值见表 1-9。

表 1-9 管件和阀件的局部阻力系数 ζ 与当量长度值 l_e

名称	阻力系数 ζ	当量长度与管径之比 l_e/d	名称	阻力系数 ζ	当量长度与管径之比 l_e/d
弯头，45°	0.35	17	闸阀		
弯头，90°	0.75	35	全开	0.17	9
三通	1	50	半开	4.5	225
回弯头	1.5	75	截止阀		
管接头	0.04	2	全开	6.0	300
活接头	0.04	2	半开	9.5	475

四、管路总能量损失的计算

管路总能量损失又称总阻力损失，是管路上全部直管阻力与局部阻力之和。

对于流体流经直径不变的管道时，如果把局部阻力都按当量长度的概念来表示，则管路的总能量损失为

$$\sum h_f=\lambda \frac{l+\sum l_e}{d}\frac{u^2}{2} \tag{1-44}$$

式中 $\sum h_f$——管路的总能量损失，J/kg；

l——管路上各段直管的总长度，m；

$\sum l_e$——管路上全部管件与阀门等的当量长度之和，m；

u——流体流经管路的流速，m/s；

d——管道内直径，m。

应注意，式(1-44)只适用于直径相同的管段或管路系统的计算。

当管路由若干直径不同的管段组成时，由于各段的流速不同，此时管路的总能量损失应分段计算，然后再求其总和。

拓展阅读

《孟子》中有言：故天将降大任于是人也，必先苦其心志，劳其筋骨，饿其体肤，空乏其身，行拂乱其所为。流体在流动过程中尚有阻力，人生一辈子不如意更多。但“不经一番寒彻骨，怎得梅花扑鼻香”，无惧困境，坦然面对逆境，在层层磨砺中，成人成才。

学习笔记

例 19 接例 18，如图 1-52 所示，温度为 20 ℃的清水由地面送至水塔底部，要求流量 $Q=88\ m^3/h$。已知泵安装时距水池液面高度 $H_g=3\ m$，压送高度 $H_p=40\ m$，泵进出管规格均采用 $\phi157\times6\ mm$ 钢管，管路沿程摩擦系数 $\lambda=0.018$，泵吸水管直段总长 14 m，压水管直段总长 78 m，整个管路上装有吸水底阀 1 个、90°弯头 7 个、闸板阀 1 个、止回阀 1 个，其局部阻力系数吸水底阀 $\zeta=7.5$、90°弯头 $\zeta=0.9$、闸板阀 $\zeta=0.1$、止回阀 $\zeta=2.5$。试分别计算整个管线总的局部阻力和总阻力，以单位重量流体计。

解 例 18 计算直管阻力时，已经得到流体流速 $u=1.48\ m/s$，总的沿程阻力为 1.28 m；

确定管路总的局部阻力：计算局部阻力时，由于管线从水塔底部送入，故应考虑一个出口损失，查得出口处局部阻力系数为 1，则有

$$\sum h'_f=\sum\zeta_i\frac{u^2}{2g}=(7.5+0.9\times7+0.1+2.5+1)\times\frac{1.48^2}{2\times9.81}\ m=1.94\ m$$

确定总阻力损失：$\sum H_f=h_f+\sum h'_f=1.28+1.94=3.22\ m$

如果泵进出口管道规格不一样，则总的阻力损失应该分段进行计算，即先分别计算进出口管道总的阻力（直管阻力＋局部阻力），然后两段管线累加。

知识延展

接例 19，可以继续设计 Excel 电子表格进行流体阻力计算，参考表格框架如下：

项　目	数值		单位	备注
一、流体阻力计算——关键确定摩擦系数 λ、阻力系数 ζ				
(一)确定摩擦系数				
1. 输送流体密度 ρ			kg/m^3	
2. 流体黏度 μ			Pa·s	
3. 管道绝对粗糙度 ε			mm	
4. 相对粗糙度 ε/d			1	
5. 雷诺数 Re			1	$Re=\frac{\rho du}{\mu}$
6. 摩擦系数 λ			1	查莫迪图
(二)总局部阻力系数与总流动阻力				
7. 直管长度 L			m	
8. 45°标准弯头阻力系数 ζ/数量	0.35			
9. 90°标准弯头阻力系数 ζ/数量	0.75			
10. 三通阻力系数 ζ/数量	1			DN100
11. 闸阀阻力系数 ζ/数量	0.17			全开

学习笔记

续上表

项　目	数值		单位	备注
12. 截止阀阻力系数 ζ/数量	6			全开
13. 旋启式止回阀阻力系数 ζ/数量	2			
14. 底阀(带滤网)阻力系数 ζ/数量	7			DN100
15. 其他管件阻力系数 ζ/数量				
16. 管道进口阻力系数 ζ	0.5			
17. 管道出口阻力系数 ζ	1.0			
18. 总局部阻力系数 $\sum\zeta$			1	各管件 ζ 累加
19. 总流动阻力 H_f			m	$\lambda \frac{l}{d}\frac{u^2}{2g}+\sum\zeta_i\frac{u^2}{2g}$

说明:表格中 Re 计算时,管径 d 与流速 u 的值,可引用例 9 设计的 Excel 表格中相应的值;表中 10～14 项,三通、底阀的 ζ 与管径有关,各阀门 ζ 与其开度有关,详细的管件 ζ 可查文献[7]。

五、减小流动阻力的基本途径

流体阻力的本质是流体内部、流体与固体壁面间摩擦引起的能量损失,要维持流体稳定的流动状态,必须有外界源源不断地补充损失掉的能量,这种外界补偿的能量来源通常为机泵。阻力损失越大,需要机泵补偿的能量就越多,驱动机泵运行所需的电能等高品位能源消耗也越多,整个系统运行费用就越高。因而,从设计源头减小阻力损失意义重大,常见的措施如下:

(1)减小管长 l,在满足生产需要和工作安全的前提下,管路长度尽可能短一些,尽可能走直线,少拐弯。

(2)适当增加管径 d,流体在管内做层流流动时,流动阻力与管径的四次方成反比;流体在管内流动处于湍流粗糙区内,流动阻力与管径的五次方成反比。可以看出:增大管径可以减小流动阻力,使得能量消耗小,后续运行操作费用降低。但是,随着管径的加大,管子材料费用必然随之增加,初始投资增加。因此,在选择管径时,要综合考虑设备费用与操作费用的矛盾,当流动阻力为影响过程经济效益的主要因素时,可适当地增加管径来减小消耗。

(3)减小管壁的绝对粗糙度 ε,对于铸造管道,内壁面应清砂和清除毛刺;对焊接钢管,内壁面应清除焊瘤,以减小 ε。

(4)工艺条件允许的条件下,在流体内加入少量的添加剂,使其影响流体运动的内部结构来减小阻力。目前已研究出来的具有减阻性能的添加剂大致有三类:高分子聚合物、金属皂及分散的悬浮物。这些添加剂的加入能减少流体对管壁的腐蚀和杂物的沉淀,从而减少旋涡,使流体阻力减小。

(5)减小局部阻力的途径,在管路系统允许的情况下,尽量减少弯头、阀门等。对于管路系统中必须装置的管件,可以改善管件的边壁形状来减小阻力。如管子入口可以采用流线型的进口;对弯管可以在弯道内安装呈流线月牙形的导流叶片等。

学习笔记

六、流体阻力计算的应用

(一)管路中流体流速的选择

在设计热能、化工等生产中的管路时，不能使流体在管路中的流速过大，这是因为实际流体在管路中流动时有摩擦阻力存在，流速太大，阻力会急骤地增加，根据莫迪图，在阻力平方区，流体阻力与流体速度的平方成正比。

例 20 水在内径等于 100 mm 的光滑管中的流速 u 分别是 2.0 m/s、4.0 m/s、8.0 m/s 时，流经 10 m 长水平管道，因沿程阻力而造成的压头损失各为多少 mH_2O？已知水的密度是 1 000 kg/m^3，黏度是 1.00×10^{-3} Pa·s。

解 由于都是计算在直管中的阻力，按式(1-39)进行计算：$h_f=\lambda\dfrac{l}{d}\dfrac{u^2}{2}$

$u=2.0$ 时，先算出 Re：

$$Re=\frac{\rho du}{\mu}=\frac{2.0\times0.100\times1\,000}{1.00\times10^{-2}}=2.0\times10^5$$

$Re=2\times10^5$，已知是光滑管，由摩擦系数与雷诺准数及相对粗糙度的关系图，查最下面的一条曲线，为流体通过光滑管的摩擦系数 λ 与 Re 的关系曲线，可得 $\lambda=0.015$，有

$$h_f=[0.015\times(10/0.100)\times2.0^2/2]\text{J/kg}=3\text{ J/kg}$$

$$h_f/g=(3/9.81)mH_2O=0.31\ mH_2O$$

$u=4.0$ 时，先算出 Re：

$$Re=\frac{4.0\times0.100\times1\,000}{1.00\times10^{-2}}=4.0\times10^5$$

同理，查得 $\lambda=0.013$，有

$$h_f=[0.013\times(10/0.100)\times4.0^2/2]\text{J/kg}=10.4\text{ J/kg}$$

$$h_f/g=(10.4/9.81)mH_2O=1.06\ mH_2O$$

$u=8.0$ 时，先算出 Re：

$$Re=\frac{8.0\times0.100\times1\,000}{1.00\times10^{-2}}=8.0\times10^5$$

同理，查得 $\lambda=0.012$，有

$$h_f=[0.012\times(10/0.100)\times8.0^2/2]\text{J/kg}=38.4\text{ J/kg}$$

$$h_f/g=(38.4/9.81)mH_2O=3.9\ mH_2O$$

由此例的计算可以看出，对于一定管径的管道，流速增加，阻力损失急剧加大。在管路中若选用过高的流速，将消耗更多的能量，造成管路更大的压力降。

(二)流体机械有效功计算

流体阻力总是和系统机泵所需提供的能量有关，实际上管道内流动阻力的大小决定了机泵的规格，是机泵选型的重要依据。

例 21 如图 1-54 所示，常温水由一贮罐用泵送入塔内，水的流量为 20 m^3/h，塔内压力为 1.962×10^5 Pa(表压)，图中 A—B、B—C 之间管长(包括当量长度)分别为 40 m、70 m，两段管径分别为 $\phi57\times3.5$、$\phi108\times4$。试求所需外加能量为若干？(取 $\varepsilon/d=0.001$)。

学习笔记

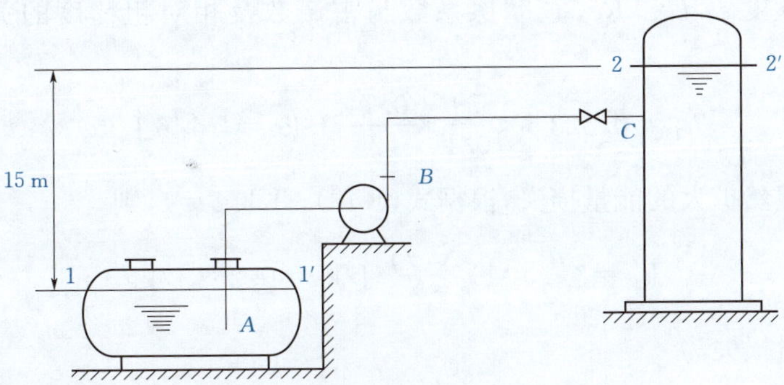

图 1-54 例 21 附图

解 在 1—1′与 2—2′截面列伯努利方程式：

$$gz_1+\frac{u_1^2}{2}+\frac{p_1}{\rho}+W=gz_2+\frac{u_2^2}{2}+\frac{p_2}{\rho}+\sum h_f$$

变形可得所需的外加功为

$$W=g(z_2-z_1)+\frac{u_2^2-u_1^2}{2}+\frac{p_2-p_1}{\rho}+\sum h_f \tag{a}$$

式中的 $\sum h_f$ 可分段进行计算如下：

由贮罐进入 A 管（缩小）的能量损失，根据式(1-42)：

$$h'_{f1}=\zeta\frac{u_A^2}{2},\quad \zeta=0.5$$

$$u_A=\frac{V}{A}=\frac{20}{3\ 600\times\frac{\pi}{4}\times(0.05)^2}\text{ m/s}=2.83\text{ m/s}$$

$$h'_{f1}=0.5\times\frac{2.83^2}{2}=2.0\text{ J/kg}$$

A—B 直管部分的总能量损失，根据式(1-44)：

$$h_{f2}=\lambda\frac{l+l_e}{d}\cdot\frac{u^2}{2},\quad u=u_A=2.83\text{ m/s}$$

$$l+l_e=40\text{ m},\quad d=0.05\text{ m},\quad \frac{\varepsilon}{d}=0.001,\mu=1\text{ cP}$$

$$Re=\frac{\rho du}{\mu}=\frac{1\ 000\times0.05\times2.83}{0.001}=1.42\times10^5$$

根据相对粗糙度 ε/d 和 Re，查摩擦系数与雷诺数及相对粗糙度的关系图得 $\lambda=0.021\ 5$，于是有

$$h_{f2}=0.021\ 5\times\frac{40}{0.05}\times\frac{2.83^2}{2}\text{ J/kg}=68.9\text{ J/kg}$$

BC 直管部分的总能量损失，根据式(1-44)：

$$h_{f3}=\lambda\frac{l+l_e}{d}\frac{u^2}{2},\quad u=u_B=\frac{20}{3\ 600\times\frac{\pi}{4}\times(0.1)^2}\text{ m/s}=0.71\text{ m/s}$$

$$Re=\frac{\rho du}{\mu}=\frac{1\ 000\times0.1\times0.71}{0.001}=7.1\times10^4,\quad \frac{\varepsilon}{d}=0.001$$

学习笔记

根据相对粗糙度 ε/d 和 Re，查摩擦系数与雷诺数及相对粗糙度的关系图得 $\lambda=0.0235$，故

$$h_{f3}=0.0235\times\frac{70}{0.1}\times\frac{0.71^2}{2}\ \mathrm{J/kg}=4.146\ \mathrm{J/kg}$$

C 点处突然扩大的能量损失，根据式(1-42)，并取 $\zeta=1$，则

$$h'_{f4}=\zeta\frac{u^2}{2}=1\times\frac{0.71^2}{2}\ \mathrm{J/kg}=0.252\ \mathrm{J/kg}$$

故总能量损失为

$$\begin{aligned}\sum h_f&=h'_{f1}+h_{f2}+h_{f3}+h'_{f4}\\&=(2.0+68.9+4.146+0.252)\ \mathrm{J/kg}\\&=75.3\ \mathrm{J/kg}\end{aligned}$$

将计算结果及已知数据代入式(a)计算得所需外加能量为

$$\begin{aligned}W&=[15\times10+(0^2-0^2)/2+(1.962\times10^5-0)/1\,000+75.3]\ \mathrm{J/kg}\\&=421.5\ \mathrm{J/kg}\end{aligned}$$

专题六　复杂管路计算

在管路计算中，可根据管路铺设方式将管路分为简单管路和复杂管路两大类。简单管路为管径相同或不同的单一管线，复杂管路指的是复杂的管网，在这里主要讨论分支管路及并联管路。例如，在太阳能供热工程中，太阳能集热方阵就可以视为一个典型的并联管路；分支管路则广泛存在于通风、空调和城市给排水工程中。无论是简单管路还是复杂管路，其主要计算工具只有三个，即连续性方程、伯努利方程和阻力计算公式。

本节先对典型的分支管路流动作一个定性分析，然后介绍复杂管路阻力和流量分配的计算方法。

(一)分支管路流动特性

一根总管分为两个分支的管路，如图 1-55 所示。其中支管 A、B 阀门处于全开状态，现将支管 A 的阀门关小来分析。

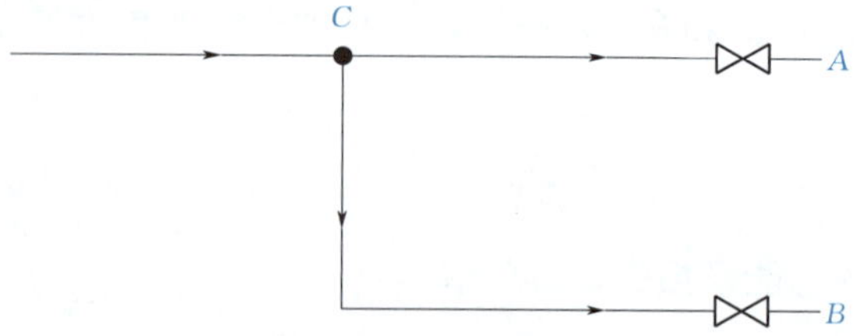

图 1-55　分支管路

关小 A 阀门时，支管 A 的阀门阻力系数增大，阀门 A 的阻力增加，通过支管 A 的流量减少，根据简单管路伯努利方程分析，很容易得出 C 处的压强在升高，总管流量必然减小。但由于阀门 B 仍处于全开状态，C 处压强升高必然导致支管 B 的流量增加。

学习笔记

上述讨论为一般情况，以下两种特殊情况是管路设计必须注意的问题：

(1)若整个管路以支管阻力为主，而总管阻力可忽略不计。阀门 A 的关小，支管 A 的阻力增大，流量减少。由于整个管路阻力取决于支管，所以整个管路阻力随之增大，总流量减少。但总管上游水箱自由液面处压力 p 和位置 z 不变，总管阻力可忽略，C 处的压强也几乎不变，支管 B 的流量不受影响。即在这种情况下任一支管阻力的改变，只会改变本身的流量；虽然也改变了总流量，但对其他支管流量没有影响。化工厂冷却水及城市供水、煤气管线应基于这种设计。

(2)若整个管路以总管阻力为主，而支管阻力可忽略不计。阀门 A 的关小，支管 A 的流量减少。由于支管阻力可忽略，不会因此变化而改变整个管路的阻力，管路总流量也不会因此发生变化，只会引起支管 B 的流量增加。即在这种情况下，任一支管限力改变，除改变本身流量外，其他支管流量也随之改变，但总流量不变。化工厂冷却水及市供水、煤气管线的铺设不希望出现这种情况。

经过以上分析可得出：在一定的流动条件下，流体在管路中任意截面上的压强或位能是一个定值。管路中任一局部或管段阻力发生改变时，必将引起管路各截面上的压强或势能变化，直到流动再次稳定后，压强或势能在管路各截面上又有一个重新分布，压强或势能的重新分布，也就是各截面上流体机械能改变，由机械能守恒得知，流体流量的改变是必然的。

(二)复杂管路计算原则

1. 并联管路

由两个或两个以上简单管路首首相接、尾尾相接而成的管路，称为并联管路。典型并联管路示意图如图 1-56 所示。主管在 A 处分为三支，然后又在 B 处汇合为一个主管。

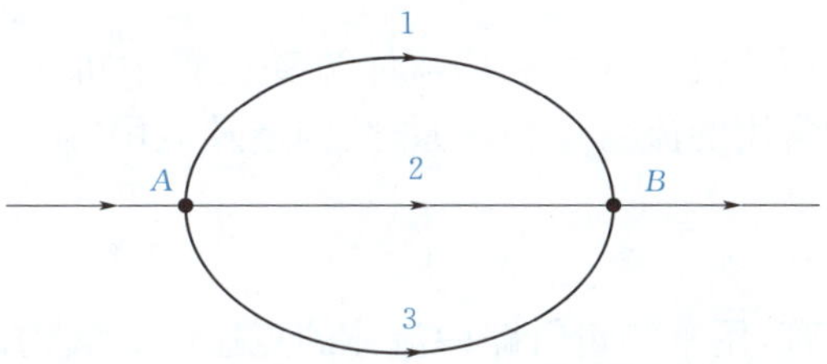

图 1-56 典型并联管路示意图

此类管路的特点为：①总管流量等于并联的各管段流量之和；②各并联管段内的流体能量损失皆相同。

知识延展

对于并联管路流量和阻力的理解，可以完全类比并联电路中的电流和电压。即流量对应电流、阻力对应各支路电压降，如图 1-57 所示。

对于闭合电路，因为有电压才有电流流动；电流流经用电器，一定会有电压降，而且相互并联的用电器，根据欧姆定律，两端的电压降一定相等。同样，对于管路，流体流经管道也会有压力降，并联的管路压力降必然相等。

学习笔记

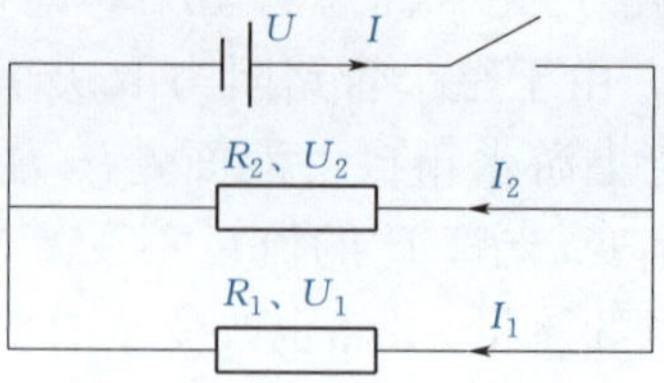

图 1-57　简单并联电路

理解这一点很重要，例如，要求某个并联管路两端的总阻力，实际只要求其中任意一条支路的阻力即可。

工程设计中，这样的例子也很常见，管壳式换热器设计时，对于单管程的管束，核算其流动阻力时，实际就是只需计算一根换热管的阻力。如果是多管程，则把它当作串联“电路”的压力降，累加即可。

本书专题八中提到的太阳能集热方阵，设计过程中，方阵总的流动阻力也只需核算一个组串的流动阻力。

2. 分支管路

分支管路是在主管某处有分支，但最终各分支不再汇合，如图 1-55 所示。

分支管路的特点为：①主管流量等于各分支管内流量之和；②各分支管中，流量可以不同，但单位质量流体在各支管流动终了时的总机械能与能量损失之和必然相等。

专题七　流量测量

化工生产中较常用的流量计是利用流体流动过程中机械能相互转化原理而设计的。下面介绍几种常用的流量计测量原理、构造及应用等。

一、测速管

测速管又称皮托管，用来测量管路中流体的点速度。其构造如图 1-58 所示。

视频

实验室条件下汞U形管压差计与自制皮托管测速

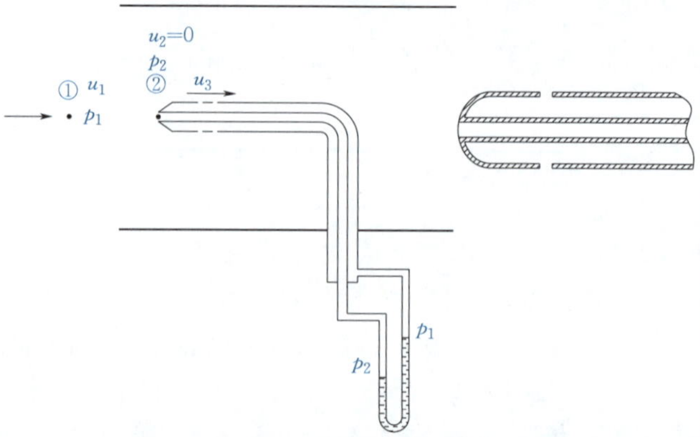

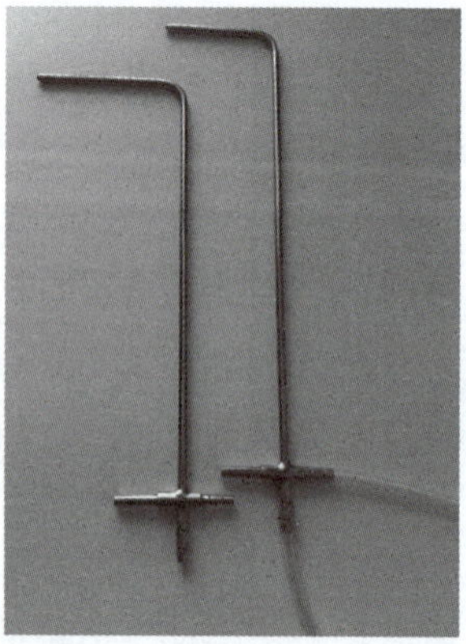

图 1-58　皮托管示意图

学习笔记

测速管由两根弯成直角的同心套管所组成。内管壁无孔，外管前端点处，沿管壁的圆周开有若干测压小孔，两管之间环隙封闭。为了减小误差，测速管的前端经常做成半球形以减少涡流。

测量流速时，测速管可以放在管截面的任一位置上，并使其管口正对着管道中流体的流动方向，U形管差压计的两端分别与测速管的内管与套管环隙相连接。

设在测速管前一小段距离的点1处流速为 u_1，压力为 p_1，当流体流至测速管管口点2处，因内管内原已充满被测流体，故流体到达管口2处即被截住，速度降为零，于是动能转化为静压能，使压力增至 p_2。

因此，内管所测得的是静压能 p_1/ρ 和动能 $u_1^2/2$ 之和，合称为冲压能，即

$$\frac{p_2}{\rho}=\frac{p_1}{\rho}+\frac{u_1^2}{2}$$

外管壁上的测压小孔与流体流动方向平行，所以外管测得的是流体静压能 p_1/ρ。

故压差计的读数反映出冲压能与静压能之差，即

$$\frac{\Delta p}{\rho}=\frac{p_2}{\rho}-\frac{p_1}{\rho}=\frac{u_1^2}{2}$$

故得

$$u_1=\sqrt{\frac{2\cdot\Delta p}{\rho}} \tag{1-45}$$

若该U形管压差计的读数为 R，指示液的密度为 ρ_0，流体的密度为 ρ，根据静力学基本方程式代入式(1-45)，得

$$u_1=\sqrt{\frac{2gR(\rho_0-\rho)}{\rho}} \tag{1-46}$$

若被测的流体为气体，因 $\rho_0\gg\rho$，上式可简化成

$$u_1=\sqrt{\frac{2gR\rho_0}{\rho}} \tag{1-46a}$$

考虑到皮托管制造精度，一般应对上式进行适当修正，即

$$u_1=C\sqrt{\frac{2gR(\rho_0-\rho)}{\rho}} \tag{1-46b}$$

式中，C 为皮托管修正系数，由实验标定，即不同的皮管托，安装在不同的管道上，应该分别标定，一般 C 的范围为 0.98～1。测速管测得的是流体的点速度。因此，利用测速管可以测出管截面上流体的速度分布。

要想得到管截面上的平均速度 u，可用测速管测出管中心处的最大速度 u_{max}，然后利用平均流速 u 与最大流速 u_{max} 的比值关系，即可快速求出平均流速，进而求出流量。平均流速 u 与最大流速 u_{max} 的比值还与雷诺数 Re 息息相关，具体见表1-10。

表 1-10　u/u_{max} 之比与 Re 之间的对应关系

Re	4.0×10^3	2.3×10^4	1.1×10^5	1.1×10^6	$(2.0\text{-}3.2)\times10^6$
u/u_{max}	0.791 2	0.807 3	0.816 7	0.849 7	0.865 8

皮托管安装时要注意：①测点上下游各留有 50 d 长度的直管段，以保证测点处于均匀流段(即流场充分发展段)；②皮托管的管口截面必须垂直于流体流向，如偏离较大将会造成明显的偏差；③皮托管外套管外径 d_o 应小于管道内直径 d，一般要求皮托管的外径与管道内径之比在 0.04～0.09 之间，即管内径应在皮托管外径 10 倍以上。

二、孔板流量计

孔板流量计是由一个开孔直径为 d 的“孔板”和测定孔板两侧压差的 U 形管差压计所组成。由差压计的读数大小可以测定管中流体的体积流量，如图 1-59 所示。

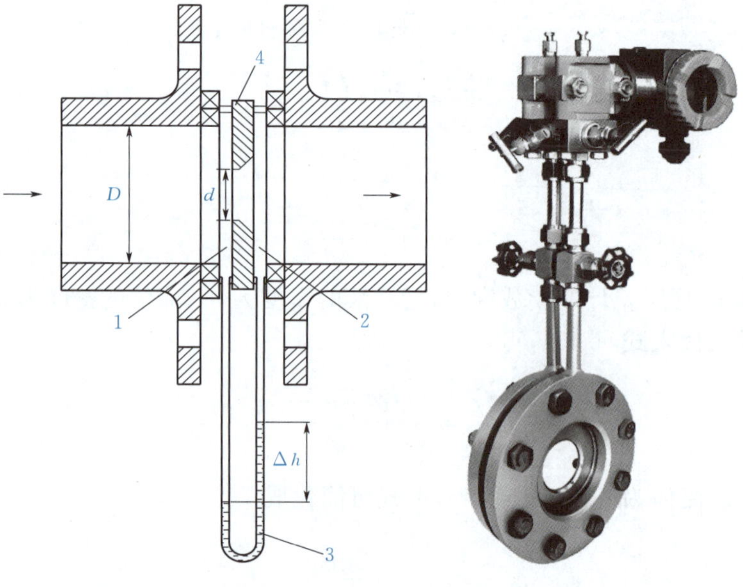

1、2—测压环；3—差压计；4—孔板。

图 1-59　孔板流量计

当流体流过孔板时，由于流束截面变小，流体流速增大，而且由于“射流”的作用，流体经过孔口后，流束截面继续缩小，直至孔板后一定距离，流束截面才逐渐恢复，这种现象称为“缩脉”。

孔板流量计是恒节流口面积变压强差仪表。

若流体的密度为 ρ，而两个测压环放置在同一水平上，$z_1=z_2$，忽略流动阻力，根据伯努利方程，则流体流过孔板前后测压环的能量守恒关系式为

$$\frac{p_1}{\rho}+\frac{u_1^2}{2}=\frac{p_2}{\rho}+\frac{u_2^2}{2}$$

学习笔记

变形即有

$$\frac{u_2^2-u_1^2}{2}=\frac{p_1-p_2}{\rho}$$

这就是说，流体经过孔板以后，由于流速的改变，孔板前后产生了压差。

若流体的体积流量是 V，则

$$u_1=V/A_1,\quad u_2=V/A_2$$

式中 A_1——前测压环处流束的横截面积(注意不是管道的流通截面积)；

A_2——后测压环处流束的横截面积。

所以

$$\begin{cases}\dfrac{\left(\dfrac{V}{A_2}\right)^2-\left(\dfrac{V}{A_1}\right)^2}{2}=\dfrac{p_1-p_2}{\rho}\\ V=\sqrt{\dfrac{2}{\left(\dfrac{1}{A_2}\right)^2-\left(\dfrac{1}{A_1}\right)^2}\cdot\dfrac{p_1-p_2}{\rho}}\end{cases}\tag{1-47}$$

式(1-47)说明，孔板前后的压差(p_1-p_2)与流体的体积流量 V 之间有一个简单的函数关系，这就是由孔板前后的压差可以测定体积流量的原因。

用式(1-47)直接由压差来计算体积流量有一定的困难，这是因为式(1-47)没有考虑到流体因形成旋涡而消耗能量所造成的压降；而且流体束的实际截面积 A_1 和 A_2 也很难确定。

若用孔板的孔面积($\pi d^2/4$)来代替前后测压环处流束的横截面积 A_1 和 A_2，并用系数 c_0 来校正上述诸因素的影响，通过推导变形，可得流体的体积流量 V 为

$$V=c_0\frac{\pi}{4}d^2\sqrt{\frac{2(p_1-p_2)}{\rho}}=c_0\frac{\pi}{4}d^2\sqrt{\frac{2g\Delta h(\rho'-\rho)}{\rho}}\tag{1-48}$$

式中 c_0——孔流系数，对于标准孔板流量计，一般为 0.6～0.7；

d——孔板流量计孔径大小，m；

ρ——流体的密度，kg/m^3；

ρ'——差压计中指示液密度，kg/m^3；

Δh——差压计中指示液高度差，m。

注意：上面公式的变形推导，实际就是用一个经验系数 c_0 乘以一个表征孔板特征的定值$\frac{\pi}{4}d^2$(孔面积)来等效替代式(1-47)中的 $\sqrt{\dfrac{1}{\left(\dfrac{1}{A_2}\right)^2-\left(\dfrac{1}{A_1}\right)^2}}$。

孔流系数 c_0 的大小由实验测定，它与流体在管道中的雷诺数 Re 及孔板的开孔直径 d 和管道内直径 D 的比值 d/D 有关。

对于每一 d/D 值，当 Re 数超过一定限度时，c_0 即为一不变的常数。因此，只要适当地选择 d/D 值，在一定流量范围内，就可以找到不变化的 c_0 值，这是设计孔板流量计所期望的。

三、文丘里流量计

文丘里流量计的示意图如图 1-60 所示。它由渐缩管、喉管和渐扩管三部分组

学习笔记

成。当有流体流过时，由于喉管截面面积缩小，流速增大，动能的增大势必使喉管处的势能减小，压强降低。如在渐缩管前截面 1—1′和喉管截面 2—2′处安装一 U 形管压差计，则可由压差计上所测得的 R 值求得管路中的流量大小。其流量测量原理与孔板流量计原理完全一样。

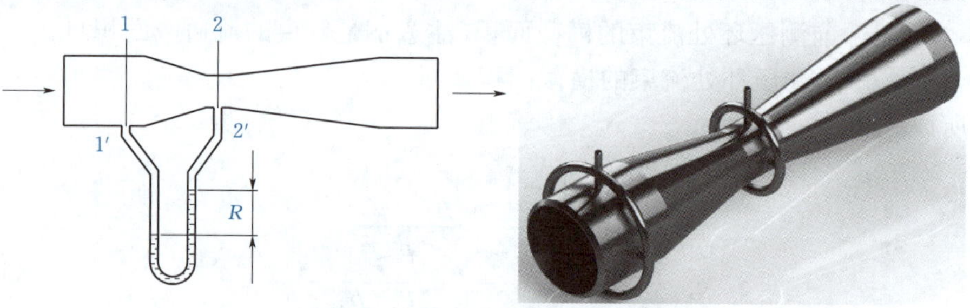

图 1-60　文丘里流量计示意图

视频
文丘里流量计基本结构及测量原理

设截面 1—1′处的平均流速为 u_1，压强为 p_1，高度为 z_1；截面 2—2′上的平均流速为 u_2，压强为 p_2，高度为 z_2。若暂不考虑能量损失以及位压差（两个测压口截面相距很近），对 1—1′、2—2′两截面之间列伯努利方程：

$$\frac{p_1}{\rho}+\frac{u_1^2}{2}=\frac{p_2}{\rho}+\frac{u_2^2}{2}$$

仿照孔板流量计的推导方法，同样可推导其流量计算公式为

$$V=c_v\frac{\pi}{4}d_2^2\sqrt{\frac{2gR(\rho'-\rho)}{\rho}} \tag{1-49}$$

式中　c_v——文丘里流量计的流量修正系数，由仪表厂家实验测定，一般为 0.98～0.99；

d_2——文丘里管喉部内径，m；

ρ——流体的密度，kg/m^3；

ρ'——差压计中指示液密度，kg/m^3；

R——差压计中指示液高度差，m。

文丘里流量计以能量损失小、测量精度高为其优点。但各部分尺寸要求严格，需要精细加工，所以造价较高，在使用上受到了限制。因此，在许多场合被测量原理相同而结构简单得多的“孔板流量计”所代替。

四、转子流量计

转子流量计构造示意图如图 1-61 所示。

转子流量计主要由一个倒圆锥形的玻璃管（或透明塑料管）和可在管内自由上下“浮动”的金属转子构成，因操作时，“浮子”会自旋，所以称为“转子”。通常倒圆锥形玻璃管锥度为 4°左右，在玻璃管上刻有流量刻度。

视频
转子流量计原理动画

转子流量计必须垂直安装。流体流过转子和锥形玻璃管所构成的环形空隙时，速度大大增加，压强减小，因此流体在转子的轴向上有压差。这个压差是与转子重力的方向相反的，它作用于转子上的力若大于转子在此流体中的重量，就会把转子向上推。

学习笔记

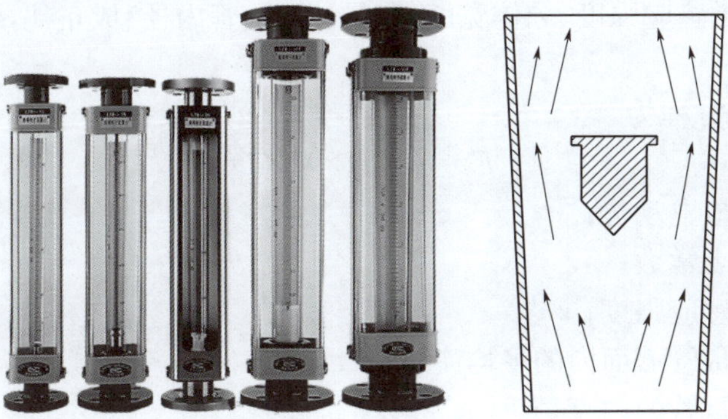

图 1-61 转子流量计

因为玻璃管是锥形的，转子上升的同时，转子和玻璃管间的环形空隙加大，所以，环形空隙的流速又会降下来，直到转子上升到一定高度。压差作用于转子上的力与转子在流体中的重量相等时，转子即固定在这个高度上。

转子流量计是恒压强差变节流口面积仪表。

流量越大，转子的位置越高；流量减小时，转子位置下降，当转子的位置稳定，以转子上端面为基准面，通过锥形玻璃管刻度线平视，即可直接读出此时的流量值，使用非常方便。

也须注意，仪表厂家制造的转子流量计，其刻度是针对某一种流体进行标定的，并绘制有流量曲线。通常，用于液体的转子流量计以 20 ℃的清水作为标定刻度的依据；用于气体的转子流量计以 20 ℃、101 325 Pa（密度为 1.2 kg/m^3）的空气作为标定刻度的依据。所以用于测量其他流体流量时，应对原有的刻度加以修正。

若以下标 1 表示出厂标定时所用的流体，下标 2 表示实际工作时的流体，流量计的流量系数（类似孔板流量计流量系数 c_0）在两种工况下不变，则同一刻度线下，两种流体流量之间的关系为

$$\frac{V_1}{V_2}=\sqrt{\frac{\rho_1(\rho_f-\rho_2)}{\rho_2(\rho_f-\rho_1)}}$$

式中，ρ_f 为转子流量计中转子材料的密度。

转子流量计读数方便，阻力损失小，测量范围宽，安装流量计时，前后无须保留稳定段，能用于腐蚀性流体测量。但因转子流量计的管壁多为玻璃制品，不能承受高温和高压，操作时不能猛开阀门，否则会由于转子猛烈冲撞而震坏玻璃管壁。安装时流量计必须保持垂直，以免影响测量的准确度。为了便于检修，通常在安装时，加设旁通支路。

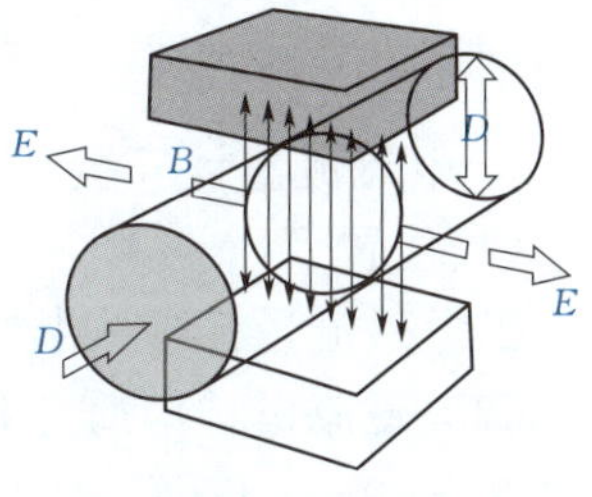

图 1-62 电磁流量计原理图

五、电磁流量计

电磁流量计工作原理基于法拉第电磁感应定律，如图 1-62 所示。图 1-62 中上下两端的两个电磁线圈产生恒定或交变磁场，当导电介质流过电磁流量计时，流

学习笔记

量计管壁上的左右两个电极间可检测到感应电动势，这个感应电动势大小与导电介质流速、磁场的磁感应强度、导体宽度（流量计测量管内径）成正比，再通过运算就可以得到介质流量。

感应电动势方程为

$$E=K\times B\times V\times D \tag{1-50}$$

式中　E——感应电动势；

K——仪表常数；

B——磁感应强度；

V——测量管截面内的平均流速；

D——测量管的内直径。

测量流量时，流体流过垂直于流动方向的磁场，导电性流体的流动感应出一个与平均流速成正比的电势，因此要求被测的流动液体的电导率高于最低限度的电导率 5 μs/cm[电磁流量计理论上可以测量电导率大于 5 μs/cm 导电介质，但是实际测量中应保证电磁流量计使用在被测介质电导率在 30 μs/cm 及以上（大于理论值一到两个数量级）的环境中，而且必须以在线测量得到的电导率值为基准]。其感应电压信号通过两个电极检出，并通过电缆传送至转换器，经过一系列模拟和数字信号处理后，将累计流量和瞬时流量显示在转换器的显示屏上。

电磁流量计可广泛应用于石油、化工、冶金、轻纺、造纸、环保、食品等工业部门及市政管理，水利建设、河流疏浚等领域的流量计量，使用便捷、测量精度高、通用性好。

电磁流量计基本结构如图 1-63 所示。

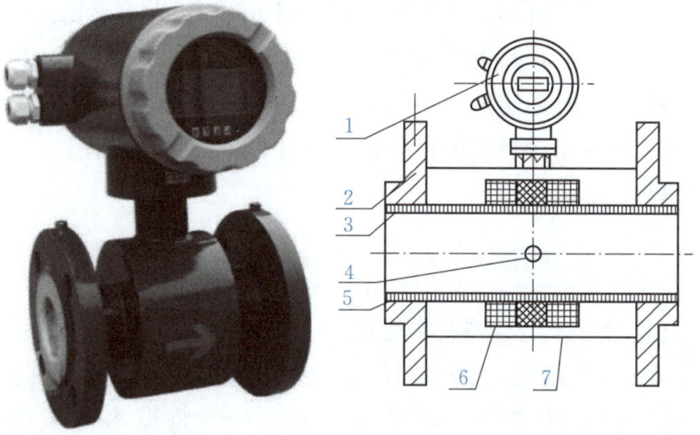

1—转换器；2—法兰；3—绝缘衬里；4—电极；5—测量管；6—励磁线圈；7—外壳。

图 1-63　电磁流量计基本结构

视频

现场管路上的电磁流量计及安装注意事项

1. 电磁流量计安装总体要求

(1)位置

①电磁流量计应安装在干燥通风处，通常应避免安装在易积水地方。

②电磁流量计应避免日晒雨淋，露天安装时，应有遮挡雨水和防晒设施。环境温度在−20～+60 ℃之间。

③电磁流量计应避免安装在温度变化很大的场所和受到设备高温辐射的场所，若必须安装时，须有隔热、通风的措施。

学习笔记

④电磁流量计应避免安装在含有腐蚀性气体的环境中，必须安装时，须有通风及防腐措施。

⑤电磁流量计安装场所尽可能避免强烈振动，如管道振动大，在电磁流量计两边应有固定管道的支架。

⑥具有 IP68(水下 3 m)防护等级的电磁流量计的传感器部分可以放置在水中；防护等级为 IP65 的电磁流量计不可浸入水中及露天安装。

(2)避免磁场干扰

电磁流量计不要安装在容易引起电磁干扰的电动机、变压器或其他动力电源附近。电磁流量计不要安装在变频器附近或从变频器配电柜获取电源，以避免引入干扰。

(3)直管段长度

为确保流量计的测量精度，建议应保证传感器上游直管段长度至少应为 10 倍管径(10D)，下游直管段长度至少应为 5 倍管径(5D)，如图 1-64 所示。上游有阀门、旁路安装场合，如图 1-65 和图 1-66 所示。

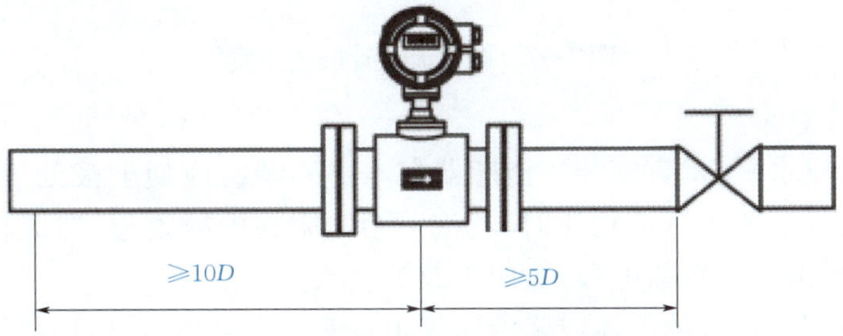

图 1-64　直管段长度安装要求

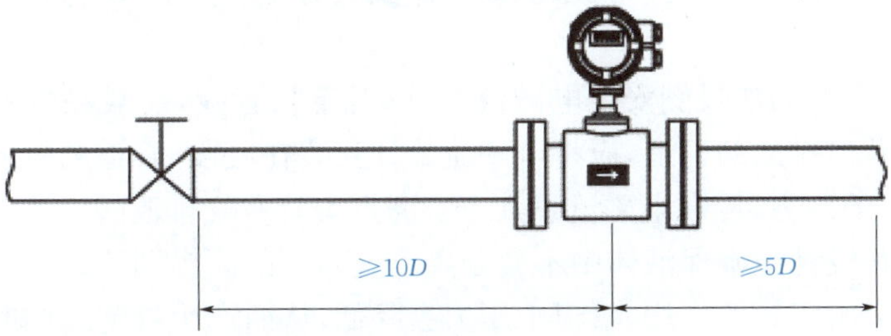

图 1-65　上游有阀门安装要求

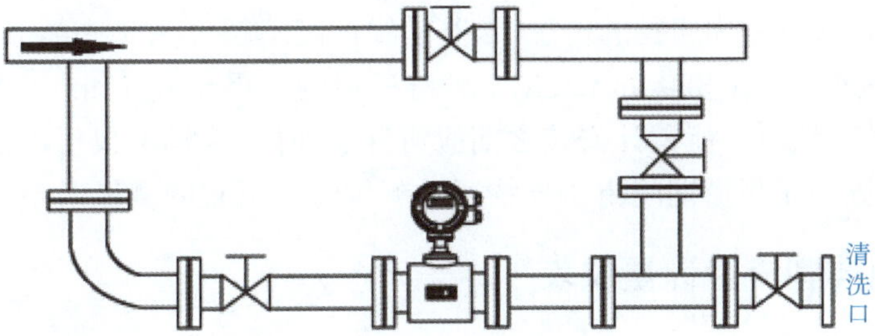

图 1-66　旁路安装示意图

学习笔记

2. 其他安装工艺注意事项

(1)流向及优选安装位置

电磁流量计可设置为自动检测正反流向，传感器壳体上的流向箭头为制造商规定的正流向。一般地，用户在安装仪表时，应使该流向箭头同现场工艺流向保持一致。

电磁流量计安装时的优先选用位置，如图 1-67 所示。管路结构应保证电磁流量计测量管中始终充满液体。

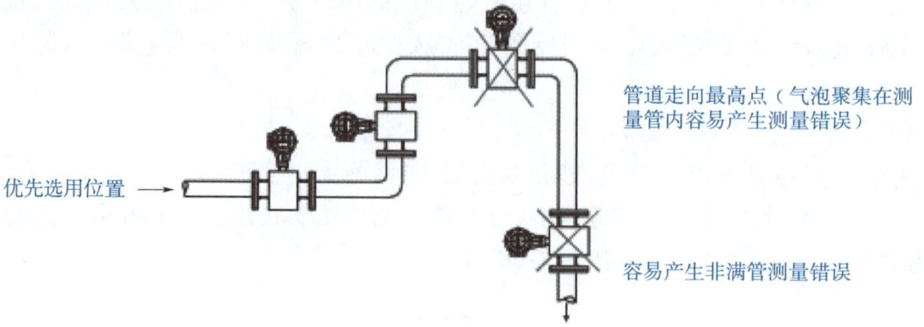

图 1-67　电磁流量计安装位置

(2)其他注意事项

传感器可以水平、垂直安装。传感器在水平安装时应使电极处于水平位置，一旦介质中含有气泡或者沉淀物质时，气泡不会吸附在电极附近，造成转换器信号端开路，沉淀物质也不会覆盖电极，造成零漂等现象。

对于含有固体颗粒的液体或浆液建议垂直安装电磁流量计，即将流量计安装在竖直立管上，一可以防止被测介质相分离，二可使传感器衬里磨损比较均匀，三杂质不会在测量管底部产生沉淀。且须保证流体流向为自下而上，确保传感器测量管内始终充满介质。

一般不能在泵的抽吸侧安装电磁流量计；对于长管线，一般在电磁流量计下游安装控制阀；开口排放的管道，应将电磁流量计安装在底段（管道的较低处）；对管道落差超过 5 m 的地方，应在电磁流量计下游高点安装空气排放阀。

而且，管路设计应确保液体中不会分离出气体。前面提到流量计应安装在阀的上游，就是因为由于阀的作用，管道中压力会降低，从而产生气泡。同时也应在低区段安装仪表，以减少流体中夹带气泡对测量的影响。

流量计安装之前，应先校正管路，保证仪表的通径与用户管道具有较好的同轴度。对 50 mm 以下公称通径的传感器，其轴线偏高不超过 1.5 mm，65～300 mm 公称通径不得超过 2 mm，350 mm 及以上公称通径则不得超过 4 mm。新安装的管道一般有异物（如焊渣）。流量计安装之前应将异物冲掉，这样不仅可以防止衬里受损坏，而且可以防止在测量期间由于异物通过测量管而引起的测量误差。

六、其他典型流量计量仪表

1. 超声波流量计

便携式/手持式超声波流量计（能量表）用于测量各种能够传导超声波的单一均

学习笔记

匀的液体的流量及热量，其测量原理如图 1-68 和图 1-69 所示。便携式/手持式超声波流量计采用非接触测量方式，测量范围大，没有活动机械部件，不受系统的压力和恶劣环境的影响，已成功应用于水、纯水、海水、污水、化工液体、江河水、燃料油等流体的计量工作中。

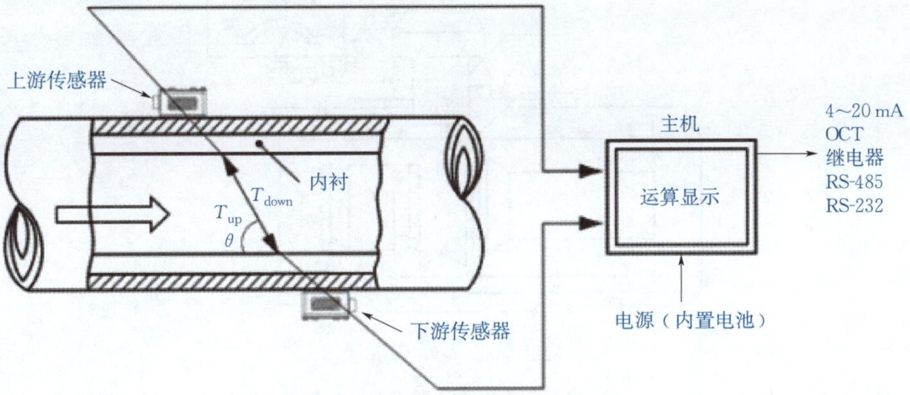

图 1-68 超声波流量计原理示意（传感器 Z 法安装）

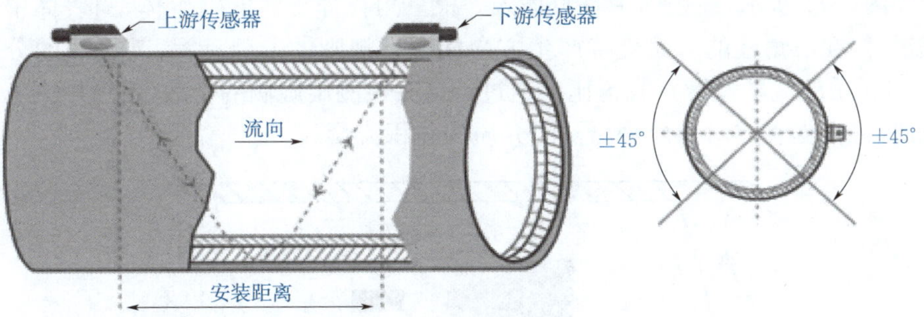

图 1-69 超声波流量计原理示意（传感器的 V 法安装）

当超声波束在液体中传播时，液体的流动将使传播时间产生微小变化，其传播时间的变化正比于液体的流速。零流量时，两个传感器发射和接收声波所需的时间完全相同（唯一可实际测量零流量的技术），液体流动时，逆流方向的声波传输时间大于顺流方向的声波传输时间。其关系符合下面表达式：

$$V=\frac{MD}{\sin 2\theta}\times\frac{\Delta T}{T_{up}\cdot T_{down}} \tag{1-51}$$

式中 θ——超声波束与液体流动方向的夹角，见测量原理示意图 1-68；

M——声束在液体中的直线传播次数；

D——管道内径；

T_{up}——声束在正方向上的传播时间；

T_{down}——声束在逆方向上的传播时间；

ΔT——声速正逆方向上，声束传播时间差，$\Delta T=T_{up}-T_{down}$。

除此之外，常见的还有涡轮流量计、涡街流量计。

涡轮流量计工作原理示意图如图 1-70 所示。当被测液体流经流量计传感器时，其内部叶轮借助液体动能而旋转，此时，叶轮叶片使检出装置中的磁阻发生周期

学习笔记

性变化，因此，在检出线圈两端就感应出与流量成正比的电脉冲信号，经前置放大器放大后送至显示单元。显示单元中的单片机系统根据测量出的脉冲数和本流量计仪表系数 K 进行运算，并显示出瞬时流量和累计总量。

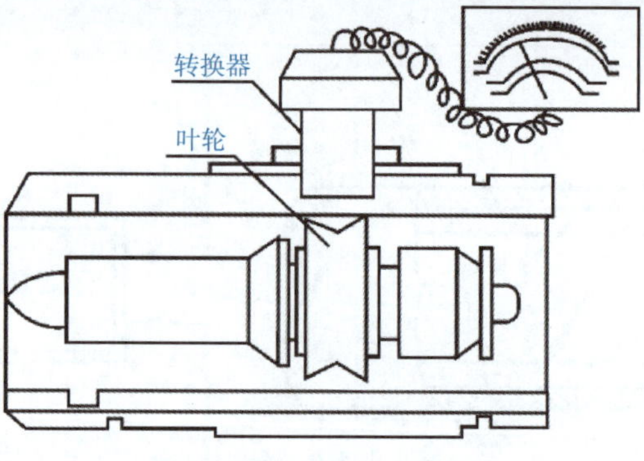

图 1-70　涡轮流量计

涡街流量计工作原理示意图如图 1-71 所示。它是以卡门和斯特罗哈尔有关旋涡的产生和旋涡与流量关系的理论为依据来测量蒸汽、气体及低黏度液体的流量的。如图 1-71 所示，在表体中垂直插入一根三角柱即旋涡的发生体，当表体中有介质流过时，在三角柱的后面交替产生方向相反有规则的卡门旋涡，其旋涡的分离频率 F 与介质的流动速度 v 成正比。通过传感头检测出旋涡的个数，就可以测算出流体流速，再根据表体口径计算出被测介质的体积流量。

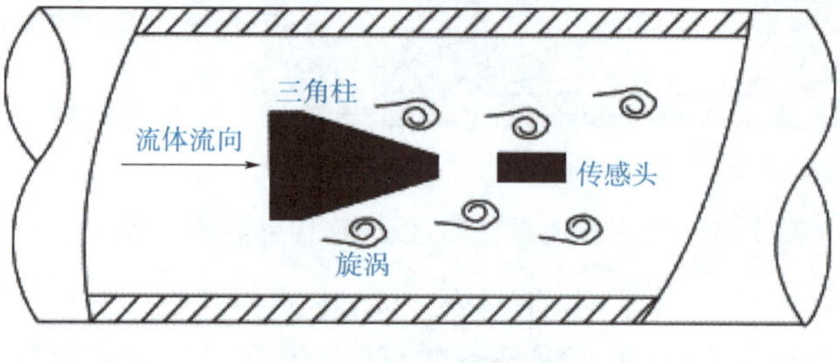

图 1-71　涡街流量计

专题八　管路设计案例（以太阳能供热系统为例）

一、项目简介及基本方案设计

某光热企业拟在贵阳市某企业车间厂房楼顶兴建太阳能供热系统一套。经前期数据收集及论证，生产车间日均耗热水量为 32 t，拟设计热水温度 55 ℃，冷水补水温度 10 ℃；为确保供热质量，太阳能供热系统采用间接式集热子系统（集热器产生的热水经板式换热器与加热水箱内的水换热后，再循环回流到集热器），集热系统采用兴业太阳能 2 m×1 m 规格平板集热器，辅助热源采用空气源热泵。

项目组设计技术文件中，方案设计阶段提供给甲方的系统运行原理图，如图 1-72 所示。

学习笔记

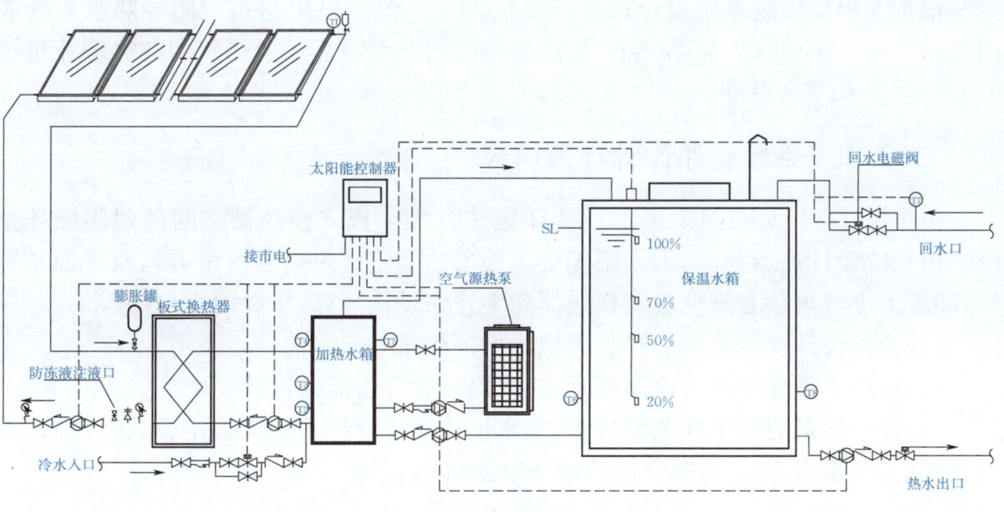

图 1-72 太阳能供热系统运行原理图

根据项目组初步方案设计，所需集热器总面积 420 m^2，共 210 块。经对车间楼顶进行现场勘察，集热器与板式换热器均布置在楼顶。集热器组采用串并联形式连接，按 10 块一串共 21 串，集热器方阵一角连接形式，如图 1-73 所示。

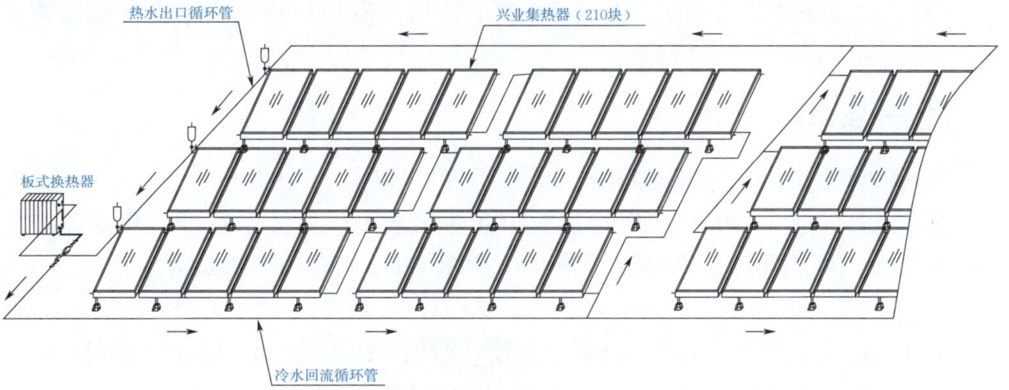

图 1-73 集热器连接形式图

根据集热系统初步平面布置图，从板式换热器接出来的冷水回流循环管至最远端集热方阵的直管长度约为 102 m，从最远端集热方阵至板式换热器间的热水出口循环管直管长度约 89 m，标准 90°弯头 18 个(未计入方阵内部前一块集热器出口至下一集热器入口间连接管道弯头)，三通 34 个，循环泵进出口截止阀 2 个。

同时，兴业太阳能平板集热器产品样本中，传热介质水在规格为 2 m×1 m 平板集热器内流动阻力，见表 1-11。

表 1-11 单块集热器流动阻力

设计集热器循环流量/(L/s·m^2)	0.01	0.015	0.018	0.02	0.025
单块集热器总流动阻力/kPa	0.59	1.01	1.3	1.51	2.08

学习笔记

根据太阳能供热系统设计规范，GB 50364—2018《民用建筑太阳能热水系统应用技术标准》，该项目集热系统中，集热器产生的热水与板式换热器间的循环流量按 0.02 L/(s·m²)来设计。

二、集热子系统管路设计计算内容

根据图 1-72，太阳能集热子系统即集热方阵至板式换热器之间的封闭循环系统。由系统设计热负荷、当地太阳能资源等参数确定好集热器组串方式及平面布置后，即着手进行集热方阵至板式换热器间主管路设计计算，主要内容包括：

(1)根据设计规范确定集热子系统的循环流量 Q；

(2)集热子系统冷水回流循环管、热水出口循环管流速设计；

(3)集热子系统冷水回流循环管、热水出口循环管拟采用无缝钢管，试设计计算其管径，并根据表 1-12 选择合适的循环管规格；

表 1-12　常用无缝钢管规格表

公称尺寸	DN25	DN32	DN40	DN50	DN65	DN80	DN100	DN125
外径×壁厚	ϕ32×3	ϕ38×3	ϕ45×3	ϕ57×3	ϕ73×4	ϕ89×4.5	ϕ108×4.5	ϕ133×5

(4)集热系统总的流动阻力估算，本例中传热介质水与管道内壁的流动摩擦系数 λ 按经验值 0.02～0.03 估取。

三、计算示例

1. 集热系统的循环流量 Q

根据 GB 50364—2018《民用建筑太阳能热水系统应用技术标准》，集热器产生的热水与板式换热器间的循环流量按 0.02 L/s·m²，则总循环流量为

$$Q=0.02\cdot A_c$$

式中，A_c 为集热器总面积，根据方案设计数据，$A_c=420\ \text{m}^2$，可计算得到

$$Q=0.02\times420\ \text{L/s}=8.4\ \text{L/s}=8.4\times10^{-3}\ \text{m}^3/\text{s}=30.24\ \text{m}^3/\text{h}$$

2. 集热系统循环管流速设计

太阳能集热子系统循环介质为水，根据专题三表 1-2 中“水及低黏度液体”推荐流速范围“1.5～3.0 m/s”，本项目中可取循环流速为 2.0 m/s。

3. 集热系统循环干管管径规格设计

根据式(1-24)，$d=\sqrt{\dfrac{V}{0.785u}}$，代入数据有

$$d=\sqrt{\frac{8.4\times10^{-3}}{0.785\times2}}\ \text{m}=0.073\ \text{m}=73\ \text{mm}$$

根据表 1-12，可取 ϕ89×4.5 规格管道，实际内径 80 mm。重新核算实际流速为

$$u=\frac{V}{0.785\,d^2}=\frac{8.4\times10^{-3}}{0.785\times0.08^2}\ \text{m/s}=1.67\ \text{m/s}$$

4. 集热系统总的流动阻力

集热系统总流动阻力=循环干管总当量长度的流动阻力+集热方阵流动阻力

学习笔记

①循环管总当量长度的流动阻力：$\sum h_f=\lambda\cdot\frac{L}{d}\cdot\frac{u^2}{2g}$

式中 λ——流体摩擦系数，按 0.02～0.03 估算，本设计取 0.025；更加精确的应根据雷诺数与管壁相对粗糙度查取，具体可参考专题五沿程阻力计算案例。

L——循环管线间总当量长度，本案例中按板式换热器至最远端集热器直管长度加上循环干管上管件当量长度计算。根据集热方阵平面布置图，可测量得到循环管从板式换热器出口至方阵最远端直管长度为 102 m，从方阵最远端至板式换热器入口直管长度为 89 m。上述最远循环回路中，共有 90°弯头 18 个，三通 34 个，全开截止阀 2 个。根据专题五表 1-9，可查得 90°弯头、三通、全开截止阀当量长度与管径 l_e/d 之比分别为 35、50、300，则总当量长度 $L=(102+89+18\times35\times0.08+34\times50\times0.08+2\times300\times0.08)\text{m}=425\text{ m}$；

d——管线内径，按选定的 $\phi89\times4.5$ 的钢管，$d=80$ mm；

ρ——流体密度，1 000 kg/m³。

于是 $\sum h_f=\lambda\cdot\frac{L}{d}\cdot\frac{u^2}{2g}m=0.025\times\frac{425}{0.08}\times\frac{1.67^2}{2\times10}\text{ m}=18.5\text{ m}$

②集热方阵总流动阻力。

由图 1-73，对于 10 块一串，共 21 串的方阵，实际 21 串集热器均为并联关系，根据并联管路总流动阻力等于任意一条支路流动阻力（见专题六），可得集热方阵总阻力就等于一个组串的流动阻力，即 10 块集热器串联的流动阻力。

根据表 1-11 可知，在 0.02 L/(s·m²)设计流量下，单块集热器流动阻力为 1.51 kPa，则整个方阵总的流动阻力等于一块集热器阻力乘以一个组串中集热器的数量：

$$\Delta p'=1.51\text{ kPa}\times10=15.1\text{ kPa}$$

将集热器方阵总阻力换算成单位重量流体阻力损失：

$$\sum h'_f=\frac{\Delta p}{\rho g}=\frac{15.1\times1\,000}{1\,000\times10}\text{m}=1.51\text{ m}$$

③整个集热系统总阻力 $=\sum h_f+\sum h'_f=(18.5+1.51)\text{m}=20.01\text{ m}$

注意：实际整个集热系统循环总阻力应该还包括集热介质在板式换热器中的流动阻力，本案例中省略未计。

习　题

一、选择题

1. 以下物理单位中不是国际制标准单位的是（　　）。

A. m（米）　　B. kg（千克）　　C. s（秒）　　D. ℃（摄氏度）

2. 以下关于稳态过程的说法不正确的是（　　）。

A. 与流体相关的工程设计，一般均基于稳态过程假设

B. 稳态也意味着操作过程的连续性

C. 稳态即工质在流道同一个位置上，速度、温度、浓度、压强等参数恒定不变

学习笔记

D. 稳态过程是一种理想状态，实际工艺过程一般不能当做稳态处理

3. 下列关于流体黏度的说法不正确的是（　　）。

A. 常用的黏度有动力黏度、运动黏度

B. 动力黏度的国际制标准单位为 Pa·s

C. 运动黏度的国际制标准单位为 m^2/s

D. 动力黏度的工程制单位为沲、厘沲

4. 以下关于黏度单位的换算不正确的是（　　）。

A. 1 cP（厘泊）＝1 mPa·s（毫帕斯卡·秒）

B. 100 cP（厘泊）＝1 P（泊）

C. 1 Pa·s＝1 000 m Pa·s

D. 100 cP（厘泊）＝1 cSt（厘沲）

5. 一般情况下，液体的黏度随温度升高而（　）。

A. 增大　　B. 减小　　C. 不变　　D. 无法判断

6. 以下关于压力的换算不正确的是（　　）。

A. 1 atm＝1.01×10^5 Pa

B. 1 kgf/cm²＝9.8×10^4 Pa

C. 1 bar＝1.0×10^5 Pa

D. 工程上，为便于计算，1 MPa 可近似等于 1 atm

7. 流体在圆管内流动，雷诺数小于 2 000 时，流体的流动类型一般为（　　）。

A. 层流　　B. 过度流　　C. 湍流　　D. 无法判断

8. 某圆筒形设备安装地大气压为 1 atm，设备内部绝对压力为 0.4 atm，则设备真空度为（　　）。

A. 0.4 atm　　B. 0.6 atm　　C. 1.4 atm　　D. 1 atm

9. 某圆筒形设备安装地大气压为 1 atm，设备内部绝对压力为 4.3 atm，则设备表压为（　　）。

A. 4.3 atm　　B. 1 atm　　C. 3.3 atm　　D. 5.3 atm

10. 在稳定流动系统中，液体流速与管径的关系（　　）。

A. 成正比　　B. 与管径平方成正比

C. 与管径平方成反比　　D. 无一定关系

11. 设计一输送清水的管道，流速取以下哪个范围内的值更合理（　　）。

A. 0.1～1 m/s　　B. 1～3 m/s

C. 10～30 m/s　　D. 30～60 m/s

12. 设计一输送普通低压气体的管道，流速取以下哪个范围内的值更合理（　　）。

A. 0.1～1 m/s　　B. 1～10 m/s

C. 10～20 m/s　　D. 40～60 m/s

13. 液体的流量一定时，流道截面积减小，液体的压强将（　　）。

A. 减小　　B. 不变　　C. 增加　　D. 不能确定

14. 水在圆管内流动，若流量一定，将管内径增加一倍，流速将为原来的（　　）。

A. 1/2　　B. 1/4　　C. 4　　D. 2

15. 流体运动时，能量损失的根本原因是由于流体存在着（　　）。

学习笔记

A. 压力　　B. 动能　　C. 湍流　　D. 黏性

16. 一般情形下，流体流动阻力损失和流速的(　　)成正比。

A. 一次方　　B. 平方　　C. 三次方　　D. 四次方

17. 以下流体中，不属于牛顿流体的是(　　)。

A. 水　　B. 空气　　C. 血液　　D. 汽车排放的尾气

18. 以下仪表中不能用于测量流体流速的是(　　)。

A. 皮托管　　B. 孔板　　C. U 形管　　D. 转子流量计

19. 雷诺数与(　　)无关。

A. 流体密度　　B. 流体黏度　　C. 流体流速　　D. 流体比热

20. 层流与湍流的本质区别是(　　)。

A. 湍流流速＞层流流速

B. 流道截面大的为湍流，截面小的为层流

C. 层流雷诺数＜湍流雷诺数

D. 层流无径向脉动，而湍流有径向脉动

21. 流动流体具有的机械能不包括(　　)。

A. 位能　　B. 动能　　C. 扬程　　D. 静压能

22. 某液体通过由大管至小管的水平异径管时，变径前后的能量转化的关系是(　　)。

A. 动能转化为静压能　　B. 位能转化为动能

C. 静压能转化为动能　　D. 动能转化为位能

23. 当流体从高处向低处流动时，其能量转化关系是(　　)。

A. 静压能转化为动能　　B. 位能转化为动能

C. 位能转化为动能和静压能　　D. 动能转化为静压能和位能

24. 以圆管内流体流动为例，流体沿程阻力摩擦系数与(　　)无关。

A. 管长　　B. 管径

C. 管内壁粗糙度　　D. 流体流速

二、计算题

1. 某设备上真空表的读数为 13.3×10^3 Pa，试计算设备内的绝对压力与表压力。已知该设备安装地大气压为 98.3×10^3 Pa。(答：绝对压力＝8.54×10^4 Pa，表压力＝-13.3×10^4 Pa)

2. 某设备上装有两个 U 形管压差计，如图 1-74 所示。测得 $R_1=400$ mm，$R_2=50$ mm，指示液为水银，水银密度为 13.6×10^3 kg/m^3。为防止水银蒸汽向空间扩散，于右侧的 U 形管与大气连通的玻璃管内灌入一段水，其高度 $R_3=50$ mm。试求 A、B 两处的表压力。(答：$p_A=7.16\times10^3$ Pa，$p_B=6.05\times10^4$ Pa)

3. 用串联 U 形管压差计测量蒸汽锅炉水面上方的蒸汽压，如图 1-75 所示。U 形管压差计的指示液为水银，两 U 形管间的连接管内充满水。已知水银面与基准面的垂直距离分别为 $h_1=2.3$ m，$h_2=1.2$ m，$h_3=2.5$ m 及 $h_4=1.4$ m。锅炉中水面与基准面间的垂直距离 $h_5=3$ m。大气压 $p_a=99.3\times10^3$ Pa。试求锅炉上方蒸汽的绝对压力 p(分别以 Pa 和 kgf/cm^2 来计量)。(答：$p=3.64\times10^5$ Pa$=3.71$ kgf/cm^2)

学习笔记

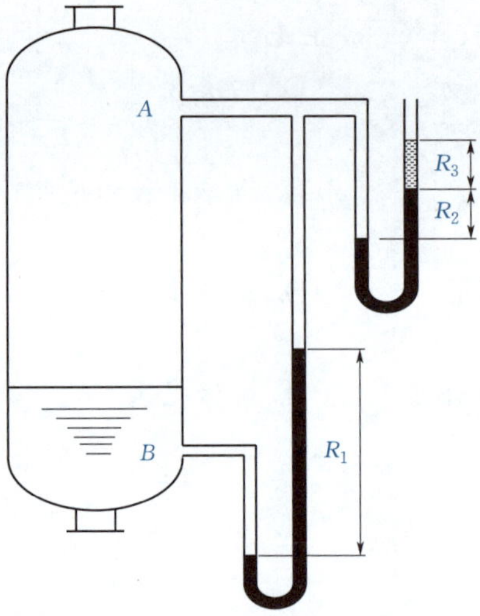

图 1-74　第 2 小题附图

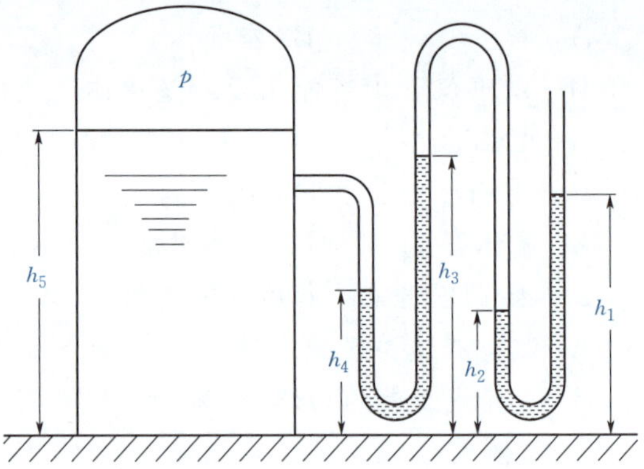

图 1-75　第 3 小题附图

4. 20 ℃的水以 2.5 m/s 的流速流经 ϕ38×2.5 mm 的水平管，此管通过锥形管与另一 ϕ57×3 mm 的水平管相连。试求：(1)水的体积流量；(2)水在大管段内的平均流速。(答：7.69 m^3/h；1.05 m/s)

5. 列管换热器的管束由 121 根 ϕ25×2.5 mm 的钢管组成。空气以 9 m/s 的速度在管束内流动。空气在管内的平均温度为 50 ℃、压力为 196×10^3 Pa(表压)，当地大气压 98.7×10^3 Pa。试求：(1)空气的质量流量；(2)操作条件下空气的体积流量；(3)将(2)的计算结果换算为标准状况下空气的体积流量。(答：1.09 kg/s；0.343 m^3/s；0.843 m^3/s)

6. 由空气预热器经两条同规格管道送往锅炉喷燃器的空气质量流量为 8 000 kg/h，空气温度为 400 ℃，管道截面尺寸为 400 mm×600 mm。标准状态下(0 ℃，101 325 Pa)空气密度为 1.29 kg/m^3，求管道中空气的平均流速。(答：8.85 m/s)

7. 在实验室中，用玻璃管输送 20 ℃的清水。管内径为 1.5 cm，流量为 10 kg/min。试计算雷诺数，并指出流型。(答：Re＝14 100，湍流)

8. 密度为 850 kg/m^3、黏度为 8×10^{-3} Pa·s 的液体在内径为 14 mm 的钢管内流动，液体的流速为 1 m/s。试计算雷诺准数，并指出流型。(答：Re＝1 487，层流)

9. 如图 1-76 所示，一直立圆管管径为 10 mm，出口处装有直径为 5 mm 的喷嘴，喷嘴中心离管道截面 1—1′处的高度为 3.6 m，从喷嘴排入大气的水流出口速度为 18 m/s，不计摩擦损失，试计算 1—1′截面处的表压力。(答：1.87×10^5 Pa)

10. 每小时将 2×10^4 kg 的溶液用泵从低位容器输送到高位槽，如图 1-77 所示。容器液面上方保持 26.7×10^3 Pa 的真空度，高位槽液面上方为大气压。管道为 ϕ76×4 mm 的钢管，总长为 50 m，管线上有两个全开的闸阀、一个孔板流量计(局部阻力系数为 4)、五个 90°标准弯头。容器内液面与管路出口的距离为 15 m。若泵的效率为 0.7，求泵的轴功率。已知溶液的密度为 1 073 kg/m^3，黏度为 6.3×10^{-4} Pa·s，管壁绝对粗糙度 ε 可取为 0.3 mm。(答：1.63 kW)

学习笔记

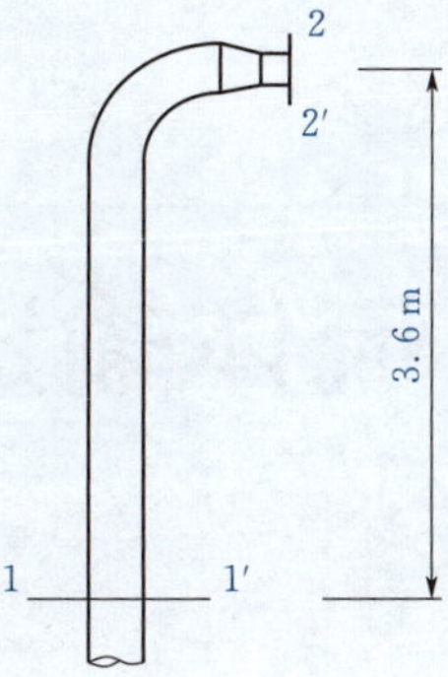

图 1-76　第 9 小题附图

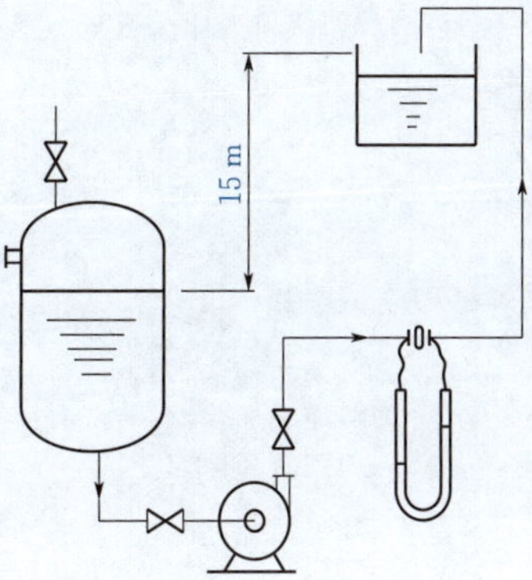

图 1-77　第 10 小题附图

模块二

流体输送设备

学习笔记

模块简介

本模块主要围绕泵、风机、压缩机三大类型流体机械展开。对于泵，重点介绍了离心泵工作原理、机械密封及密封辅助系统、特性参数与特性曲线、基本选型方法，并以案例形式给出了IS型清水泵选型设计计算过程；结合工程实践经验，总结了离心泵典型故障及处理方法。梳理了风机、压缩机基本概念，以及工作原理。对于通风机，重点介绍了离心式通风机性能参数、性能曲线，并给出了离心式通风机选型设计计算案例；对于离心式压缩机，则以石油化工行业催化裂化主风机为背景，介绍了一个总成设计案例，并总结了离心式压缩机典型故障及处理方法。

知识目标

(1)记忆流体机械基本分类；

(2)领会离心泵工作原理、基本结构、特性参数及特性曲线；

(3)领会离心泵轴封分类及基本选型；

(4)应用离心泵基本选型方法；

(5)记忆压缩机分类及工作原理；

(6)领会通风机基本选型方法；

(7)领会离心式压缩机性能特点及运行维护要点；

能力目标

(1)能进行简单机泵及泵用机械密封的选型；

(2)能正确地对离心泵进行开停机操作，并能辅助现场工程师进行典型故障诊断分析；

(3)能区分不同类型压缩机，并辅助完成风机选型；

(4)能辅助现场工程师进行离心式压缩机运行与维护、故障诊断分析。

素养目标

强化标准规范、安全规范意识；培养中庸人文底蕴，以及一丝不苟、精益求精的工匠精神。

在热能、石油化工等生产中，为了满足工艺条件的要求，常需把流体从一处送到另一处，有时还需提高流体的压强或将设备形成真空操作环境，这就需采用为流体

学习笔记

提供能量的输送设备。

为液体提供能量的输送设备称为泵；

为气体提供能量的输送设备称为风机及压缩机。

它们都是工厂最常用的通用设备，因此又称通用机械。

液体输送设备的种类很多，按照工作原理的不同，分为离心泵、往复泵、螺杆泵、齿轮泵、旋转泵与旋涡泵等几种。其中，以离心泵在生产上应用最为广泛。

知识延展

注册公用设备工程师是指通过《中华人民共和国注册公用设备工程师执业资格考试实施办法》和《注册公用设备工程师执业资格考核认定办法》的专业技术人员。

国家对从事公用设备专业性工程设计活动的专业技术人员实行执业资格注册管理制度。考试工作由人力资源和社会保障部负责，日常工作由全国勘察设计注册工程师管理委员会和全国勘察设计工程师公用设备专业管理委员会承担。

考试分为基础考试和专业考试。

（一）基础考试报名条件：

1. 取得本专业（指公用设备专业工程中的暖通空调、动力、给水排水专业），或相近专业大学本科及以上学历或学位。

2. 取得本专业或相近专业大学专科学历，累计从事公用设备专业工程设计工作满 1 年。

3. 取得其他工科专业大学本科及以上学历或学位，累计从事公用设备专业工程设计工作满 1 年。

（二）基础考试合格，并满足一定的从业年限，可申请参加专业考试。

输送和压缩气体的设备统称为气体压送机械，其作用与液体输送设备颇为类似，都是对流体作功，以提高流体的压强。

气体输送和压缩设备在化工生产中应用十分广泛，主要用于气体输送、产生高压气体和产生真空。

气体压送机械可按其出口气体的压强或压缩比来分类。

压送机械出口气体的压强称为终压。

压缩比是指压送机械出口与进口气体绝对压强的比值。

根据终压，大致将压送机械分为：

通风机：终压不大于 14.7×10^3 Pa（表压）；压缩比为 1～1.15；

鼓风机：终压为 $14.7\times10^3\sim294\times10^3$ Pa（表压），压缩比小于 4；

压缩机：终压在 294×10^3 Pa（表压）以上，压缩比大于 4；

真空泵：将低于大气压强的气体从容器或设备内抽至大气中。

此外，压送机械按其结构与工作原理又可分为离心式、往复式、旋转式等。

本模块将结合实际生产的特点，介绍流体输送机械的工作原理、基本构造与性能及有关计算，以达到能正确选择和使用的目的。最后，结合实际工程使用经验，总

学习笔记

结介绍机泵、压缩机组典型故障及处理。

专题一　离心泵

一、离心泵的工作原理和主要部件

视频

离心泵工作原理与内部结构

(一)离心泵的工作原理

离心泵的装置简图及实物如图 2-1 所示。

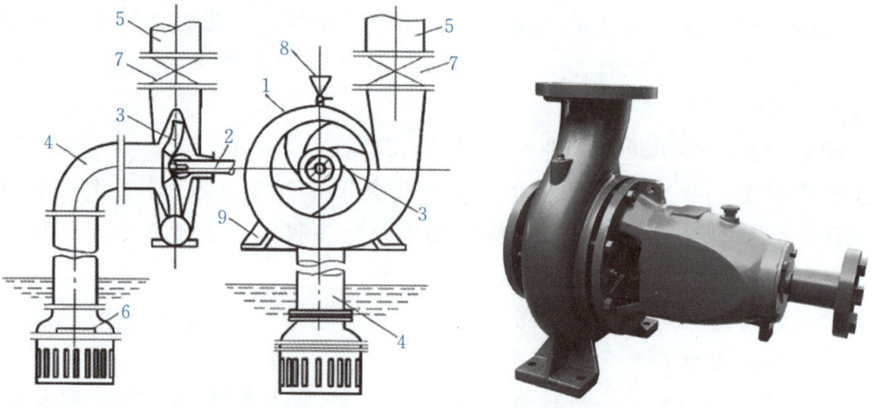

(a) 离心泵装置简图　　(b) 离心泵实物

1—泵壳；2—泵轴；3—叶轮；4—吸水管；5—排水管；6—底阀；
7—出口调节阀；8—灌水漏斗；9—泵座。

图 2-1　离心泵的装置简图及实物

离心泵的基本部件包括高速旋转的叶轮和固定的泵壳。具有若干弯曲叶片的叶轮安装在泵壳内,并紧固于泵轴上,泵轴一般由电动机带动旋转。泵壳中央的吸入口与吸入管路相连接,在吸入管路的底部装有单向底阀。泵壳切线方向的排出口与排出管路相连接,并在排出管路上装有调节阀。

离心泵在启动前需向泵壳内灌满被输送的液体。

启动电机后,泵轴带动叶轮一起旋转,充满叶片之间的液体也随着转动,在惯性离心力作用下,液体从叶轮中心被抛向外缘的过程中便获得了能量,使叶轮外缘的液体静压强提高,同时流速增大,一般可达 15～25 m/s,即液体的动能也有所增加。

液体离开叶轮进入泵壳后,由于泵壳中流道逐渐加宽,液体的流速逐渐降低,又将一部分动能转变为静压能,使泵出口处液体的压强进一步提高,于是液体以较高的压强,从泵的排出口进入排出管路,输送至所需的场所。

当泵内液体从叶轮中心被抛向外缘时,在叶轮中心处形成了低压区,由于贮槽液面上方的压强大于泵吸入口处的压强,在压强差的作用下,液体便经吸入管路连续地被吸入泵内,以补充被排出液体的位置。

由此可见,离心泵之所以能输送液体,主要是依靠高速旋转的叶轮。液体在离心力的作用下获得了能量以提高压强。

离心泵启动时,如果泵壳与吸入管路内没有充满液体,泵壳内存有空气,由于空气密度远小于液体的密度,产生的离心力小,因而叶轮中心处所形成的低压不足以

学习笔记

将贮槽内的液体吸入泵内。此时离心泵虽启动，但泵壳内未排净的气体束缚叶轮，使得叶轮失去输送液体的能力，此种现象称为气缚。这表明离心泵无自吸能力。

所以在离心泵启动前，必须向泵壳内灌满液体。

离心泵吸入管路进口处安装的单向底阀就是防止启动前所灌入的液体从泵内漏失；一般底阀还带有滤网，它可以阻拦液体中的固体物质被吸入泵内，以免损坏叶轮的叶片或者异物卡入叶轮流道，造成机泵旋转轴系统的静平衡或动平衡破坏，妨碍泵的正常操作。典型的单向底阀结构示意图如图 2-2 所示。

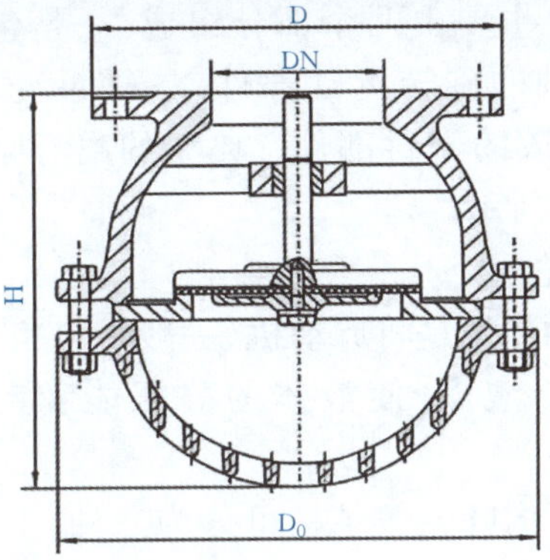

图 2-2 典型的单向底阀结构示意图

泵出口处排出管路上装的调节阀，主要供开车、停车及调节流量时使用。

拓展思考

1. 离心泵开机前一定都需要灌泵吗？

试想，如果输送的是易燃易爆，或者有毒的介质，能人工灌泵吗？显然是不可能的。那这个时候要能实现泵的正常启动，则必须对管道布置做一定的设计，例如，让泵的安装位置低于储液容器液面。这样，容器中的液体就会自流进入泵壳内，免去灌泵过程。石油化工中，精馏塔底部液体排出口就是一个这样的典型设计。典型的倒灌装置如图 2-3 所示。

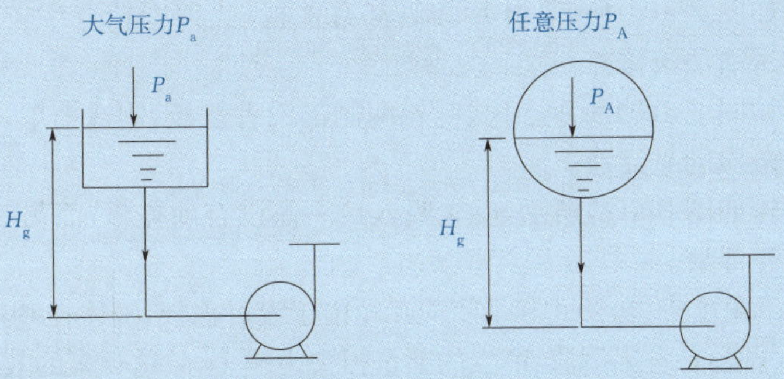

图 2-3 典型的倒灌装置

学习笔记

2. 离心泵吸水底阀在不同工艺过程中，一定是必需的吗？

对于一些管道循环泵，如暖通空调工程中冷冻水循环泵、冷却水循环泵，因为它们都是在一个相对封闭管网中运行，循环流动的介质杂质很少，且不需要罐泵，因而不需要吸水底阀，但是一般会在泵吸入口前端的管线上安装一个过滤器，尽量减少杂质吸入叶轮内。

(二)离心泵的主要部件

离心泵主要由两个部分组成：一是包括叶轮和泵轴的旋转运动部件；二是泵壳、轴承、轴封组成的密封部件。典型的离心泵结构如图 2-4 所示。

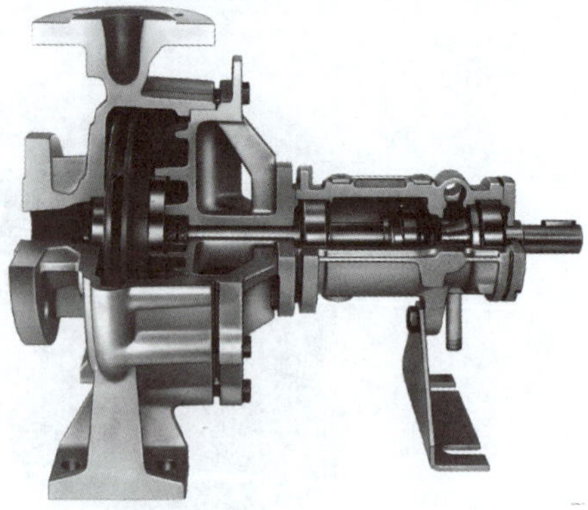

图 2-4　典型的离心泵结构

1. 叶轮

叶轮的作用是将原动机(一般是电机)的机械能传给液体，使液体的静压能和动能提高。

离心泵的叶轮按结构可分为三种：闭式、开式和半闭式，如图 2-5 所示。

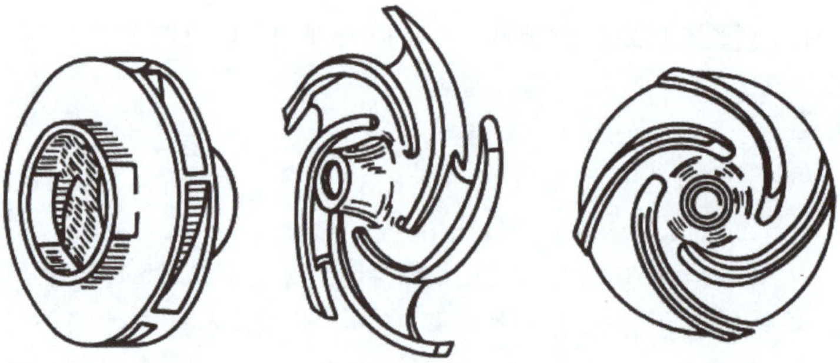

(a) 闭式　(b) 开式　(c) 半闭式

图 2-5　离心泵叶轮结构

闭式叶轮如图 2-5(a)所示，叶片两侧都有盖板，这种叶轮效率较高，应用最广，但只适用于输送清洁液体。

开式叶轮如图 2-5(b)所示，开式叶轮两侧都没有盖板，制造简单，效率较低。它适用于输送含杂质的悬浮液。

半闭式叶轮如图 2-5(c)所示，叶轮吸入口一侧没有前盖板，而另一侧有后盖板。它适用于输送悬浮液。

从泵的效率角度来讲，开式和半闭式叶轮由于没有盖板，液体在叶片之间流动时，湍动更加剧烈，更容易发生倒流，产生的能量损失也越多，故这类泵的效率相对较低。

闭式或半闭式叶轮在工作时，离开叶轮的一部分高压液体可漏入叶轮与泵壳之间的两侧空腔中，因叶轮前侧液体吸入口处为低压，故液体作用于叶轮前、后两侧的压力不等，便产生了指向叶轮吸入口侧的轴向推力。该力使叶轮向吸入口侧窜动，引起叶轮和泵壳接触处的磨损，严重时造成泵的振动，破坏泵的正常工作。为了平

学习笔记

衡轴向推力，最简单的方法是在叶轮后盖板上钻一些小孔。这些小孔称为平衡孔。它们的作用是使后盖板与泵壳之间空腔中的一部分高压液体漏到前侧的低压区，以减小叶轮两侧的压力差，从而平衡部分轴向推力，但同时也会降低泵的效率。

按吸液方式的不同，叶轮可分为单吸和双吸两种形式。

单吸式叶轮的结构简单，如图 2-6(a)所示，液体只能从叶轮一侧被吸入。

双吸式叶轮如图 2-6(b)所示，液体可同时从叶轮两侧吸入。显然，双吸式叶轮具有较大的吸液能力，而且基本上可以消除轴向推力。

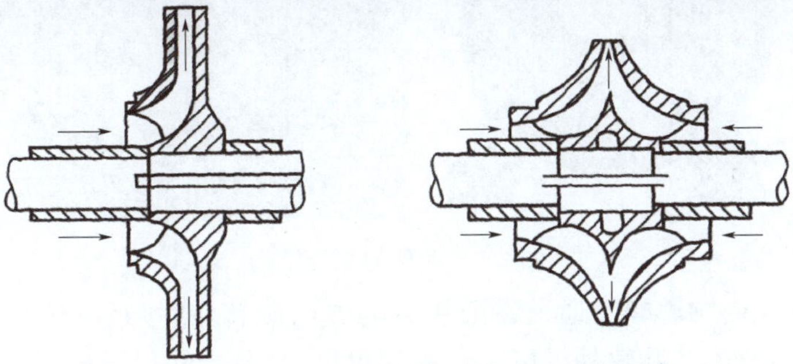

（a）单吸式　　（b）双吸式

图 2-6　单吸和双吸叶轮吸液方式

知识延展

叶轮整体结构多样，其叶片弯曲形式常见的也有三种，具体如图 2-7 所示。

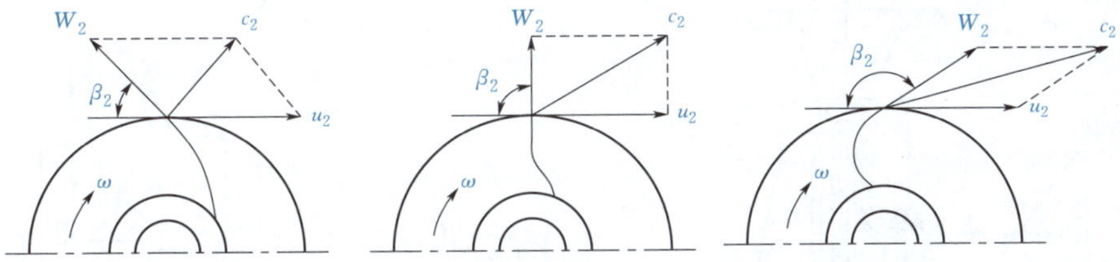

（a）后弯叶片　　（b）径向叶片　　（c）前弯叶片

图 2-7　叶片弯曲形式

图 2-7 中，ω 方向为叶轮旋转方向。根据流体流动角 β_2 的大小，可将叶片形状分为后弯、径向和前弯叶片。从外观上看，后弯叶片弯曲方向与叶轮旋转方向一致。当现场安装好泵进行调试时，要注意拖动电机的转向与泵要求的转向一致，否则叶轮反转将达不到输送流体的目的。若发生反转，对于三相电机，调整三相电机任意两根相线接线相序即可改变电机转向。

理论上，前弯叶片所产生的理论压头(离心泵的理论压头包括静压头和动压头两部分)最大，但是离心泵实际上多采用后弯叶片。对输送液体而言，希望获得的是静压头，而不是动压头。而前弯叶片获得的静压头不仅相对较后弯叶片低，而且因为液体出口绝对速度更大，导致液体在泵内产生的涡流更加剧烈，能量损失增大。因此，从提高离心泵经济性能指标的角度，更宜采用后弯叶片。

学习笔记

2. 泵壳

离心泵的泵壳，因壳内有一个截面逐渐扩大的蜗牛壳形通道，又称蜗壳，如图 2-8 所示。

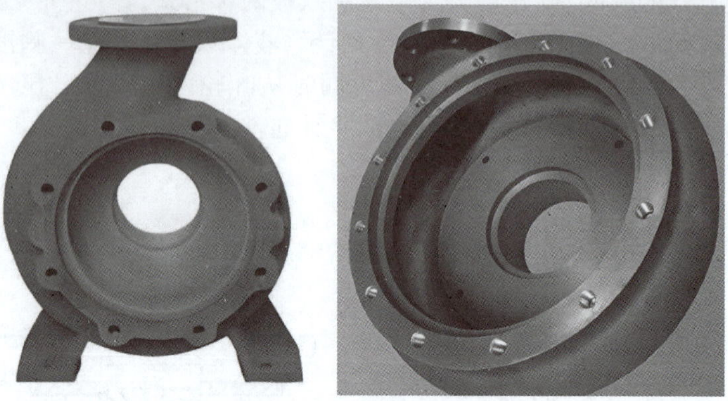

图 2-8　典型的泵壳结构

叶轮在泵壳内顺着蜗形通道逐渐扩大的方向旋转，愈接近液体出口，通道截面积愈大。因此，液体从叶轮外缘以高速被抛出后，沿泵壳的蜗形通道向排出口流动，流速便逐渐降低，减少了能量损失，且使部分动能有效地转变为静压能。所以，泵壳不仅作为一个汇集由叶轮抛出液体的部件，而且本身又是一个能量转换装置，将流体动能转换为静压能，即行业内俗称的流体扩腔，起到降速增压的作用。

为了减少液体直接进入蜗壳时的碰撞，在叶轮与泵壳之间有时还装有一个固定不动而带有螺旋叶片的圆盘，这个圆盘称为诱导轮，如图 2-9 所示。

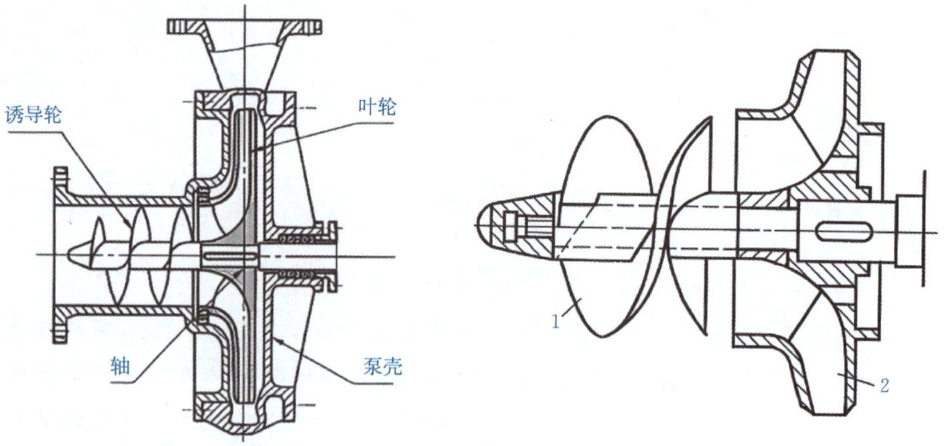

1—诱导轮；2—叶轮。

图 2-9　带前置诱导轮的离心泵及诱导轮实物

诱导轮具有很多逐渐转向的流道，使高速液体流过时能均匀而缓和地将动能转变为静压能，以减小能量损失。

3. 轴封装置

首先，结合图 2-10 思考，在旋转的泵轴和静止的腔体（泵壳）之间不做任何防护措施可以吗？

学习笔记

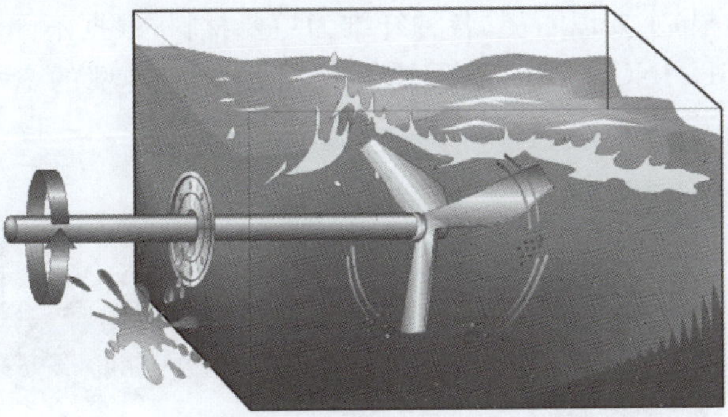

图 2-10 传动轴与壳体连接示意图

由于泵轴转动，泵轴穿过泵壳处必定会有间隙。为防止泵内高压液体（尤其是有毒、易燃易爆等不允许泄漏的液体）沿间隙漏出或外界空气漏入泵内，必须设置轴封装置。应该指出的是，轴封装置是机泵选型及技术方案文件中非常重要的一项内容。

常用的轴封装置有填料密封和机械密封两种。

根据合肥工业大学等单位在《机械密封选用手册》中的统计，70%～80%的工业用泵配备机械密封，机械密封产品已广泛应用于国民经济的各个工业领域，对安全生产、防止环境污染作出了重大贡献。但是在复杂的工业生产系统中，涉及种类繁多的工况条件。据统计，由密封引起的故障占全部机器故障的 40%以上，而机械密封的失效有 30%以上是由于选用参数、类型、结构及辅助系统等选型不当造成的。因此，正确选择使用机械密封是提高密封安全性的重要前提。

（1）填料密封装置

填料密封装置又称填料函，如图 2-11 所示。它主要由填料函壳、软填料和填料压盖等构成。软填料一般为浸油的或涂石墨的石棉绳等。用压盖将填料压紧在填料函壳和泵轴之间，以达到密封的作用。填料密封装置结构简单，但需经常维修，且功率消耗较大。因这种装置不能完全避免泄漏，故不宜用于输送易燃、易爆和有毒的液体。

密封填料也叫盘根（编制盘根），通常由较柔软的线状物编织而成，通过截面积是正方形的条状物填充在密封腔体内。正常填料密封的填料圈数为 3～6 圈（多为 4 圈），通过端盖压紧从而实现密封。填料密封最早是以棉麻等纤维塞在泄漏通道内来阻止液流泄漏，主要用作水泵或水利机械的轴封。由于填料来源广泛，加工容易，价格低廉，密封可靠，操作简单，所以沿用至今。如今盘根被广泛用于离心泵、压缩机、真空泵、搅拌机和船舶螺旋桨的转轴密封，活塞泵、往复压缩机、制冷机的往复运动轴封，以及各种阀门阀杆的旋动密封等。

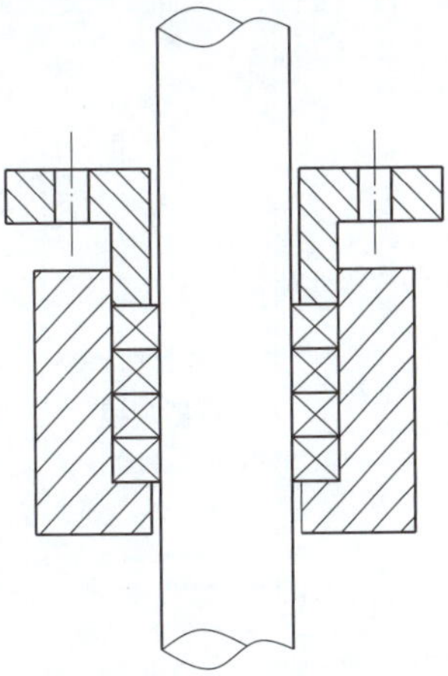

图 2-11 填料密封装置

(2)填料密封原理与选用

现在填料(盘根)主要以石墨、各种纤维为主要材料,根据不同的要求,采用碳纤维、铜丝、304、316L、INCONEL 合金丝等材料加强。典型的盘根外观如图 2-12 所示。

图 2-12 典型的盘根外观

盘根之所以能起到密封的作用,其原理主要在于迷宫效应和轴承效应。

盘根的迷宫效应是指,轴的表面平整程度无法达到微观水平,盘根和轴只能部分贴合而做不到完全贴合,在盘根和轴之间永远存在着极为微小的间隙,这些间隙就形成了迷宫带,介质在其中被多次节流,从而达到密封的作用。

盘根的轴承效应则是指,在盘根填料和轴之间,沿迷宫效应通道流出的细微介质会因为表面张力的作用形成一层液膜,使盘根填料和轴形成类似于滑动轴承的关系,这样盘根填料和轴就不会因为过度摩擦而出现磨损。

盘根填料所选择的制造材料,决定了盘根的密封效果,一般来说,盘根制造材料要受工作介质温度、压力及酸碱度的限制,且盘根所工作的机械设备的表面粗糙程度、偏心及线速度等,也会对盘根的材质选择有所要求。

盘根材料无论如何选择,都会具备一些基本的材质特点。盘根的制造材料应具备较好的化学稳定性、耐温性和不渗透性,以适应大部分的工作介质。同时,盘根材料要有较好的弹性及自润滑能力,且盘根的材料应价格适当、便于制造。典型的盘根及适用场合见表 2-1。

表 2-1 典型的盘根及适用场合

序号	盘 根 名 称	盘 根 图 片	主要特点及适用场合
1	1400-R/1400 石墨盘根	 	(1)分层石墨带交叉编织;用高强力的石墨纤维做骨架;钼基润滑起防腐作用;散热性强;不吸水、无固结现象。 (2)规格记忆力强;出众的密封性能使用在泵和阀;线速度 20 m/s;承受低温和高温(650 ℃);耐酸碱 0～14 pH;耐压达到 250 bar。 (3)用于锅炉给水泵和冷凝泵;热油和高温输送泵;大部分的阀密封

学习笔记

续上表

序号	盘根名称	盘根图片	主要特点及适用场合
2	477-1 碳纤维		(1)交叉编织的连续碳纤维(一般由腈纶纤维预氧化后编织);钼基润滑,防腐,防止阀门蚀损斑;耐高温、高压;独特的无机阻隔剂,可以防止气体和液体的穿透;低泄漏率;高含碳量(80%)。 (2)绝大部分阀密封的解决方案
3	1730 SC NOMEX 纤维	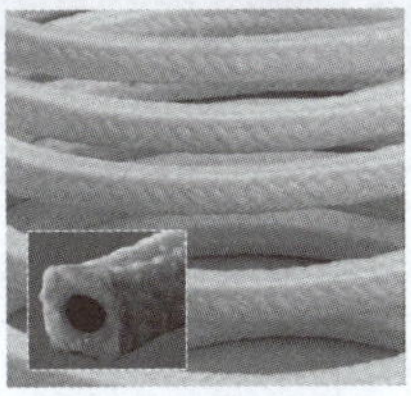	(1)高抗拉强度纤维;超强的抗挤出能力;抵抗热破裂;低磨损;持久丰富的硅润滑;弹性硅胶心,可弥补间隙;防止轴偏心产生泄漏;吸收振动。 (2)用于反应釜、搅拌器、陈旧泵等重载场合
4	1727 特种耐磨纤维 (纺纶纤维)		纺纶纤维的耐磨;浸润 PTFE 和特种润滑剂;类比石墨纤维的低摩擦系数;不吸水;高效的密封性

(3)密封填料长度的确定与切割

选择合适的盘根后,应用专门切割机械精确切割下所需长度的盘根环,典型的盘根切割设备如图 2-13 所示。一般所需盘根长度、截面积计算公式如下:

盘根长度 L=(轴径 d+盘根宽)×1.07×3.14

盘根截面=(填料箱直径-阀杆直径)/2

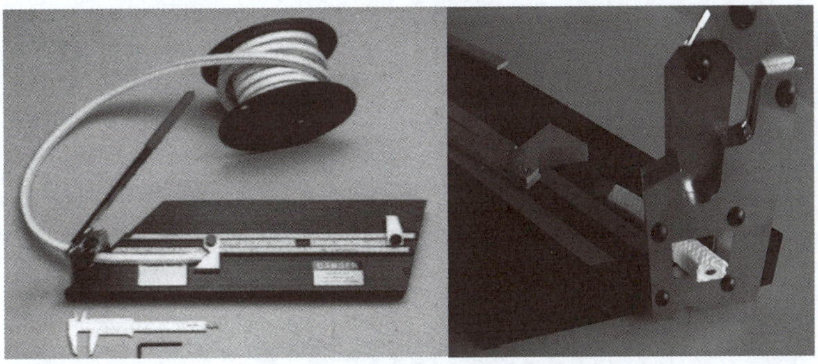

图 2-13 典型的盘根切割设备

若没有盘根切割机械,则根据盘根计算长度 L 进行切割。一般用于机泵旋转轴上时,切口用 90°直切割;用于阀门密封时采用 45°斜切割。注意:绝不要试图用盘根环绕填料箱来确定长度,或者将盘根环绕在和阀杆相同外径的管道上确定长度。切割时,应将盘根紧紧压制,但不可拉伸盘根。

所有需安装的盘根切割完毕后,在安装过程中,需将每圈填料的切口相互错开,其错开角度最少要达到 30°。

学习笔记

(4)机械密封装置及基本结构

机械密封装置基本结构示意图如图 2-14 所示。机械密封也称端面密封，它是在旋转设备中，由至少一对垂直于轴线的端面，在流体压力和补偿机构弹力(或磁力)的作用下及辅助密封的配合下，保持贴合并相对滑动而构成防止流体泄漏的装置。

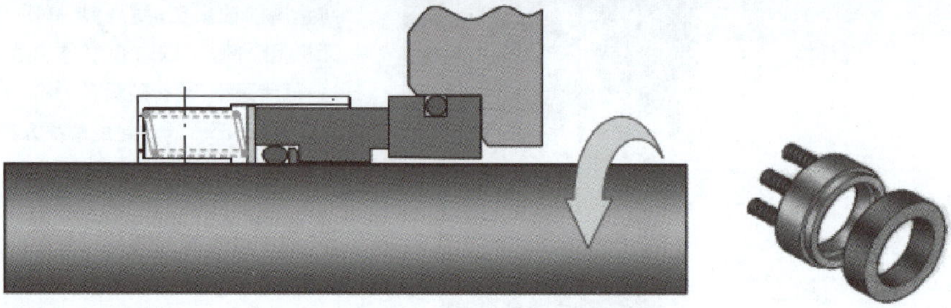

图 2-14 机械密封装置基本结构示意图

机械密封的种类很多，主要分类形式有以下六种：

按润滑类型——液膜接触湿密封、非接触密封(气膜和液膜)、干运转密封；

按结构类型——平衡型与非平衡型密封、单弹簧和多弹簧密封、波形弹簧密封；

按补偿型式——推进型与非推进型密封；

按运动方式——旋转式与静止式密封[按补偿机构(弹性元件)是否随轴转动]；

按安装型式——按动环在压盖内、外侧，可分为内装式(内流式)与外装式(外流式)密封；

按辅助密封型式——分成多个类型系列。

典型的机械密封结构示意图如图 2-15 所示。

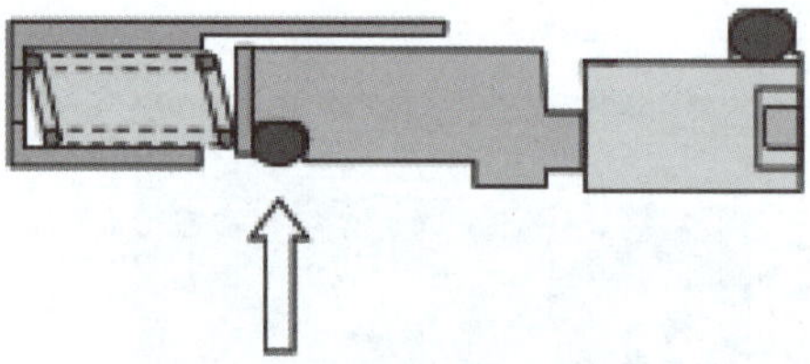

(a) 按补偿型式—推进式

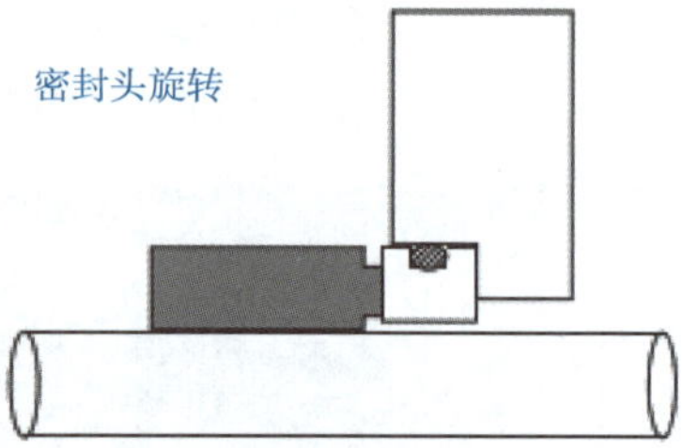

(b) 密封头旋转式

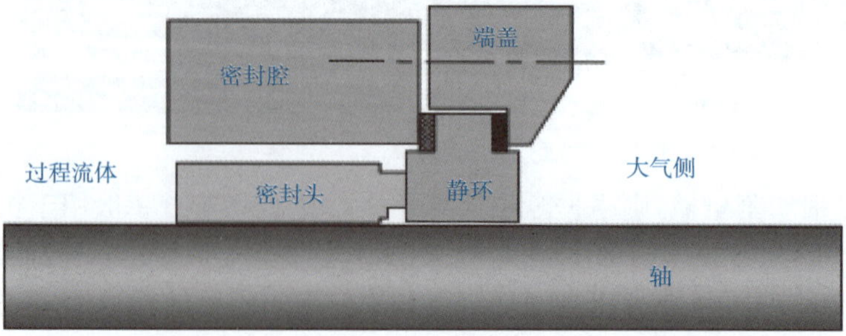

(c) 内装式

图 2-15 典型的机械密封结构示意图

学习笔记

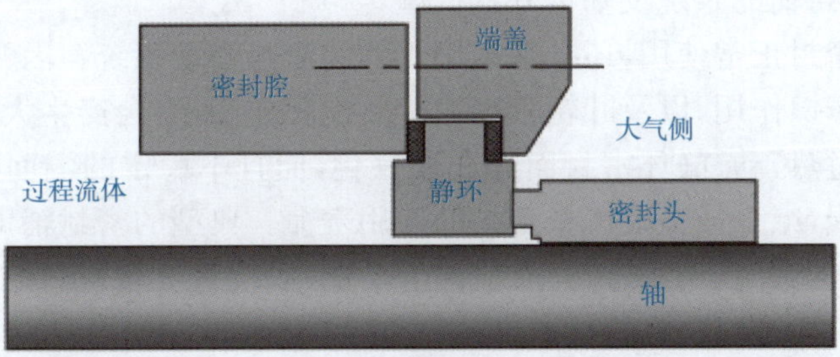

（d）外装式

图 2-15 典型的机械密封结构示意图（续）

机械密封主要由一个装在泵轴上的动环和另一固定在泵壳上的静环构成。两环的端面借弹簧力互相贴紧而起到密封作用。动环一般用硬质金属或硬质合金材料制成，静环用酚醛塑料、石墨或大理石等非金属材料制成。机械密封安装时，一般动环通过键、销、顶丝传动等方式与轴连接，从而与轴同步旋转，如图 2-16 所示。

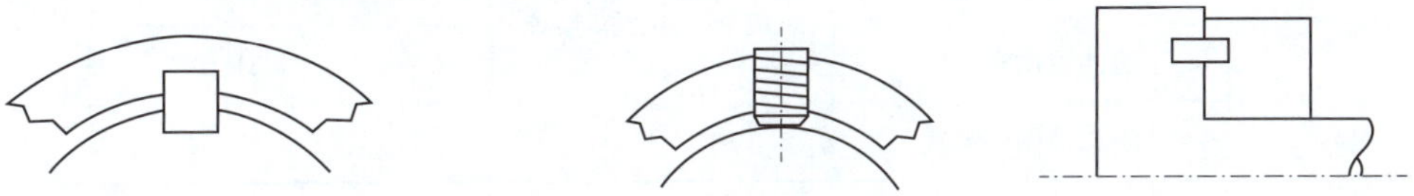

图 2-16 动环与泵轴连接形式

为保证机械良好的密封效果，要求动环、静环之间摩擦面要很好地研合，一般摩擦端面的加工平面度为 0.9 μm，并通过调整弹簧压力，在两摩擦面间形成一薄层液膜，液膜在摩擦面处平均厚度为 3～5 μm 且不连续，达到较好的润滑和密封的作用。机械密封装置的特点是性能优良、使用寿命长、功率消耗较小，但其部件的加工、安装要求高。它适用于输送酸、碱及易燃、易爆和有毒的液体。

拓展思考

机械密封能百分之百杜绝泄漏的发生吗？

机械密封效果良好，但是它依然不能完全避免泄漏，只不过泄漏不明显，在动静环液膜密封面边缘处，依然会有极少量的介质溢出，如图 2-17 所示。同时，在动环与轴、静环与壳体之间的辅助密封垫圈处也有可能产生极少量的泄漏。

图 2-17 机械密封动静环之间泄漏

学习笔记

(5)机械密封辅助系统及基本方案选型

要让机械密封正常使用,还必须选用正确的密封辅助系统。因为机械密封在动静环摩擦副的摩擦作用,以及叶轮轴高速旋转搅拌作用下,会产生大量的热,有可能造成密封材料过热,动、静环密封面处介质汽化,而且不稳定的端面条件,将加剧动静环表面的磨损,减少或丧失机械密封的使用寿命。典型的密封辅助系统主要包括冲洗、过滤、分离、调温、调压、防介质泄漏等功能,以改善机械密封的工作环境,保证机械密封的正常运行。

辅助系统选型可参考 API 682 机械密封的冲洗方案大全。根据石油化工等行业一般工程经验,典型的机械密封辅助系统可初步按表 2-2 进行选择。

表 2-2 辅助系统基本方案选型

序号	基本冲洗系统	执行标准	方案代号
1	介质冲洗	API 682 PLAN 系统	01、11、12、13、21、22、23、31、41
2	外流体冲洗		32、62
3	缓冲液循环系统		51、52
4	隔离液循环系统		53、54

(6)典型机械密封冲洗方案选用说明

典型的辅助系统示意图及基本说明,如图 2-18 和图 2-19 所示。

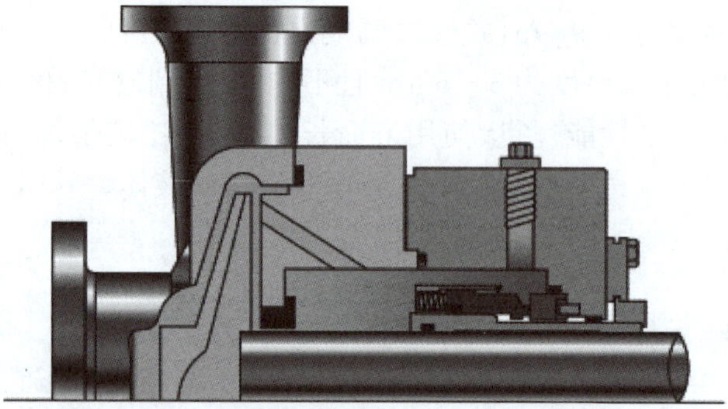

图 2-18 PLAN 01 结构示意图

PLAN 01:

方案描述:从泵出口处对密封腔进行内部冲洗;操作与 PLAN 11 方案类似。

采用原因:密封腔散热;卧式泵密封腔排气;降低液体在 PLAN 11 方案的暴露管道中冻结或聚合的风险。

应用场合:定制密封腔,与 ASME/ANSI 泵非常相像;清洁、温度适中的液体;与单密封件一起使用,极少与双密封件一起。

预防性维护:通常无法对密封端面进行直接冲洗,散热能力有限;冲洗流速基于通过内部孔板压头损失的计算。

PLAN 11:

方案描述:从泵出口经节流孔板对密封进行冲洗;默认单密封冲洗方案。

学习笔记

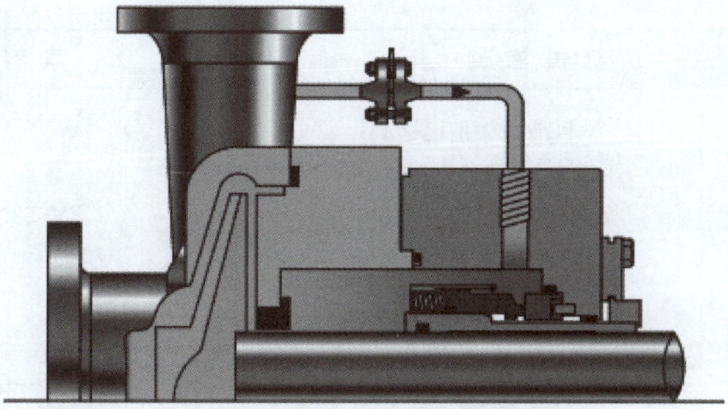

图 2-19 PLAN 11 结构示意图

采用原因：密封腔散热；卧式泵密封腔排气；增加密封腔压力和液体气化余量。

应用场合：一般应用于清洁液体；非聚合液体。

预防性维护：使用直径至少为 0.125 英寸（约合 3 mm）的节流孔板；计算流速来决定节流孔板的尺寸以满足密封腔流动；通过适当的节流孔板和喉部衬套的尺寸来增加气化余量；通过管道在机械密封正上方（卧式泵正上方约 12 点位置）将冲洗液引至密封端面。典型的故障模式是节流孔板堵塞—检查管道末端的温度。

注：其他辅助密封方案结构示意及相关说明详见参考资料 API Std 682《用于离心泵和回转泵的泵-轴封系统》。

（7）机械密封和填料密封对比

最后，对机械密封和填料密封做一个比较，具体见表 2-3。应予指出，近年来，随着磁能应用技术的发展，磁防漏技术已在流体输送机械中得到应用，借助加在泵壳内的磁性液体可达到密封和润滑的作用。

表 2-3 机械密封与填料密封对比

项目	机械密封		填料密封	
泄漏量	极少	一般泄漏量为 0.01～10 mL/h	多	一般泄漏量为 300～1 200 mL/h
寿命	长	一般能连续运转 1～2 年或更长	短	要定期更换填料和轴（轴套）
轴的磨损	几乎没有	轴（或轴套）局部（动环密封固外）有轻微磨损	有	轴（轴套）有磨损
调整	不要	自动进行调整，便于自动化运转	要	需经常压紧填料压盖，否则泄漏量增大
功率损失	小	摩擦面积小，摩擦系数亦小，功率损失约为填料密封的 1/3～1/10	大	填料与轴的摩擦面积大，摩擦系数亦大，功率损失大
耐震性	好	补偿性好	坏	在一般泵中，径向跳动大于 0.07～0.08 mm 时，泄漏增加
空间	短	不需要调整空间	长	需要调整空间

学习笔记

续上表

项目	机械密封		填料密封	
适用范围	广	目前最大值已达到： 转速(n)：24 700 r/min； 温度(t)：−190～+430 ℃； 压力(p)：29.4 MPa； 轴径(d)：270 mm； PV值：19.6 MPa·m/s	窄	PV<29.4～98 MPa·m/s 为减小泄漏，要尽量减少PV值
结构	复杂	零件多，要求精度高	简单	零件较少，要求精度低
安装	稍难	—	容易	—
维修性	不方便	需要拆开一部分或全部机器	方便	不需要拆开机器

二、离心泵的主要性能参数

为了正确选择满足特定工艺要求的离心泵，并能正确使用离心泵，需要了解离心泵的性能和它们之间的相互关系。

离心泵的主要性能可用相应的性能参数描述，主要有流量、扬程、效率和轴功率。这些参数一般都标注在泵的铭牌上，也是后续进行泵规格选取的主要依据。离心泵性能间的关系通常用特性曲线来表示。

(一)流量

泵的流量(又称送液能力)是指单位时间内泵所输送的液体体积。用符号 Q 表示，单位为 L/s 或 m^3/h。

离心泵的流量取决于泵的结构、尺寸(主要为叶轮的直径与叶片的宽度)和转速。同时应该注意，离心泵总是安装在特定的管路中，离心泵的实际流量还与管路的特性有关。比如，生活中见过抽水泵的同学，细心的话可能会发现，同一台泵，如果连接的管道越长，则实际输送的水流量就越小。

(二)扬程

泵的扬程(又称泵的压头)是指泵对单位重量(1 N)液体所提供的有效能量，用符号 H 表示，单位为 N·m/N=m(米)。

离心泵的扬程大小取决于泵的结构(如叶轮的直径、叶片的弯曲情况等)、转速及流量。

对一确定的泵，在指定的转速下，压头与流量之间具有一定的关系，一般二者成反比，流量越大，扬程越小。

泵的扬程可用实验方法测定，如图 2-20 所示。

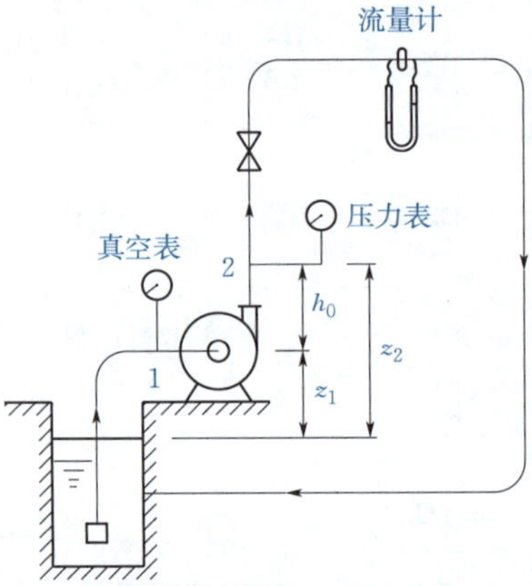

图 2-20　泵的扬程测定

在泵的进出口处分别安装真空表和压力表，在真空表与压力表之间列伯努利方程式，且以真

学习笔记

空表所在的泵入口截面为基准面，有

$$0+\frac{(-p_{V})}{\rho g}+\frac{u_1^2}{2g}+H=h_0+\frac{p_M}{\rho g}+\frac{u_2^2}{2g}+\sum H_f$$

或

$$H=h_0+\frac{p_M+p_V}{\rho g}+\frac{u_2^2-u_1^2}{2g}+\sum H_f \tag{2-1}$$

式中 p_M——压力表读出的压力(表压)，Pa；

p_V——真空表读出的真空度，Pa；

h_0——两截面间高度差，m。

u_1,u_2——吸入管、排出管中液体的流速，m/s；

$\sum H_f$——两截面间的压头损失，m。

由于两截面之间管路很短，其压头损失 $\sum H_f$ 可忽略不计，若以 H_M 及 H_V 分别表示压力表和真空表上的读数，单位以米液柱(表压)计；则式(2-1)可改写为

$$H=h_0+H_M+H_V+\frac{u_2^2-u_1^2}{2g} \tag{2-2}$$

知识延展

在管路设计确定泵规格过程中，最重要的就是确定泵的扬程。对于实际管路，泵规格事先是未知的，那么如何确定扬程呢？

扬程实验提供了一个很好的启发，如果在管路进出口之间列伯努利方程，并且得到管路进出口截面上的压力值(通常由工艺条件作为设计初始值确定)、位差、两截面间的总流动阻力，则可以快速解决扬程问题，后续将通过案例进一步强化。

(三)效率 η

在输送液体过程中，外界能量通过叶轮传给液体时，不可避免地会有能量损失，泵轴转动所作的功不能全部为液体所获得。通常用效率 η 来反映能量损失。

离心泵的能量损失主要包括以下三项：

1. 容积损失

容积损失是由于泵的泄漏造成的。有一部分获得能量的高压液体通过叶轮与泵壳之间的缝隙漏回吸入口，或从轴封处漏至泵壳外，也有从平衡孔漏回低压区。因此，从泵排出的实际流量要比理论排出流量低，其比值称为容积效率 η_1。一般闭式叶轮的容积效率在 0.85～0.95。

2. 水力损失

水力损失也称水头损失，黏性流体流经叶轮、泵壳时产生的摩擦阻力，以及流体在泵局部处因流速方向发生改变引起的环流和冲击而产生的局部阻力，统称水力损失。显然，水力损失与泵结构、流体流速、流体性质(黏度)、输送温度等因素有关，泵的水力效率 η_2 一般为 0.8～0.9。

学习笔记

3. 机械损失

机械损失是泵在运转时，在轴承、轴封装置等机械部件接触处，由于机械摩擦而消耗部分能量引起，可用机械效率 η_3 来反映这种损失，其值一般为 0.96～0.99。

离心泵的效率反映上述三项能量损失的总和，称为泵的总效率 η（简称效率）。因此，总效率可用上述三个效率的乘积表示，即

$$\eta=\eta_1\times\eta_2\times\eta_3 \tag{2-3}$$

对离心泵来说，一般小型泵的效率为 0.5～0.75，大型泵可达 0.90。应予指出，离心泵在一定转速下运转时，容积损失和机械损失可近似地视为与流量无关，但水力损失则随流量变化而改变。在水力损失中，摩擦阻力损失大致与流量的平方成正比。由定性分析可知，离心泵的效率在某一流量（对正确设计的泵，该流量与设计流量相符合）下达到最高，小于或大于该流量时，η 都将降低。通常将最高效率下的流量称为额定流量。

（四）轴功率

离心泵的轴功率是泵轴所需的功率。当泵直接由电动机带动时，电动机传给泵轴的功率即为轴功率，通常以 N 表示，单位为 J/s、W 或 kW。

另外一个容易混淆的概念是有效功率，它是指排送到管道的液体从叶轮所获得的实际有用功率，以 N_e 表示，它与实际流量、泵实际扬程及流体密度有关。由于泵本身存在前述三种能量损失，轴功率一定大于有效功率，且有

$$N=\frac{N_e}{\eta} \tag{2-4}$$

$$N_e=QH\rho g \tag{2-5}$$

式中　N_e——泵的有效功率，W；

Q——泵的流量，m^3/s；

H——泵的扬程，m；

ρ——液体的密度，kg/m^3；

g——重力加速度，m/s^2。

已知 $g=9.81\ m/s^2$，1 kW=1 000 W，则式(2-5)可用 kW 单位表示，即

$$N_e=QH\rho g=\frac{QH\rho\times 9.81}{1\,000}=\frac{QH\rho}{102} \tag{2-5a}$$

除特别说明以外，在机电产品样本中所列出的泵的轴功率均系指输送清水时的功率。

三、离心泵的特性曲线及性能影响因素

（一）离心泵的特性曲线

离心泵的主要性能参数是流量 Q、扬程 H、轴功率 N 及效率 η，其间的关系由实验测得。测出的一组关系曲线称为离心泵的特性曲线或工作性能曲线。此曲线由泵的制造厂提供，并附于泵样本或说明书中，供使用部门选泵和操作时参考。

学习笔记

离心泵的特性曲线一般由 H-Q、N-Q 及 η-Q 共三条曲线组成，如图 2-21 所示。特性曲线是在固定的转速下测出的，只适用于该转速，故特性曲线图上都注明转速 n 的数值。

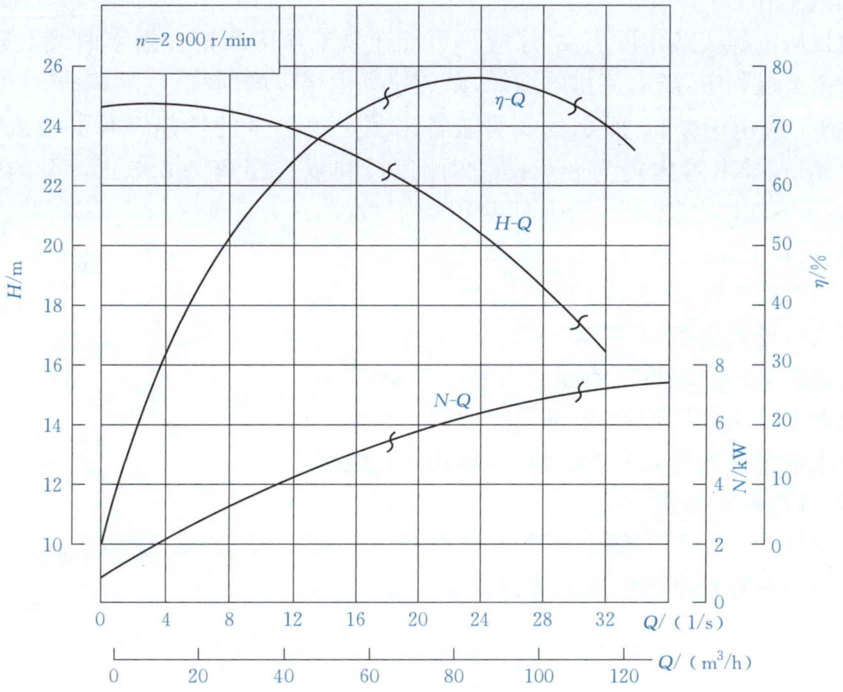

图 2-21 离心泵典型特性曲线

各种型号的离心泵有其本身独自的特性曲线，但它们都具有以下共同点：

1. H-Q 曲线

H-Q 曲线表示泵的流量 Q 和扬程 H 的关系。

离心泵的扬程在较大流量范围内是随流量增大而减小的。这是离心泵的一个重要特性。不同型号的离心泵，H-Q 曲线的形状有所不同。曲线较平坦，适用于扬程变化不大而流量变化较大的场合；曲线比较陡峭，适用于扬程变化范围大而不允许流量变化太大的场合。

2. N-Q 曲线

N-Q 曲线表示泵的流量 Q 和轴功率 N 的关系。

N 随 Q 的增大而增大。显然，当 $Q=0$ 时，泵轴消耗的功率最小。因此，启动离心泵时，为了减少启动功率，应将出口阀关闭，以减小启动电流保护电机。

3. η-Q 曲线

η-Q 曲线表示泵的流量 Q 和效率 η 的关系。

开始 η 随 Q 的增大而增大，达到最大值后，又随 Q 的增大而下降。该曲线最大值即为泵的效率最高点，通常称为设计点。

显然从日常运行角度，泵在最高效率点对应的流量、扬程下工作时最为经济，所以也把最高效率点对应的 Q、H、N 值称为最佳工况参数。离心泵铭牌上标出的性能参数，就是该泵在运行效率最高时的性能参数。

学习笔记

根据输送条件的要求，离心泵往往又不可能正好在最佳工况点下运转。因此在选择离心泵时，一般只能规定一个工作范围，称为泵的高效率区，通常为最高效率的92%左右，如图2-21中波折号所示的范围。选用离心泵时，应尽可能让泵在此范围内工作。

而且从工程实践角度出发，还应尽可能让泵工作区间落在效率曲线上升侧，即在流量调节过程中，随着流量的增加，泵的效率也相应增加。

例1 采用图2-20所示的实验装置来测定离心泵的性能。泵的吸入管内径为100 mm，排出管内径为80 mm，两测压口间垂直距离为0.5 m。泵的转速为2 900 r/min，以20 ℃清水为介质测得以下数据：

流量：15 L/s；

泵出口处表压：2.55×10^{5} Pa；

泵入口处真空度：2.67×10^{4} Pa；

功率表测得电动机所消耗的功率：6.2 kW；

泵由电动机直接带动，电动机的效率为93%。

试求该泵在输送条件下的压头、轴功率和效率。

解 (1)泵的扬程

真空计和压力表所在处的截面分别以1—1′和2—2′表示，在两截面间列以单位重量液体为衡算基准的伯努利方程式，即

$$z_1+\frac{p_1}{\rho g}+\frac{u_1^2}{2g}+H=z_2+\frac{p_2}{\rho g}+\frac{u_2^2}{2g}+H_f$$

其中：$z_2-z_1=0.5$ m， $p_1=-2.67\times10^{4}$ Pa(表压)， $p_2=2.55\times10^{5}$ Pa(表压)

$d_1=0.1$ m， $d_2=0.08$ m

$u_1=Q/(\pi d_1{}^2/4)=(4\times15\times10^{-3}/\pi\times0.1^2)$ m/s $=1.91$ m/s

$u_2=(4\times15\times10^{-3}/\pi\times0.08^2)$ m/s $=2.98$ m/s

两测压口间的管路很短，其间流动阻力可忽略不计，即 $H_f=0$。

故泵的扬程为

$$H=\left(0.5+\frac{2.55\times10^{3}+2.67\times10^{4}}{1\,000\times9.81}+\frac{2.98^2-1.91^2}{2\times9.81}\right)\text{m}=29.5\text{ m}$$

(2)泵的轴功率

功率表测得的功率为电动机的输入功率。由于泵为电动机直接带动，传动效率可视为100%，所以电动机的输出功率等于泵的轴功率。

因电动机本身消耗部分功率，其效率为93%，于是电动机输出功率为

电动机输入功率×电动机效率=6.2×0.93 kW=5.77 kW

泵的轴功率为 $N=5.77$ kW。

(3)泵的效率

按式(2-4)和式(2-5a)知 $\eta=\frac{QH\rho}{102\,N}=\frac{15\times29.5\times1\,000}{1\,000\times102\times5.77}\times100\%=75.2\%$

(二)离心泵性能的影响因素

泵的生产厂家提供的特性曲线均是针对特定型号的离心泵，在常压和一定的转速下，以常温的清水为工质测得的。影响离心泵性能的因素很多，主要包括液体的

性质(如密度和黏度)、泵的结构尺寸(如叶轮直径)和泵的转速等。当这些参数中的任一个发生变化时,均会改变泵的性能。因此,在离心泵使用中,必须根据实际工况,对泵的性能参数或特性曲线进行换算。

1. 液体物理性质的影响

(1)黏度的影响。所输送的液体黏度愈大,泵体内能量损失愈多。造成泵的扬程、流量都要减小,效率下降,而轴功率则要增大,亦即泵的特性曲线发生改变。一般当液体的运动黏度 ν 大于 20 cSt(厘沲,20 ℃时清水的运动黏度约为 1 cSt),离心泵的流量、扬程、效率需要进行换算。具体可参考文献[1],按"大流量离心泵的黏度换算系数"或者"小流量离心泵的黏度换算系数"查取换算系数。

(2)密度的影响。离心泵的压头、流量与液体的密度无关,则泵的效率也不随液体的密度而改变,所以 H-Q 与 η-Q 曲线保持不变。但泵的轴功率 N 随液体密度而改变,液体密度 ρ 越大,则轴功率 N 也越大。因此,当被输送液体的密度与水不同时,不能使用该泵原提供的 N-Q 曲线,而应按式(2-5)重新计算 N。

(3)溶质的影响。如果输送的液体是水溶液,浓度的改变必然影响液体的黏度和密度。浓度越高,与清水差别越大。浓度对离心泵特性曲线的影响,同样反映在黏度和密度上。对于常见的水溶液,从性质上讲一般都属于牛顿流体,则依然可以采用前面换算系数的方法进行换算。如果输送液体中含有悬浮物等固体物质,则泵特性曲线除受浓度的影响外,还受到固体物质的种类及粒度分布的影响。

2. 离心泵的转速对特性曲线的影响

离心泵的特性曲线是在一定转速下测定的,但在实际使用过程中,经常会碰到要改变转速的情况,如采用变频调节技术。

当离心泵转速变化不大时,通常认为转速变化小于±20%,可认为离心泵在不同转速下的效率基本相同。这也是采用变频调节技术,可以使离心泵运行期内更加节能的原因。

当转速由 n_1 改变为 n_2 时,其流量、压头及轴功率的近似关系为

$$\frac{Q_2}{Q_1}=\frac{n_2}{n_1},\quad \frac{H_2}{H_1}=\left(\frac{n_2}{n_1}\right)^2,\quad \frac{N_2}{N_1}=\left(\frac{n_2}{n_1}\right)^3 \tag{2-6}$$

式(2-6)也称离心泵比例定律。当转速变化小于 20%时,用式(2-6)进行泵的性能参数换算误差不大。

3. 叶轮直径对特性曲线的影响

已有的离心泵理论已经证明,离心泵转速一定时,其扬程、流量与叶轮直径有关。当叶轮直径 D 变化不大于±5%时,可认为离心泵效率保持不变。转速不变时,叶轮直径、流量、压头及轴功率之间的近似关系为

$$\frac{Q_2}{Q_1}=\frac{D_2}{D_1},\quad \frac{H_2}{H_1}=\left(\frac{D_2}{D_1}\right)^2,\quad \frac{N_2}{N_1}=\left(\frac{D_2}{D_1}\right)^3 \tag{2-7}$$

式(2-7)称为离心泵的切割定律。工程上经常采用切割叶轮直径的办法来调整机泵运行工艺参数,而且是最经济、最有效、最便捷及运用最广泛的机泵改造方案;通过改变电机转速也可以调节流量,但新购电机或增加电机调速系统都投入较大,一般非必要不采用这种方式调整。

如果工艺操作参数是多变值,那么设备选型的时候,就应该直接选用变频电机

学习笔记

来带动机泵工作，否则属于选型不当。

四、离心泵的汽蚀现象和安装高度

离心泵能连续吸入和输送液体是因为在叶轮入口处 1—1′截面产生了一个低压区。首先，结合图 2-22 及离心泵工作原理思考：以输送 20 ℃清水为例，若离心泵内最低压力值（实际绝对压力）小于 2 338 Pa（20℃时清水对应的饱和蒸汽压），会发生什么？

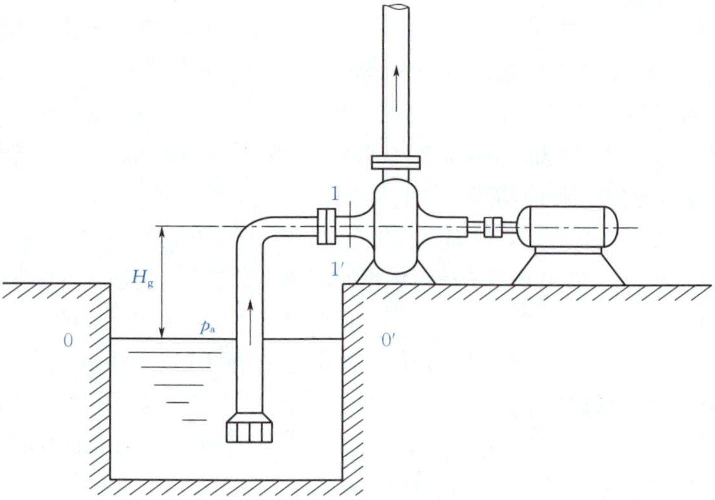

图 2-22 离心泵吸液示意图

如果压力低于 2 338 Pa，水相当于处于过热状态，一定会部分蒸发，产生气泡。

（一）汽蚀现象

离心泵叶轮入口处是泵内压力最低的地方，如果这个地方液体的实际压力等于或低于在该温度下液体的饱和蒸汽压力 p_v，就会有蒸汽从液体中大量逸出，形成许多蒸汽和气体混合物的气泡。

这些气泡随着叶轮流道往外进入高压区后，气泡又会急剧地凝结或破裂。因气泡的消失产生局部真空，此时原气泡周围的液体将以极高的速度流向原气泡占据的空间，如果气泡在金属表面附近破裂、凝结，则液体质点就像无数小弹头一样，连续打击在金属表面上。在压力很大、频率很高的连续打击下，金属表面会逐渐因疲劳而破坏，这种现象称为汽蚀现象。汽蚀是离心泵特有的一种现象，运行过程中应尽力避免。工程现场汽蚀和冲刷造成的叶轮破坏对比如图 2-23 所示。

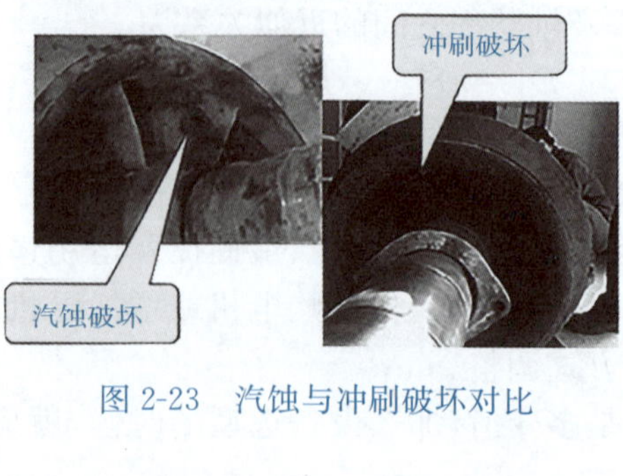

图 2-23 汽蚀与冲刷破坏对比

学习笔记

知识延展

关于汽蚀的几个数据：

(1)气泡凝结溃灭形成空穴，瞬间周围的液体以极高的速度向空穴冲击过来，造成液体相互撞击，这种撞击产生的局部压力有些可高达数百个大气压。

(2)叶轮壁面附近的空穴溃灭，使液体像无数小子弹一样打击金属表面，撞击频率可达2 000～3 000 Hz。

(3)气泡凝结溃灭时要放出凝结热量，局部温度可高达200～300 ℃，若流体中还夹杂有O_2等活性气体，更会加速金属腐蚀破坏。

(4)严重的气蚀可听到泵内有噼噼啪啪的声音。

汽蚀对离心泵有严重的危害性，主要体现在以下三方面：

(1)离心泵的性能下降，泵的流量、压头和效率均降低。若生成大量的气泡，则可能连带出现气缚现象。

(2)产生噪声和振动，对于有机械密封的泵，振动过大还将加速动静环磨损，从而影响离心泵的正常运行。

(3)泵壳和叶轮的材料遭受损坏，降低泵的使用寿命。

为了保证离心泵的正常操作，避免发生汽蚀，一般泵的安装位置不能太高(即泵的汽蚀余量应满足设备安装高度的要求)、输液温度也应适当控制，以保证泵入口处的压力大于输送温度下液体的饱和蒸气压。

(二)离心泵的抗汽蚀性能评价参数

一台泵在运行中发生汽蚀，但在相同条件下，换上另一台泵就不发生汽蚀；同一台泵用某一吸入装置(吸入管路)时发生汽蚀，但是改变吸入装置及泵安装位置，则泵不发生汽蚀。可见，泵是否发生汽蚀由泵本身和吸入装置两方面共同决定。

理论已经证明，离心泵内最低压力点通常位于叶轮叶片流道进口(注意不是泵的入口法兰处)稍后的位置附近，当该点的实际压力p_k小于等于输送温度下液体对应的饱和蒸气压p_v时，则泵发生汽蚀，显然$p_k=p_v$是泵发生汽蚀的界限。

离心泵的抗汽蚀性能(也称吸上性能)用汽蚀余量来表示，常用的参数主要有以下四个：有效汽蚀余量$NPSH_a$、临界汽蚀余量$NPSH_3$、泵必需汽蚀余量$NPSH_r$、许用汽蚀余量[NPSH]。

1. 有效汽蚀余量$NPSH_a$

它是用户现场(管道系统)实际运行参数。为防止汽蚀发生，离心泵入口法兰处(注意不是叶轮流道压力最低处)液体的静压头$p_1/\rho g$与动压头$u_1^2/2g$之和，必须大于操作温度下液体饱和蒸汽压头$p_v/\rho g$某一数值，此数值即为吸入装置的有效汽蚀余量$NPSH_a$。

$$NPSH_a=\frac{p_1}{\rho g}+\frac{u_1^2}{2g}-\frac{p_v}{\rho g} \tag{2-8}$$

式中 p_1——泵入口法兰处液体实际压力，Pa；

u_1——泵吸入管路液体的平均流速，m/s；

学习笔记

p_v——输送温度下液体对应的饱和蒸汽压，Pa。

显然有效汽蚀余量 $NPSH_a$ 与泵的结构无关，而且从汽蚀机理上分析，该值越大泵越不容易发生汽蚀。$NPSH_a$ 越大，流体在泵入口处超过汽化压头的能量越多，这样即使液体自泵法兰入口流向泵内最低压力点时有一定的压头损失，也能更大概率地确保液体在泵最低压力点的实际压力大于等于输送温度下液体对应的饱和蒸气压 p_v，避免发生汽蚀。

分析式(2-8)，还可以得到以下结论：

(1)当泵吸入管线自由液面上的压力、泵几何安装高度 H_g 和液体温度保持不变的情况下，当流量增加时，由于吸入管路中的流动损失与流量的平方成正比变化，所以使 $NPSH_a$ 随流量增加而减小。因而，当流量增加时，发生汽蚀的可能性增加。

(2)泵所输送的液体温度越高，对应的汽化压力越大，$NPSH_a$ 也越小，发生汽蚀的可能性就越大。

有效汽蚀余量数值的大小与自由液面的压力、吸入管路的几何安装高度、阻力损失、液体的性质和温度等有关。在条件允许的情况下，增大液面上方的压力、适当增大吸入管线规格(减小阻力损失)、降低输液温度都有利于提升抗汽蚀性能。

2. 临界汽蚀余量 $NPSH_3$

由上述分析可知，当 $NPSH_a$ 的值降低到使泵内压强最低点的液体压强等于该温度下的汽化压强时，即 $p_k=p_v$，液体开始汽化。

因此，这时的 $NPSH_a$ 就是使泵不发生汽蚀的临界值，称为临界汽蚀余量，用 $NPSH_3$ 表示，也有文献用 $NPSH_C$ 表示临界汽蚀余量。

该值一般由试验确定，其试验装置与扬程测量装置一致。试验方法是，在一固定流量下，通过关小吸入管上的调节阀，增大吸入管阻力损失，降低泵入口法兰处压力 p_1，使 $NPSH_a$ 降低，直至泵内刚好发生汽蚀。根据 GB/T 3216 定义，以泵的第一级叶轮扬程较正常值下降 3%时，作为泵开始发生汽蚀的依据。此时装置的汽蚀余量 $NPSH_a$ 数值上等于临界汽蚀余量，同时该值也等于泵必需的汽蚀余量 $NPSH_r$，即有

$$NPSH_3=(NPSH_a)_{min}=NPSH_r \tag{2-9}$$

3. 泵必需汽蚀余量 $NPSH_r$

如前所述，泵的吸入口并不是泵内压强最低的部位。液流进入泵后的能量变化如图 2-24 所示。

由图 2-24 可以看出，泵内压强最低点位于叶轮流道内紧靠叶片进口边缘的 K 点处。这主要是因为，从泵吸入口到叶轮进口流道的过流面积一般是收缩的，所以在流量一定的情况下，液流的流速要升高，因而静压强相应地降低；当液流流入叶轮流道，在绕流叶片头部时，液流急剧转弯，流速加大，这在叶片背面 K 点处更为显著，造成液体在 K 点的压强 p_K 急剧降低；以上的流速大小、方向变化均会带来流动损失和速度分布不均匀，消耗掉部分静压能，使液体压强降低。因此，只有 K 处的压强 p_K 大于汽化压强 p_v 时，才能防止泵内汽蚀的发生。所以把自泵吸入口截面 $S—S$ 到泵内压强最低点的总压降(总能量损失)称为泵必需汽蚀余量，用 $NPSH_r$ 表示。它是离心泵重要的性能参数。

学习笔记

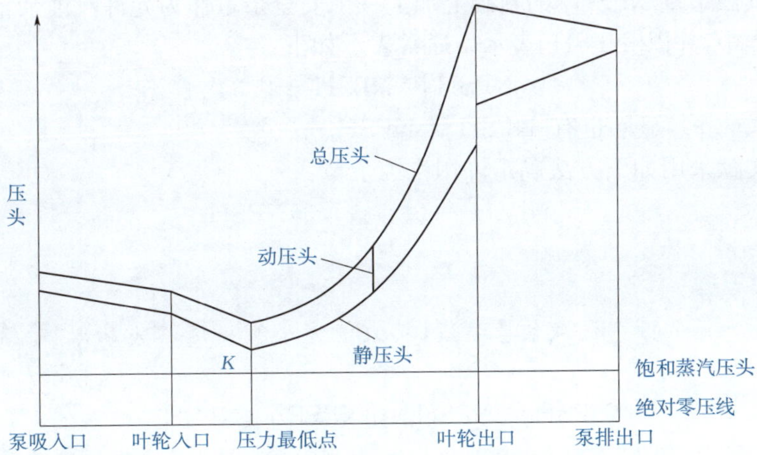

图 2-24 离心泵内的压力变化

显然，泵内最低点压力 p_K 比泵入口法兰处压力 p_1 值降低愈少，则 $NPSH_r$ 值愈小，泵愈不易发生汽蚀。决定 $NPSH_r$ 值的主要因素是泵吸入室和叶轮进口处的几何形状及流速大小，与吸入管路无关，而只与泵的结构有关，故又称泵汽蚀余量。泵 $NPSH_r$ 越小，表明该泵防汽蚀的性能越好。同一台泵，若流量增加，液体在泵内流动损失越大，必需汽蚀余量也增加。

$NPSH_r$ 通常由泵制造厂通过试验测出，并在泵的样本性能表中给出，以供用户选择使用。泵的性能参数示例见表 2-4。

表 2-4 ISW 型离心泵性能参数表（摘选）

型号	流量		扬程	效率	转速	电机功率	汽蚀余量	质量
	/(m^3/h)	/(L/s)	/m	/%	/(r/min)	/kW	$NPSH_r$/m	/kg
ISW80-160	35	9.72	35	63	2 900	7.5	3	105
	50	13.9	32	71				
	65	18.1	28	70				
ISW80-160A	32.7	9.1	30.6	62	2 900	5.5	3	105
	46.7	13	28	70				
	61	16.9	24	69				

应予指出，泵性能表给出的 $NPSH_r$ 是按输送 20 ℃清水测定得到的。当输送其他液体时，应予以修正。但因校正系数一般小于 1，故通常也将它作为外加的安全因素，不再校正。

4. 许用汽蚀余量[NPSH]

该参数通常作为设计院的选型参数使用。由式(2-8)及临界汽蚀余量 $NPSH_3$、泵必需的汽蚀余量 $NPSH_r$ 定义分析，当临界汽蚀余量小于泵必需汽蚀余量，即

$$NPSH_3=(NPSH_a)_{min}\leqslant NPSH_r$$

必有 $p_k\leqslant p_v$，泵内将发生汽蚀，这显然不允许。为了避免泵内汽蚀的发生，常

学习笔记

常在临界汽蚀余量$NPSH_3$的基础上加上一个安全余量作为允许汽蚀余量而载入泵的产品样本中，并以[NPSH]表示。通常表示如下：

$$[NPSH]=NPSH_3+0.3 \tag{2-10}$$

结合式(2-9)，显然也有$[NPSH]=NPSH_r+0.3$

部分文献采用如下方法确定许用汽蚀余量：

$$[NPSH]=(1.1\sim1.3)NPSH_3$$

拓展思考

前面介绍的四个汽蚀余量参数，其数值大小有一定的关系，你能给它们排个序吗？

$$NPSH_3\leqslant NPSH_r\leqslant[NPSH]\leqslant NPSH_a$$

$NPSH_a$、$NPSH_3$实际都是装置汽蚀余量，物理意义是泵进口法兰处液体的能量超出液体汽化压头的值，二者的关系为：$NPSH_3$是$NPSH_a$的最小值；

$NPSH_r$是泵必需的汽蚀余量，物理意义是液体从泵入口法兰至叶轮叶片入口附近的压降。

离心泵要正常运行，实际可认为是用泵入口法兰处液体超出汽化压头的能量$NPSH_a$，来弥补泵内液体流动产生的能量损失$NPSH_r$，只有泵入口处的富余量足以补偿内部损失，即$NPSH_r\leqslant NPSH_a$，才能保证流体在叶轮叶片入口附近的实际压力依然大于汽化压力，从而有效避免汽蚀的发生。

(三)提高离心泵抗汽蚀性能的基本措施

提高离心泵抗汽蚀性能有两种措施：一种是改进泵本身的结构参数或结构形式，使泵具有尽可能小的必需汽蚀余量$NPSH_r$；另一种是合理地设计泵前装置及其安装位置，使泵入口处具有足够大的有效汽蚀余量$NPSH_a$，以防止发生汽蚀。

1. 提高离心泵本身抗汽蚀的性能

(1)改进泵的吸入口至叶轮叶片入口附近的结构设计，如适当加大叶轮吸入口处的直径D_0、减小轮毂直径d、加大叶片入口边的宽度b等。

(2)采用前置诱导轮，如图2-25所示，离心泵叶轮之前加装诱导轮，一方面，诱导轮可对其后的离心叶轮起加压作用，并在离心叶轮进口处造成一个强制预旋，使离心叶轮进口处的相对速度比未装诱导轮时小，从而降低离心叶轮的必需汽蚀余量；另一方面，由于诱导轮的流道宽而长，而且是轴向的，因此，在诱导轮外缘处因相对速度较大而形成气泡时，气泡只能沿轴向在外缘运动。此时，运动的气泡在诱导轮流道内因液体压强的升高而溃灭，这样就限制了气泡的发展，不易造成整个流道的阻塞。

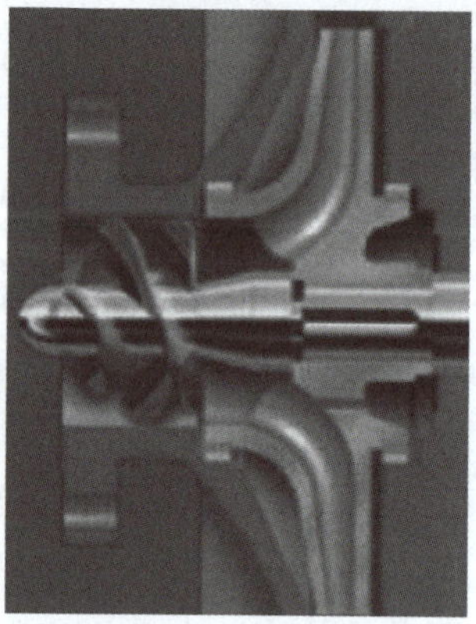

图2-25　离心泵前置诱导轮

(3)采用双吸式叶轮，让液流从叶轮两侧同时进入叶轮，则进口截面增加一倍，进口流速可减小一半，从而使泵的必需汽蚀余量变为单吸叶轮必需汽蚀余量的0.63。

学习笔记

(4)采用抗汽蚀的材料。如受使用条件所限不可能完全避免汽蚀时，应选用抗汽蚀性能强的材料制造叶轮，以延长使用寿命。常用的材料有铝铁青铜、不锈钢、稀土合金铸铁和高镍铬合金等。实践证明，材料的强度、硬度、韧性越高，化学稳定性越好，抗汽蚀的性能越强。

上述策略中，第(2)～(4)条在泵选型时可以作为技术方案条件提出，让泵厂家优化设计。

2. 提高进液装置汽蚀余量的措施

(1)增加泵前储液容器中液面上方的压力 p_A 来提高 $NPSH_a$，如图 2-26(a)所示。如为储液池，则液面上的压力为大气压 p_a，即 $p_A=p_a$，如图 2-26(b)所示，这样 p_A 就无法加以调整了。

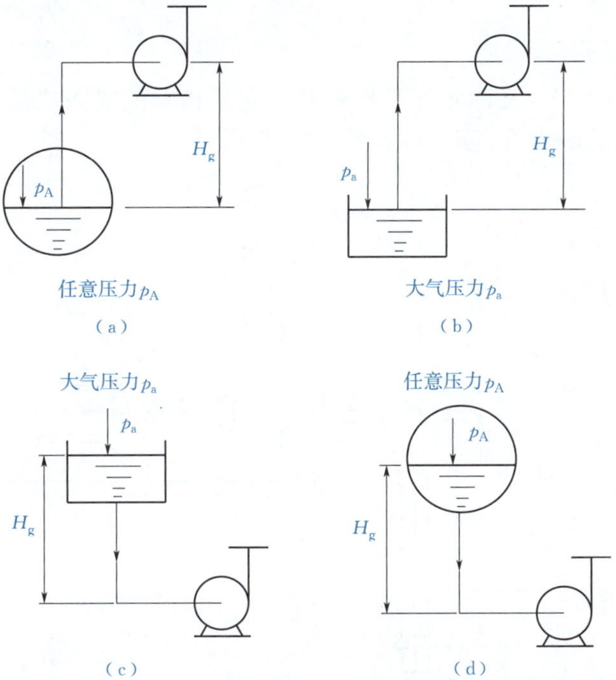

图 2-26 提高进液装置汽蚀余量配管方案

(2)减小泵前吸上装置的安装高度 H_g，可显著提高 $NPSH_a$。这是防止泵发生汽蚀最易于实施的重要措施之一。一台给定的泵，具体安装高度有详细的计算公式，将在后续内容中予以介绍。

(3)将吸上装置改为倒灌装置，如图 2-26(c)所示，并增加倒灌装置的安装高度，可显著提高 $NPSH_a$。若再改为储液罐并提高液面压力 p_A，如图 2-26(d)所示，则还可提高 $NPSH_a$。例如，石油化工中精馏塔塔底的流出口就是典型的倒灌设计。

(4)减小泵前管路上的流动损失，亦可提高 $NPSH_a$。例如，缩短管路，适当增大管径减小管路中的流速，尽量减少弯管或阀门，或尽量加大阀门开度等，可减小管路中的沿程阻力损失和局部阻力损失。这些均可提高 $NPSH_a$。

3. 运行中防止汽蚀的措施

(1)泵应在规定转速下运行。如果泵在超过规定的转速下运行，根据泵的汽蚀相似定律可知，当转速增加时，泵的必需汽蚀余量成平方增加，则泵的抗汽蚀性能将

学习笔记

显著降低。这点在离心泵变频调节中需要格外注意。

(2)不允许用泵的吸入系统上的阀门调节流量。泵在运行时,如果采用吸入系统上的阀调节流量,将导致吸入管路的水头损失增大,从而降低装置的有效汽蚀余量。

(3)泵在运行时,如果发生汽蚀,可以设法把流量调节到较小流量处;若有可能,也可通过变频降低转速。

以上这些措施应结合泵的选型、选材和泵的使用现场等条件,综合分析,适当加以选用;另外,要求从泵的最小连续稳定流量至额定点流量范围内,有效汽蚀余量 $NPSH_a$ 都应大于必需汽蚀余量 $NPSH_r$ 10%以上,且不得小于 1 m。当泵的吸入口压力为负压时,有效汽蚀余量 $NPSH_a$ 应大于必需汽蚀余量 $NPSH_r$ 至少 2 m,如此才能保证机泵设备不易产生汽蚀。

(四)离心泵的安装高度

允许吸上高度 H_g(又称允许安装高度),它是指泵的吸入法兰口与吸入贮槽液面间可允许达到的最大垂直距离,如图 2-27 所示。

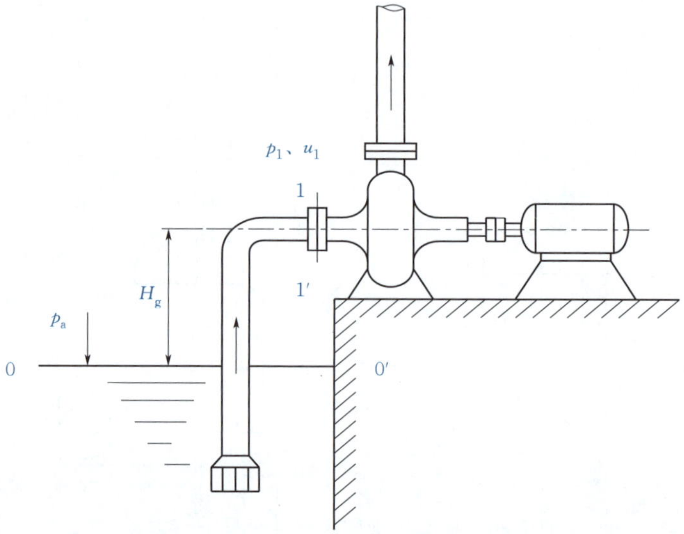

图 2-27 离心泵安装高度示意图

根据汽蚀发生机理以及防汽蚀措施,为避免发生汽蚀,离心泵的允许安装高度有一个上限值,现结合泵必需汽蚀余量 $NPSH_r$ 介绍这种计算方法,推导过程略去不计,具体计算公式如下:

$$H_g=\frac{p_0-p_v}{\rho g}-NPSH_r-H_{f,0-1} \tag{2-11}$$

式中 $H_{f,0-1}$——吸入管线上总压头损失,按沿程损失和局部损失累加,m;

p_0——储液槽液面上方压力,Pa;

p_v——输送温度下,对应的流体饱和蒸汽压,Pa;

$NPSH_r$——泵的必需气蚀余量,按泵的样本参数表确定,m;

ρ——流体的密度,kg/m^3;

g——重力加速度,9.81 m/s^2。

学习笔记

为安全起见，实际安装高度应比 H_g 小 0.5～1 m。

例2 用 ISW80-160 型清水泵从敞口槽中将水送到它处，槽内水位恒定，输送量为 50 m^3/h，如图 2-28 所示。在额定流量下吸入管路的总压头损失为 1 m，液体在吸入管路中的动压头可忽略。试计算：输送 20 ℃水时，泵的安装高度。泵的性能参数见表 2-4，水的蒸汽压表见表 2-5。

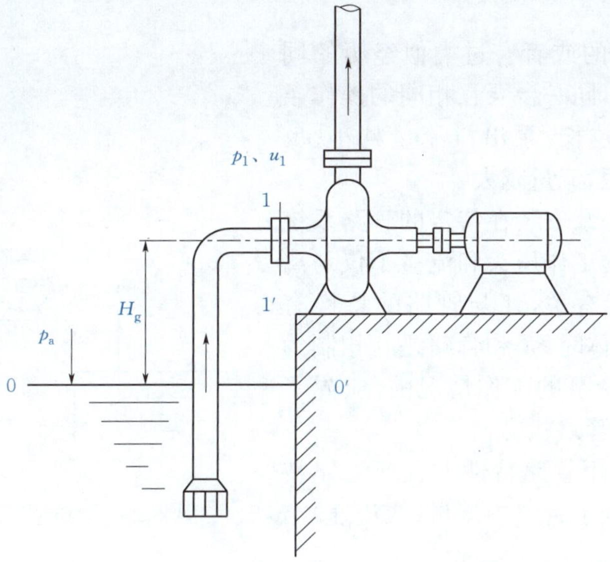

图 2-28 例 2 附表

表 2-5 例 2 附图

温 度/℃	压 力/kPa
10	1.226
15	1.706
20	2.338
25	3.168

解 根据已知数据表，查得 20 ℃时，水的蒸汽压 p_v＝2 338 Pa，泵的必需气蚀余量 $NPSH_r$＝3 m，$H_{f,0-1}$＝1 m，p_0＝101 330 Pa。

根据 $H_g=\frac{p_0-p_v}{\rho g}-NPSH_r-H_{f,0-1}$，可得

$$H_g=\left(\frac{101\,330-2\,338}{1\,000\times 10}-3-1\right)\text{m}=5.9\text{ m}$$

考虑 0.5～1 m 安全余量，泵实际安装高度应小于 5 m。

注意：上述计算中，泵厂家提供的必需气蚀余量 $NPSH_r$ 试验条件为 20 ℃、以清水为介质进行，如果输送介质、输送温度发生变化，相应的 $NPSH_r$ 也应根据泵厂家提供的技术文件进行修正。

学习笔记

五、离心泵的工作点与流量调节

(一)管路特性曲线

先假想一个图 2-29 所示的场景：一台额定流量 30 m^3/h 的 IS 系列清水泵，安装在两个管线长度不同的管路系统中，出口调节阀都保持全开，泵出口流量能都维持在 30 m^3/h 吗？

生活中细心的或者有过类似经历的同学可能已经发现，同一台泵在相同的操作条件下，输送管线越长，泵出口流量越小；反之，输送管线越短，流量越大。

可见，当离心泵安装在特定的管路系统中工作时，实际的工作压头和流量不仅与离心泵本身的性能有关，还与管路的特性有关。即在输送液体时，泵和管路是互相制约的。所以，在讨论泵的工作情况前，应先了解与之相联系的管路状况。

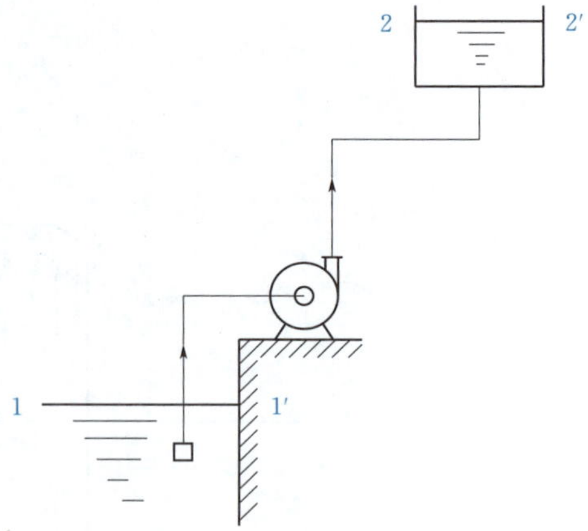

图 2-29　管路输送系统示意图

管路特性可用管路特性方程或管路特性曲线表达，它表示管路中流量(或流速)与所需压头的关系。

1. 管路特性方程和特性曲线

在图 2-29 所示的输送系统中，若贮槽与受液槽的液面均保持恒定，液体流过管路系统时所需的压头(即要求泵提供的压头)，可由图中所示的截面 1—1′与 2—2′间列伯努利方程式求得，即有

$$H_e=(z_2-z_1)+\frac{p_2-p_1}{\rho g}+\frac{u_2^2-u_1^2}{2g}+H_f$$

在特定的管路系统中，稳态条件下，上式中(z_2-z_1)和$\frac{p_2-p_1}{\rho g}$均为常数，可用符号 A 表示。

若储液槽与受液槽的截面都很大，该处流速与管路中流速相比可忽略不计，则$\frac{u_2^2-u_1^2}{2g}\approx 0$，上式可简化为

$$H_e=A+H_f \tag{2-12}$$

若输送管路的管径均一，则此式中压头损失 H_f 可表示为

$$\begin{aligned}H_f&=\lambda\left(\frac{l+\sum l_e}{d}\right)\frac{u^2}{2g}\\&=\lambda\left(\frac{l+\sum l_e}{d}\right)\left(\frac{1}{2g}\right)\left(\frac{Q}{\frac{\pi}{4}d^2}\right)^2\\&=\lambda\left(\frac{8}{\pi^2 g}\right)\left(\frac{l+\sum l_e}{d^5}\right)Q^2\end{aligned} \tag{2-13}$$

学习笔记

式中 Q——管路系统的流量，m^3/s。

对于特定的管路系统，l、l_e、d 均为定值，湍流时摩擦系数 λ 的变化也很小（λ 由莫迪图查取，与雷诺数 $Re=\frac{\rho du}{\mu}$ 有关，结合流速流量方程，显然 λ 也是流量 Q 的函数，但其变化一般为 0.02～0.03），因而完全可认为系数 $\lambda\left(\frac{8}{\pi^2 g}\right)\left(\frac{l+\sum l_e}{d^5}\right)$ 也为一个常数 B，即

$$\lambda\left(\frac{8}{\pi^2 g}\right)\left(\frac{l+\sum l_e}{d^5}\right)=B$$

则式(2-12)简化为

$$H_e=A+BQ^2 \tag{2-14}$$

由式(2-14)可知，在特定管路中输送液体时，管路所需的压头 H_e 随液体流量 Q 的平方而变化。

将式(2-14)的关系描绘在坐标图上，如图 2-30 所示。图中 H-Q 曲线（截距为 A）称为管路特性曲线。

管路特性曲线表示在特定的管路中，于固定的操作条件下，流体流经该管路时所需的压头 H_e 随流量 Q 的变化关系。此线的形状与管路布置及操作条件有关，而与泵的性能无关。

2. 离心泵的工作点

输送液体是靠泵和管路相互配合完成的，二者相互制约。离心泵在管路中运行时，泵所能提供的流量及压头应与管路所需的数值一致。

此时安装在管路中的离心泵的工作点必须同时满足泵的特性方程及管路特性方程，即

泵特性方程 $H=f(Q)$

管路特性方程 $H_e=A+BQ^2$

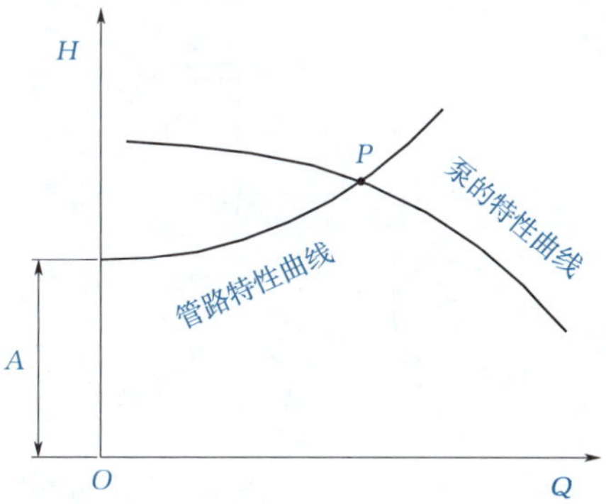

图 2-30 离心泵的实际工作点

联立上述两方程，所解得的流量和压头即为泵实际工作点。如图 2-30 所示，将离心泵的流量-扬程曲线与管路特性曲线标绘在同一坐标图上，两条曲线的交点即为泵的工作点，如图 2-30 中 P 点所示。对选定的泵、操作条件（如阀门开度不变、转速）固定不变时，泵只会在 P 点工作。

显然，该 P 点所表示的流量 Q 与压头 H 既是管路系统所要求，又是离心泵所能提供的。若该点所对应效率在泵的最高效率区，则该工作点下对应选择的泵是适宜的。

一般泵最佳工作点可按下述要求选择：泵性能（H-Q、N-Q）曲线应平滑、连续上升、无驼峰至关死点。从额定流量点至泵关死点的扬程上升量宜为泵额定点流量的 10%～15%，应不超过 25%。泵至少应能在 60%～100%额定流量范围内连续稳定地操作。所选泵的最佳效率点宜位于正常流量和额定流量之间。正常点宜在最优效率点（BEP）的 70%～120%之间。额定工况工作点宜落在性能曲线最佳效率点流量的 80%～110%。

学习笔记

3. 离心泵的流量调节

泵在实际操作过程中，由于生产任务发生变化；或者已经选好的离心泵在特定管路中运转时，所提供的流量不一定能符合输送任务的要求。对于这两种情况，都需要调节流量。

从泵的工作点可知，调节流量实质上就是改变离心泵的特性曲线或管路特性曲线，从而改变泵的工作点。

因而在工程实际应用中，离心泵的流量调节，也主要有两方面的技术措施：其一是在排出管线上装适当的调节阀，以改变管路特性曲线；其二是改变离心泵的转速或改变叶轮外径，以改变泵的特性曲线。虽然二者达到的最终效果一样，但是调节过程中二者能耗高低相去甚远，这也是后续离心泵选型时应该考虑的技术方案之一。

(1)改变阀门的开度。

改变阀门开度以调节流量，实质是用开大或关小阀门的方法来改变管路特性曲线，泵的特性曲线不变，如图 2-31 所示。

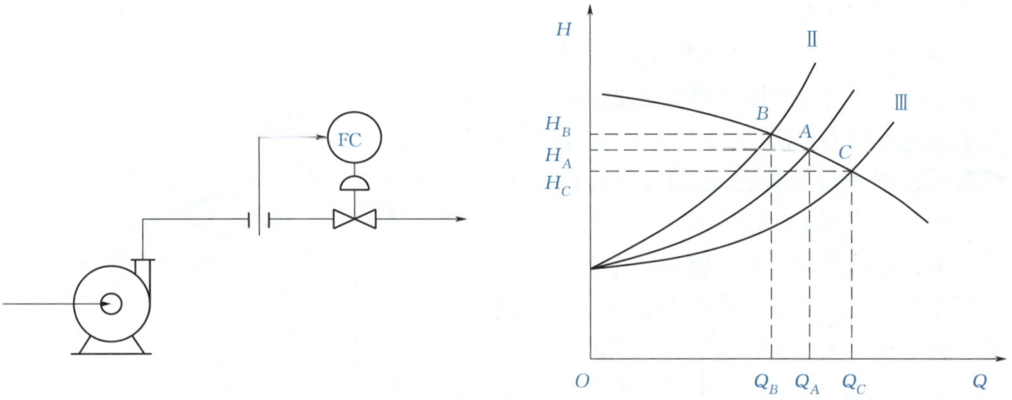

图 2-31 改变泵出口阀门开度调节流量示意图

当阀门关小时，管路局部阻力加大，管路特性曲线变陡，如图 2-31 中曲线Ⅱ所示，泵的工作点由 A 移到 B；流量由 Q_A 减小到 Q_B；扬程由 H_A 升高到 H_B。

当阀门开大时，管路局部阻力减小，管路特性曲线变得平坦一些，如图 2-27 中曲线Ⅲ所示，工作点由 A 移到 C；流量由 Q_A 加大到 Q_C；扬程由 H_A 降低到 H_C。

在实际流量调节过程中，通过节流阀调节流量，必然将宝贵的轴功率用于克服节流调节的阻力，增加泵运行费用，因此节流不是一种节能的调节方法。

(2)改变泵的转速。

改变离心泵的转速来调节流量，实质上是维持管路特性曲线不变，而改变泵的特性曲线，如图 2-32 所示。

泵原来的转数为 n_A，工作点为 A 点；要把泵的转数提高到 n_B，泵的特性曲线就上移到 n_B 位置，工作点由 A 移到 B，流量和压头都相应加大。

若把泵的转数降低到 n_C，泵的特性曲线就移到 n_C 位置，工作点由 A 移到 C，流量和压头都相应减小。

改变泵的转速也可采用两种技术手段：一是采用机械变速箱，但其价格高，且难以做到流量连续调节，故实际工程中应用较少；二是采用变频技术调节转速，它可以实现对泵转速的连续调节，尤其当调节转速变化小于20%时，根据离心泵比例定律，离心泵此时的效率基本保持不变，因而可以节省大量的电能。有研究表明，使用变频电动机较普通电机可以节电20%以上。

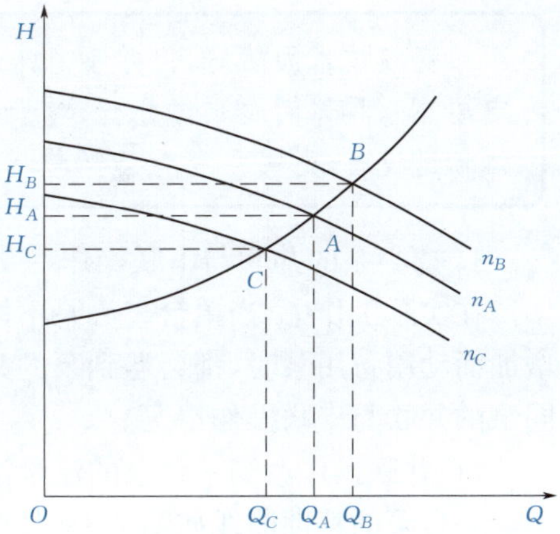

图 2-32 改变叶轮转速调节流量示意图

另外，减小叶轮直径也可以改变泵的特性曲线，从而使泵的流量变小，但可调节的范围不大，且直径减小不当还会降低泵的效率，故实际上很少采用。这里需注意，虽然流量调节用切割叶轮的方法很少，但若是机泵改造，切割叶轮又是最经济、最常用的方法，因为改造机泵相当于旧物利用。

知识延展

泵和风机是输送物料的动力机械。其中泵用来输送液体物料，风机用来输送气体物料，广泛地应用于电力、化工、冶金、建材、建筑空调等各个领域。

目前我国约有4 200万台风机、水泵、压缩机在运行，用电量约占全国总发电量的40%～50%。其中风机的耗电量占全国发电量的10%，泵的耗电量占全国发电量的25%，两者合计占全国发电量35%左右。由于泵和风机所占的用电量在全国发电量中的比例大，并且其消耗的能源——电能属于最高品位的能源，因此，对泵和风机的节能工作显得十分必要。将这些电动机电能利用率提高10%～15%，全年可节电300亿KW·h以上。

实际上，风机、泵类等设备的变频调速技术是我国节能的一项重点推广技术，《中华人民共和国节约能源法》第39条就把它列为通用技术加以推广。

实践也证明，变频器用于风机、泵类设备驱动控制场合取得了显著的节电效果，直接和间接经济效益十分明显，设备一次性投资通常可以在1～2年的生产中全部收回，尤其在“双碳”目标背景下，更显得弥足珍贵。

仅以离心泵转速调节20%以内为例，采用变频器时泵的理论节能效果，见表2-6。

表 2-6 变频器调节泵转速的理论节能效果

转速比 n_2/n_1	流量比 Q_2/Q_1	扬程比 H_2/H_1	电机轴功率之比 P_2/P_1	节电率 /%
100	100	100.0	100.0	0.0
90	90	81.0	72.9	27.1
85	85	72.3	61.4	38.6
80	80	64.0	51.2	48.8

学习笔记

变频技术固然好，但并不意味着所有的流体机械都需要配一台变频器，一定要注意具体问题具体分析，对于一台要求运行稳定、调节频次本身很低的流体输送设备，则实在没有必要增设变频设备。

4. 离心泵的并联与串联操作

在实际工作中，当单台离心泵不能满足输送任务的要求或者为适应生产大幅度增加而动用备用泵时，都会遇到泵的并联与串联使用问题。这里仅讨论两台性能相同泵的并联与串联操作情况。

(1)并联操作。当一台泵的流量不够时，可以用两台泵并联操作，以增大流量。

一台泵的特性曲线如图 2-33 中曲线Ⅰ所示。

两台相同的泵并联操作时，泵的联合特性曲线的作法是在同一个压头 H 条件下，使单台泵操作时特性曲线上的流量 Q 增大一倍，从而得出联合特性曲线，如图 2-33 中曲线Ⅱ。

但需要注意，对于同一管路，其并联操作时，实际泵的工作流量不会增大一倍，如图 2-33 所示。因为两台泵并联后，流量增大，管路阻力亦增大。原来单个泵的工作点为 A，并联后移至 C 点。显然 C 点的流量($2Q_{\mathrm{II}}$)不是 A 点流量(Q_{I})的两倍，除非管路系统没有能量损失。

(2)串联操作。当生产上需要提高泵的压头时，可以考虑将泵串联使用。

两台相同型号的泵串联工作时，每台泵的压头和流量也是相同的。因此，在同样的流量下，串联泵的压头为单台泵的 2 倍。

其联合特性曲线的作法是将单台泵的特性曲线Ⅰ的纵坐标加倍，横坐标保持不变，便可求得两台泵串联后的联合特性曲线Ⅱ，如图 2-34 所示。

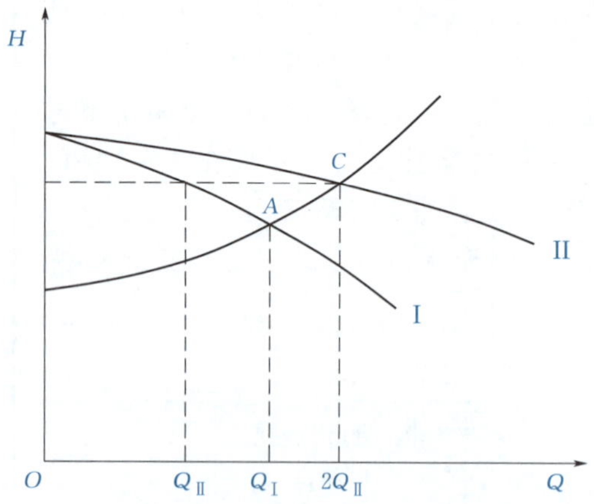

图 2-33　泵的并联操作

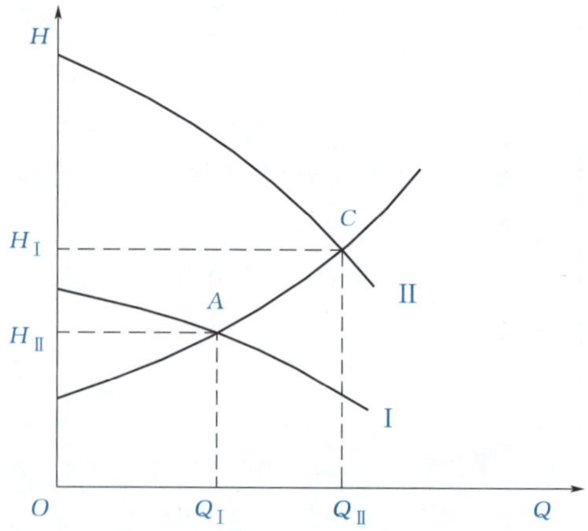

图 2-34　泵的串联操作

由图 2-34 中可知，单个泵的工作点为 A，串联后移至 C 点。显然 C 点的压头(H_{II})并不是 A 点的压头(H_{I})的 2 倍。

工程应用中究竟采用何种组合方式比较经济且合理，应考虑管路要求的压头及管路特性曲线的形状。

学习笔记

①对于管路所要求的 $\Delta z+\Delta p/\rho g$ 值高于单泵可提供最大压头的特定管路，则只能采用泵的串联操作。

②对于管路特性曲线较平坦的低阻管路，采用并联组合，可获得较串联组合高的流量和压头；对于管路特性曲线较陡的高阻管路采用串联组合，可获得较并联组合高的流量和压头。

六、离心泵的类型与选择

(一)离心泵的类型

不同行业的生产过程中，被输送液体的性质、压力、流量等差异很大，为适应各种不同的需求，离心泵的类型也是多种多样。

按泵送液体的性质和使用条件，常用的类型有清水泵、管道泵、耐腐蚀泵、油泵、屏蔽泵、高温熔盐泵和低温用泵等。按叶轮吸入方式，可分为单吸泵和双吸泵；按叶轮数目，又可分为单级泵和多级泵。各种类型的离心泵按照其结构特点各自成为一个系列，并用一个或几个汉语拼音字母作为泵的系列代号。而在每一个系列内，又有各种不同的规格，因此又以不同的字母和数字加以区别。

1. 清水泵(IS 型、ISW 型、ISG 型、D 型、Sh 型)

(1)IS 型离心泵。凡是输送清水及物理、化学性质类似于水的清洁液体，都可以选用清水泵。

清水泵应用最广泛的是 IS 型单级单吸悬臂式离心泵，系列代号为 IS；单级是指这类泵只有一个叶轮，单吸是指液体从泵的一侧吸入，悬臂是指叶轮装在泵轴的一端，泵轴另一端用轴承支承，状似悬臂。其外观和结构分别如图 2-35 和图 2-36 所示。

图 2-35 IS 型离心泵外观

IS 型离心泵全系列压头范围 8～98 mH_2O，流量范围为 4.5～360 m^3/h，输送液体的最高温度一般不能越过 80 ℃。

现以 IS 100-80-160 规格离心泵为例，说明各符号的意义：

IS——按 ISO 2858 标准设计的清水输送用单级单吸离心泵；

100——泵的吸入口内径，mm；

80——泵的排出口内径，mm；

160——泵的叶轮直径，mm。

学习笔记

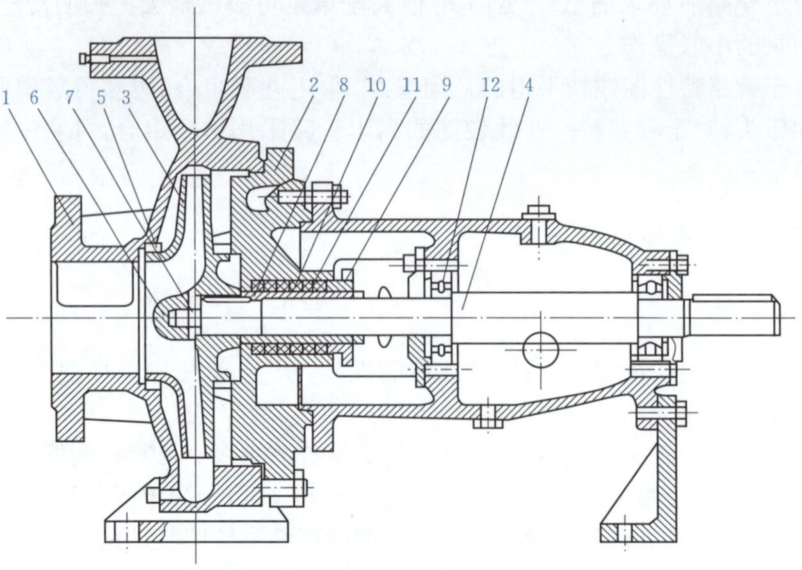

1—泵体；2—泵盖；3—叶轮；4—泵轴；5—密封环；6—叶轮螺母；7—止动垫圈；
8—轴套；9—填料压盖；10—填料环；11—填料；12—轴承。

图 2-36　典型 IS 型水泵主要零部件

拓展思考

(1)IS 型离心泵为什么要限制输液温度不超过 80 ℃，且出口内径小于入口内径？

(2)我国颁布了国家标准《轴向吸入离心泵(16 bar)标记、性能和尺寸》，标准号为 GB/T 5662—2013。有兴趣的同学可以网上搜索查询。

(2)ISW、ISG 型离心泵。基于 ISO2858 国际标准体系，国内泵厂家开发、设计制造了 ISW、ISG 型两种更加紧凑的离心泵，在工业和城市给排水、高层建筑增压送水、消防增压、能源、冶金等领域得到了广泛应用。

ISW 型离心泵为卧式管道泵，采用 IS 型离心泵性能参数，在一般卧式泵的基础上进行巧妙组合设计而成，其外观结构如图 2-37 所示。

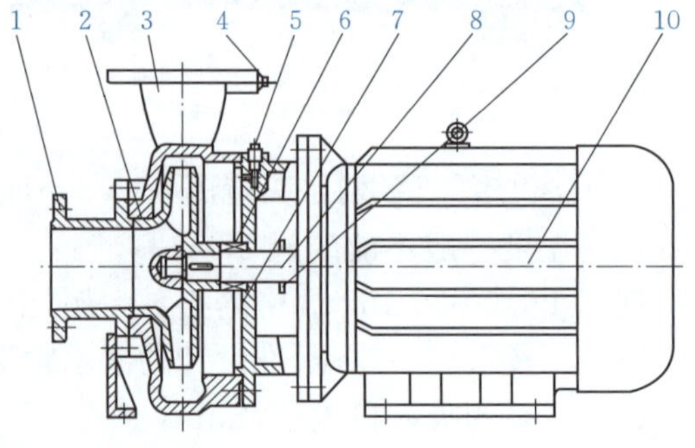

1—吸入室；2—叶轮；3—泵体；4—取压塞；5—放气塞；6—机械密封；
7—泵盖；8—泵轴；9—挡水圈；10—Y系列电动机。

图 2-37　ISW 型卧式管道泵

学习笔记

同时根据使用温度、介质等不同，派生出热水泵、高温耐腐蚀化工泵、油泵等。该系列卧式管道泵产品具有高效节能、噪声小、性能可靠等优点。ISW 型卧式管道离心泵型号的示例及意义说明如下：

ISW100-160(Ⅰ)(A)(B)

ISW——卧式清水离心泵，其他派生系列有 ISWR 卧式热水泵、ISWH 卧式化工泵、ISWB 卧式管道油泵、ISWD 卧式低转速离心泵；

100——泵进、出口公称直径，mm；

160——叶轮名义直径，mm；

Ⅰ——流量分类；

A——叶轮经第一次切割；

B——叶轮经第二次切割。

ISW 型卧式管道泵运行平稳，结构简单故障率低，更换密封、轴承简易方便。订货时通过与泵厂家协商，泵出口可向左、向右、向上沿三个方向灵活布置，便于现场管道布置安装、节省空间。

ISW 型卧式管道离心泵主要用途说明如下：

①ISW 型管道离心泵，供输送清水及物理化学性质类似于清水的其他液体之用，适用于工业和城市给排水，高层建筑增压送水、园林灌溉、消防增压及设备配套，使用温度 $T \leqslant 80$ ℃。

②ISWR(WRG)型热水(高温)循环泵广泛适用于能源、冶金、化工、纺织、造纸，以及宾馆饭店等锅炉高温热水增压循环输送及城市采暖系统循环用泵，ISWR 使用温度 $T \leqslant 120$ ℃，WRG 使用温度 $T \leqslant 240$ ℃。

③ISWH 型卧式化工泵，供输送不含固体颗粒，具有腐蚀性，黏度类似于水的液体，适用于石油、化工、冶金、电力、造纸、食品、制药和合成纤维等部门，使用温度 T 范围为 $-20 \sim 120$ ℃。

④ISWB 型卧式油泵，供输送汽油、柴油、煤油等石油产品，使用温度 T 范围为 $-20 \sim 120$ ℃。

ISW 型卧式管道离心泵其他使用条件：

①吸入压力≤1.0 MPa，或泵系统工作压力≤1.6 MPa，即泵吸入口压力＋泵扬程≤1.6 MPa、泵静压试验压力为 2.5 MPa，订货时需注明系统工作压力。若泵系统工作压力大于 1.6 MPa 时应在订货时另行提出。以便厂家在制造时泵的过流部件和连接部分采用强度更高的铸钢材料。

②环境温度＜40 ℃，相对湿度＜95%。

③所输送介质中固体颗粒体积含量不超过单位体积的 0.1%，粒度＜0.2 mm。若输送介质带有细小颗粒，需要在订货时向厂家说明，以便厂家采用耐磨式机械密封。

ISG 型离心泵为立式管道泵，其外观结构如图 2-38 所示。其规格型号编制、主要用途、使用条件和 ISW 型泵基本一致，不再赘述。

ISG 型立式管道泵的主要特点如下：

①采用立式结构，进出口口径相同，且位于同一中心线上，可像阀门一样安装于管路之中，外形紧凑美观，占地面积小，加上防护罩则可置于户外使用。

学习笔记

图 2-38 ISG 型立式管道泵

②叶轮直接安在电机的加长轴上，轴向尺寸短，结构紧凑，泵的运行平稳、振动噪声很小。

③轴封采用机械密封或机械密封组合，密封效果好。

④安装检修方便，无须拆动管路系统，只要卸下泵联体座螺母即可抽出全部转子部件。

⑤可根据使用要求即流量和扬程的需要采用泵的串联、并联运行方式。

⑥可根据管路布置的要求采用泵的竖式和横式安装，如图 2-39 所示。

视频

现场在运行立式管道泵

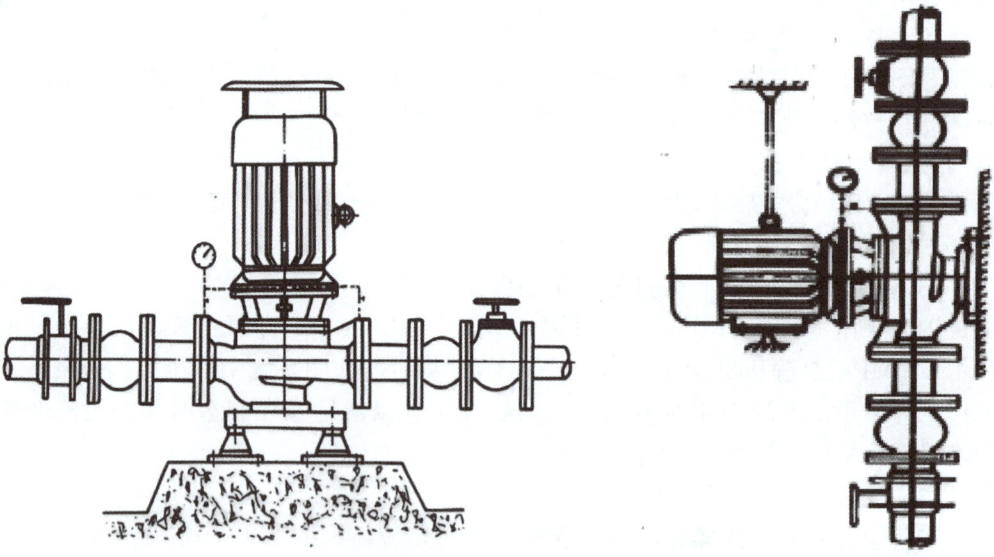

图 2-39 ISG 型管道泵竖式和横式安装

(3)D 型、DG 型卧式多级离心泵

当所要求的压头较高而流量并不太大时，可采用多级泵，它可达到较高的压头。国产多级泵的系列代号有 D、DG，称为 D/DG 型离心泵。其外观如图 2-40 所示。

多级泵因在一根轴上串联多个叶轮，液体从几个叶轮中多次获得能量，故可达到较高的压头。D/DG 型卧式多级泵基本技术参如下：

图 2-40 多级泵外观

流量：6.3～850 m^3/h；

扬程：13～650 m；

转速：1 450～2 950 r/min；

功率：2.2～400 kW；

口径：ϕ50～ϕ200 mm；

温度范围：≤105 ℃；

工作压力：≤3.0 MPa。

D/DG 型卧式多级泵型号意义示例及说明：

D155-30×4

D——单吸多级卧式离心泵，其他派生 DG 型为单吸多级热水离心泵，MD 型为单吸多级耐磨离心泵，DF 为单吸多级耐腐蚀离心泵；

155——泵流量，m^3/h；

30——泵单级扬程，m；

4——泵级数。

(4) SH 型双吸泵

SH 型泵为单级双吸中开离心泵，其外观如图 2-41 所示。输送液体的温度不得超过 80 ℃，适合于工厂、矿山、城市给水、电站、大型水利工程、农田灌溉和排涝等用，48SH22 型泵还可以作热电站循环泵。该产品高效节能、性能优良、标准化通用程度高。

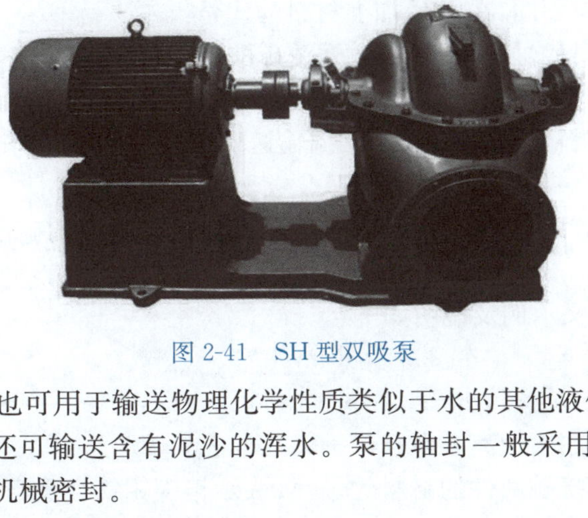

图 2-41 SH 型双吸泵

SH 型双吸泵也可用于输送物理化学性质类似于水的其他液体；改变叶轮、密封环和轴套的材料，还可输送含有泥沙的浑水。泵的轴封一般采用软填料，如有特殊订货要求，也可装机械密封。

学习笔记

当输送流体的流量较大而所需的压头并不高时，可采用双吸泵。SH型双吸泵参数范围一般如下：

流量：126～12 500 m^3/h；

扬程：9～140 m。

SH型双吸泵型号意义示例及说明：

10SH13

10——直径被25除，即该SH型单级双吸中开离心泵吸水口直径为250 mm；

SH——单级双吸卧式中开离心清水泵；

13——比转数被10除，即该SH型单级双吸中开离心泵的比转数为130。

知识延展

比转速

API610标准第11版附录A对吸入比转速的定义：吸入比转速，是在最大叶轮直径和给定转速下、以最佳效率点的流量来计算的，是一个与离心泵吸入性能相关的指数。吸入比转速是衡量一台离心泵对内部回流的敏感程度的评估尺度。

在我国，用下式计算比转速：

$$n_s=\frac{3.65n\sqrt{Q}}{H^{\frac{3}{4}}}$$

式中 n——离心泵转速，r/min；

Q——离心泵流量，m^3/s，对双吸泵，取1/2；

H——离心泵扬程，m，对多级泵，取单级扬程。

2. 耐腐蚀泵（F型）

输送酸、碱等腐蚀性液体时，需要用耐腐蚀泵。这种泵与腐蚀性液体接触的部件，都采用各种耐腐蚀材料制造。

我国制造的耐腐蚀泵，以F作为系列的代号。

同时，由于材料不同，在F后加上材料的代号：

灰口铸铁，材料代号为H，用于输送浓硫酸；

高硅铸铁材料代号为G，用于输送压强不高的硫酸或以硫酸为主的混酸；

铬镍合金钢材料代号为B，用于常温输送低浓度的硝酸、氧化性酸液、碱液和其他弱腐蚀性液体；

聚三氟氯乙烯塑料，材料代号为S，适用于90 ℃以下的硫酸、硝酸、盐酸和碱液等。

F型泵型号意义示例及说明如下：

40FM1-26

40——泵吸入口直径，mm；

F——悬臂式耐腐蚀离心泵；

M——与液体接触部件的材料代号，M表示铬镍钼钛合金钢；

学习笔记

1——轴封类型代号，1表示单端面密封；

26——泵的扬程，m。

3. 油泵（Y型）

输送石油产品及其他易燃易爆液体时，可选用油泵，其系列代号为Y，特点是密封要求高。当输送200 ℃以上的油品时，还要求对轴封装置和轴承等进行良好的冷却，故这些部件常装有冷却水夹套。

Y型泵有单吸和双吸、单级和多级之分。适用的温度范围较广，其温度范围为−45～400 ℃；流量范围为6.25～500 m^3/h，扬程范围为60～603 m。

Y型泵型号意义示例及说明如下：

100Y-120×2

100——泵吸入口直径，mm；

Y——单吸离心油泵；

120——泵的单级扬程，m；

2——叶轮级数。

4. 杂质泵（P型）

输送悬浮液及稠厚的浆液等常用杂质泵，系列代号为P，又细分为污水泵PW、砂泵PS、泥浆泵PN等。

杂质泵的基本要求是：不易被杂质堵塞、耐磨、容易拆洗。

它的特点是叶轮流道宽，叶片数目少，常采用半闭式或开式叶轮。有些泵壳内还衬以耐磨的铸钢护板。

（二）离心泵的选择

泵的选用是根据用户的使用要求，从现有的泵系列产品中选择出一种能够满足使用要求、运行安全可靠、经济性好，且便于操作和维修保养的泵，而尽量不再进行重新设计和制造。因此，在选择泵时，应综合考虑、准确判断，以使所选泵的型式、规格与使用目的相一致。但有特殊要求的泵，则需根据用户的要求进行专门的设计和制造。

选用泵包括选用泵的型式及其相配的传动部件、原动机等。正确选择泵是使用这类泵的关键。如果选择不合适，就不能达到使用要求，或者造成设备、资金和能源的浪费，或者对泵的运行产生不利影响。

如果所选泵与原动机的转速不相适应，也会带来严重的后果。当转速超过泵的额定转速时，便可能使泵的叶轮破坏。当然，泵的选择与正常使用，还与管路系统的布置有关。因此，在选择泵时，一定要全面考虑，以使所选的泵能满足所需要的流量和扬程，并在管路系统中处于最佳工况。

本书着重介绍离心泵的选择，包括型式和主要性能参数确定。关于传动部件及原动机、其他泵的选择可参考李云、姜培正主编的《过程流体机械》。

1. 泵选用的基本原则

在选择泵时，一般应遵循下列原则：

(1)根据所输送的流体性质（如清水、黏性液体、含杂质的流体等）选择不同用途、不同类型的泵。

学习笔记

在泵的运行过程中，扬程变化大的场合选用扬程曲线倾斜大的混流泵、轴流泵较适宜；而对运行中流量变化大的场合，宜选用扬程曲线平缓、压力变化小的离心泵。如果考虑吸水性能，则在流量相同、转速相同的条件下，双吸泵更为优越。选用立式泵，并把叶轮部位置于液面下，对防止汽蚀是有利的。

对于叶片式泵，随着液体黏度增大，其流量、扬程下降，功耗增加。对于容积式泵，随着液体黏度增大，一般泄漏量下降，容积效率增加，泵的流量增加，但泵的总效率下降，泵的功耗增加。不同类型泵的适用黏度范围见表 2-7。

表 2-7　不同类型泵的适用黏度范围

类　型		适用黏度范围/(mm^2/s)	类　型		适用黏度范围/(mm^2/s)
叶片式泵	离心泵	＜150①	容积式泵	旋转活塞泵	200～100 000
	旋涡泵	＜37.5②		单螺杆泵	10～550 000
容积式泵	往复泵	＜850③		双螺杆泵	0.6～100 000
	计量泵	＜800		齿轮泵	＜2 200

注：①对 $NPSH_r$ 远小于 $NPSH_a$ 的离心泵，可用于黏度小于 500～650 mm^2/s 的场合，当黏度大于 650 mm^2/s，离心泵的性能下降很大，一般不宜再用离心泵，但由于离心泵输液无脉动、不需安全阀且流量调节简单，因此在化工生产中也常可见到离心泵用于黏度达 1 000 mm^2/s 的场合。

②旋涡泵最大黏度一般不超过 115 mm^2/s。

③当黏度大于此值时，可选用特殊设计的高黏度泵。如 GN 型计量泵、螺杆泵。

输送含固体颗粒液体的泵，常被称为杂质泵。离心式杂质泵的类型很多，应根据含固体颗粒液体的性质选择不同类型的泵。以瓦尔曼泵为例，质量浓度 30%以下的低腐蚀渣浆可选用 L 型泵；高浓度强腐蚀渣浆可选用 AH 型泵；高扬程的低腐蚀渣浆可选用 HH 或 H 型泵；当液面高度变化较大又需浸入液下工作时，则应选用 SP(SPR)型泵。

(2)流量、扬程必须满足工作中所需要的最大负荷。额定流量一般直接采用工作中的最大流量，如缺少最大流量值时，常取正常流量的 1.1～1.15 倍。额定扬程一般取装置所需扬程的 1.05～1.1 倍。因为裕量过大会使工作点偏离高效区，裕量过小满足不了工作要求。

(3)从节能观点选泵，一方面要尽可能选用效率高的泵，另一方面必须使泵的运行工作点长期位于高效区之内。如泵选用不当，虽然流量、扬程能满足用户的要求，但其工作点偏离高效工作区，则会造成不应有的过多能耗，使日常运行成本增加。

(4)为防止发生汽蚀，要求泵的必需汽蚀余量 $NPSH_r$ 小于装置汽蚀余量 $NPSH_a$。如不合乎此要求，需设法增大 $NPSH_a$，如降低泵的安装高度等，或要求制造泵的厂家降低泵的 $NPSH_r$ 值，或双方同时采取措施、达到要求。

(5)按输送工质的特殊要求选泵，如工质易燃、易爆、有毒、腐蚀性强、含有气体、低温液化气、高温热油、药液等，选用的泵型各有特殊要求。例如，当输送介质腐蚀性较强时，应从耐腐蚀的系列产品中选取；当输送石油产品时，应选各种油泵。同时，它们对防泄漏密封有特殊要求，如有的要采用冷却、消毒措施等。

学习笔记

(6)所选择的泵应具有结构简单、易于操作与维修、体积小、重量轻、设备投资少等特点。

(7)当符合用户要求的泵有两种以上的规格时，应以综合指标高者为最终选定的泵型号，如再比较效率、可靠性、价格等参数。

知识延展

其他特殊介质输送泵型说明

(1)低温液化气的输送。低温液化气包括液态烃、液化天然气及液态氧、液态氮等各种液化气。这些介质的温度通常为－196～－30 ℃。输送这些介质的泵称为低温泵或深冷泵。绝大多数液化气具有腐蚀性和危险性，因此不允许泄漏到外界。一旦漏出液化气，由于液化气的吸热，极易造成密封部位结冰，因此输送液化气的低温泵对轴封要求很高。目前大多采用机械密封，形式有单端面、双端面和串联式机械密封。泵常用的低温材料为奥式体不锈钢，如06Cr19Ni10、06Cr17Ni12Mo2 等。

(2)不允许泄漏液体的输送。在化工、医药、石油等行业，输送易燃、易爆、易挥发、有毒、有腐蚀及贵重流体时，要求泵只能微漏甚至不漏。离心泵按有无轴封，可分为有轴封泵和无轴封泵。有轴封泵的密封形式有填料密封和机械密封等。填料密封泄漏量一般为 3～80 mL/h，制造良好的机械密封仅有微量泄漏，其泄漏量为 0.01～3 mL/h。磁力驱动泵和屏蔽泵属于无轴封结构泵，结构上只有静密封而无动密封，用于输送液体时能保证一滴不漏。

(3)腐蚀性介质的输送。泵输送介质的腐蚀性各不相同，同一介质对不同材料的腐蚀性也不尽相同。因此，根据介质的性质、使用温度，选用合适的金属、非金属材料，关系到泵的耐腐蚀特性和使用寿命。输送腐蚀性介质的泵有金属泵和非金属泵两种类型，而在非金属泵中又有主要部件(如泵体、叶轮等)全为非金属和金属材料加非金属(如丁腈橡胶等)衬里层的。首先应根据使用经验确定腐蚀类型，然后根据腐蚀类型，选择合适的材料和防护措施。且要求所选材料的力学性能、加工性能要好；用户能有使用该种材料用于类似介质中的经验；泵制造厂应该有加工该种材料的经验。如有多种材料可满足腐蚀要求时，应选择价格相对便宜、加工性能好的材料。

2. 离心泵的选择方法与步骤

常用的泵选型方法有两种。一是利用“泵型谱”图选择。为选用方便，泵生产部门将同一系列各种型号泵与较高效率范围内对应的一段 H-Q 曲线绘制在一个总图上，即得到某一系列泵的型谱图。

将所需要的流量 Q 和扬程 H 画到该型式泵(如 IS)系列型谱图上，看其交点 M 落在哪个高效区(高效工作范围围成的四边形)，即可读出该高效区内所标注的离心泵型号。

二是利用“泵性能表”选择。根据初步确定的泵型式(如要输送清水，选 ISW 泵)，然后在这种类型的泵性能表中查找与所需的流量和扬程相一致或接近的一

学习笔记

种或几种型号泵，再对其进行比较、权衡，最后选择一种。如果在这种型式系列泵中找不到合适的型号，则可换一种系列或暂选一种比较接近要求的型号，通过改变叶轮直径或改变转速等措施，使其满足使用要求。IS 系列“泵性能表”示例见表 2-8。

表 2-8　IS 型单级单吸离心泵性能表(摘录)

型号	转速 n/(r/min)	流量		扬程 H/m	效率 η/%	功率/kW		必需气蚀余量 $NPSH_r$/m	质量(泵/底座)/kg
		(m^3/h)	(L/s)			轴功率	电机		
IS50-32-125	2 900	7.5	2.08	22	47	0.96	2.2	2.0	32/46
		12.5	3.47	20	60	1.13		2.0	
		15	4.17	18.5	60	1.26		2.5	
IS50-32-160	2 900	7.5	2.08	34.3	44	1.59	3	2.0	50/46
		12.5	3.47	32	54	2.02		2.0	
		15	4.17	29.6	56	2.16		2.5	
IS50-32-200	2 900	7.5	2.08	82	38	2.82	5.5	2.0	52/66
		12.5	3.47	80	48	3.54		2.0	
		15	4.17	78.5	51	3.95		2.5	
IS50-32-250	2 900	7.5	2.08	21.8	23.5	5.87	11	2.0	88/110
		12.5	3.47	20	38	7.16		2.0	
		15	4.17	18.5	41	7.83		2.5	
IS65-50-125	2 900	7.5	4.17	35	58	1.54	3	2.0	50/41
		12.5	6.94	32	69	1.97		2.0	
		15	8.33	30	68	2.22		3.0	

离心泵选择的步骤主要分以下三步：

(1)确定输送系统的流量与压头

收集过程生产中所输送介质、流量参数，以及泵前、泵后设备有关的工艺参数原始数据。液体的输送量一般为生产任务所规定，如果流量在一定范围内变动，选泵时应按最大流量考虑。根据输送系统管路的安排，用伯努利方程式计算在最大流量下管路所需的压头。

(2)选择泵的类型与型号

根据被输送液体的性质和操作条件确定泵的类型。按已确定的流量和压头，从泵产品样本，即在“泵性能表”中选出合适的型号。

选出的泵能提供的流量和压头不一定与管路所要求的流量和压头完全相符，而且考虑到操作条件的变化和预留一定的潜力，实际所选定泵的压头和流量，可比所需大一型号，且在实际操作条件下，所选泵的效率应较高。

(3)核算泵的轴功率、以及是否会发生汽蚀

若输送液体的密度大于水的密度时，可按式(2-5a)核算泵的轴功率。

$$N_e=\frac{QH\rho}{102} \tag{2-5a}$$

根据初步管道设计方案，校核泵吸入管段汽蚀余量 $NPSH_a$ 是否大于 $NPSH_r$ 等。

例3 如图 2-42 所示，管线系统，温度为 20 ℃的清水由地面送至水塔中，要求流量 $Q=88\ m^3/h$。根据配管方案设计，泵安装时距水池液面高度 $H_g=3$ m，压送高度 $H_p=40$ m，泵进出管均采用 $\phi157\times6$ mm 钢管，管路沿程摩擦系数 $\lambda=0.018$，泵吸水管直管段长 14 m，其上装有吸水底阀(带滤网)1 个，90°弯头 1 个，泵入口法兰处锥形渐缩过渡接管 1 个；泵出口至水池自由液面压水管直段长 78 m，其上装有闸板阀 1 个，旋启式止回阀 1 个，90°弯头 6 个，泵出口法兰处锥形渐扩过渡接管 1 个。管件局部阻力系数：吸水底阀 $\zeta=6$、90°弯头 $\zeta=0.75$、闸板阀 $\zeta=0.17$(全开)、止回阀 $\zeta=2$，锥形渐扩过渡接管 $\zeta=0.7$(按渐扩管两端管径之比为 2，查文献[6]预估)。水泵选 IS 型泵，试确定水泵型号。

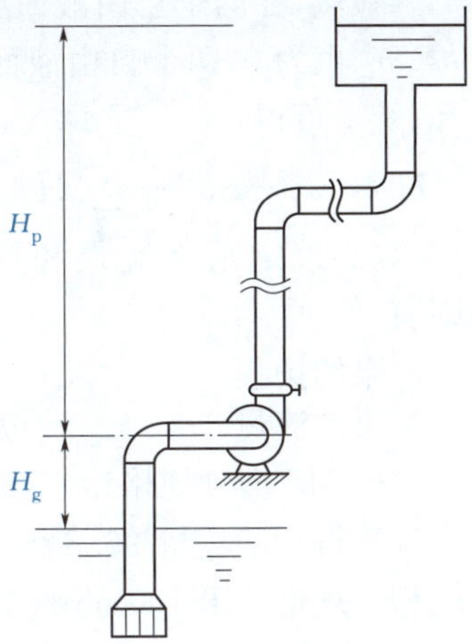

图 2-42 例 3 附图

(说明：①案例中摩擦系数 λ 为给定值，是为了适当简化计算，实际设计过程中，应根据管网初步方案设计，结合管道内实际雷诺数 Re、管道相对粗糙度 ε，由莫迪图进行查取；②案例中吸水管段、压水管段长度是根据管道配管方案设计得来，其中管件的数量可在方案设计的 CAD 工程图或三维建模中，详细统计出来；各管件局部阻力系数也可在《化工工艺设计手册》第三版下册"管道压力降计算"章节详细查取；③案例中离心泵要求选 IS 型也是为了简化设计选型过程，大家还可以从本书附录中选 ISW、ISG 型离心泵，然后三者进行对比。)

解 (1)确定管内实际流速，根据流速流量方程有

$$u=\frac{4Q}{\pi d_i^2}=\frac{4\times88}{3\,600\times\pi\times0.145^2}\ \text{m/s}=1.48\ \text{m/s}$$

(2)确定管路总阻力损失：沿程阻力＋局部阻力，根据案例示意图，局部阻力还应考虑压送管道与水塔连接处的入口损失，其阻力系数 $\zeta=1$。

$$\begin{aligned}\sum H_f&=h_f+\sum h_f'=\lambda\frac{l}{d}\times\frac{u^2}{2g}+\sum\zeta_i\frac{u^2}{2g}\\&=\left(\lambda\frac{l}{d}+\sum\zeta_i\right)\frac{u^2}{2g}=\Big[0.018\times\frac{78+14}{0.145}+(6+0.75\times7+\\&\quad 0.7\times2+0.17+2+1)\Big]\times\frac{1.48^2}{2\times9.81}\text{m}\\&=3.04\ \text{m}\end{aligned}$$

学习笔记

(3)确定简单管路所需的压头：在低位水池自由液面和高位水塔自由液面间列伯努利方程，并取低位水池自由液面为基准面，则有

$$z_1+\frac{u_1^2}{2g}+\frac{p_1}{\rho g}+H=z_2+\frac{u_2^2}{2g}+\frac{p_2}{\rho g}+\sum H_f$$

变形则有

$$H=(z_2-z_1)+\frac{u_2^2-u_1^2}{2g}+\frac{p_2-p_1}{\rho g}+\sum H_f$$

显然，在两个自由液面上，流体速度 u_1 和 u_2 可视为0；流体压力均取表压计算，p_1、p_2 也为0，两个自由液面的高度差 z_2-z_1 即为泵安装高度和流体压送高度之和，综上可得

$$H=(z_2-z_1)+\sum H_f=Hg+Hp+\sum H_f=(3+40+3.04)\ \text{m}=46.04\ \text{m}$$

(4)确定水泵流量和扬程，分别考虑一定的余量，本案例均取1.1倍余量，则有

泵的扬程　　$H=1.1\times46.04\ \text{m}=50.6\ \text{m}$

泵的流量　　$Q=1.1\times88\ \text{m}^3/\text{h}=96.8\ \text{m}^3/\text{h}$

(5) IS型泵规格型号确定：在本书附录IS型离心泵性能参数表中，找与第(4)步计算得到的流量 $96.8\ \text{m}^3/\text{h}$、扬程50.6 m一致或相近规格的泵即可，最后选取泵的型号规格为IS100-65-200。该泵最佳工况点下流量为 $100\ \text{m}^3/\text{h}$、扬程50 m、效率76%、轴功率17.9 kW、电机配套功率22 kW、转速2 900 r/min、泵必需汽蚀余量 NPSH_r 为3.6 m。

其他说明：从本案例设计计算过程中可以看出，泵选型最复杂的部分在于泵所需扬程的确定，从伯努利方程的推导过程可以看到

扬程=输液高度+动压头之差+静压增加量+管路总阻力损失

由于动压头数值本身很小，因而在扬程确定过程中可以先忽略不计；对于绝大多数管网，整个管网进、出口处压力值是由工艺条件决定，也可以视为已知设计参数。例如本例中，两个自由液面均与大气接触，这在整个管路设计之初就确定了，因而可以直接取值计算。于是，对于一般管路，泵所需的扬程可计算如下：

$$H=(z_2-z_1)+\frac{p_2-p_1}{\rho g}+\sum H_f$$

若管网进出口截面均与大气相通，则有

$$H=(z_2-z_1)+\sum H_f$$

特别地，如果管网进出口与大气相通、且位于同一水平面上，则有

$$H=\sum H_f$$

可见，泵的扬程就等于管路总的阻力损失。

例4　回到模块一“专题八 管路设计案例(以太阳能供热系统为例)”，其集热子系统的循环泵该如何选型？

解　由于太阳能集热子系统是一个封闭的循环系统，因而在用伯努利方程进行泵扬程计算时，两个分析截面实际上是“重叠”在一起，从起点出发，循环一圈又回到原点，如图2-43所示。所以在两个分析截面上，一定有

学习笔记

$z_2 = z_1$， $p_1 = p_2$， $u_1 = u_2$

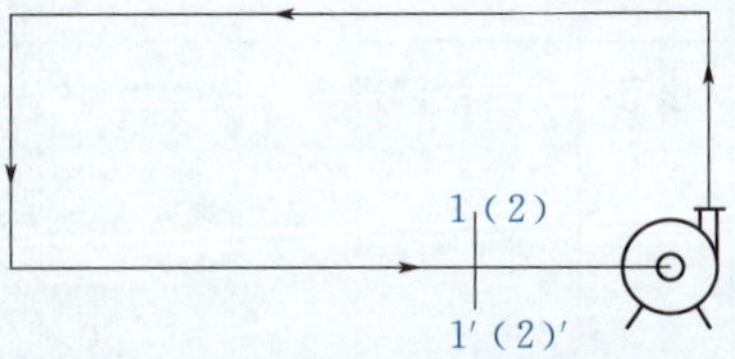

图 2-43 循环管路伯努利方程分析截面选取

根据上面例题分析讨论，并结合“专题八 管路设计案例（以太阳能供热系统为例）”中的计算结果，显然有

$$H = \sum H_f = 20.01\ \text{m}$$

泵的流量应满足集热子系统需求，即有 $Q=30.24\ m^3/h$。考虑一定的安全余量，可初步选择 IS 型离心泵，规格为 IS80-65-125，该泵额定流量为 $30\ m^3/h$，扬程为 22.5 m。

七、离心泵常见故障的原因及处理

离心泵常见的运行故障主要有八类，其产生的原因和对应处理措施见表 2-9。

表 2-9 离心泵常见运行故障及处理措施

序号	故障现象	产 生 原 因	处 理 措 施
1	输出流量不足	泵或来路管线有空气 吸入高度差太大 物料中存在气体 来路管线漏气 液体黏度与设计值不符 叶轮堵塞 叶轮口环磨损 叶轮损坏	排空空气 改变吸入高度 排除介质中的气体（如塔的抽出口加防涡流挡板等） 检查管线 改变黏度或改造机泵 排除异物 更换 更换
2	输出压力不够	来料中存在过多气体 转动方向错误 叶轮口环磨损 叶轮磨损	排除空气 改变方向 更换 更换
3	电机电流过高	转动方向错误 液体比重与设计值不符 液体黏度与设计值不符 叶轮中有异物 同心度偏离 转动部分与静止部分接触摩擦 叶轮口环偏磨 填料密封压紧过度	更改转动方向 改变比重 改变黏度 排除异物 检查、调整同轴度 检查排除 调整口环间隙 调整填料压紧度
4	机械密封泄漏	机械密封失效 中心线偏斜 轴弯曲 轴或轴套磨损 轴套与轴的密封失效	检修、更换 重新找正 检查或更换 更换 更换密封垫片

学习笔记

续上表

序号	故障现象	产生原因	处理措施
5	振动或噪声	来料管线中有空气 机座底面接触不充分 同心度偏离 基础螺栓松动 轴弯曲 叶轮损坏 轴承磨损 转子不平衡 轴承装配问题	排除空气 检查处理底座接触面 重新找正 把紧螺栓 校正或更换 更换 检查更换 重找静或动平衡 检查重装
6	泵体过热	泵设计流量过大，实际操作流量偏小 同轴度偏离 转动部分与静止部分接触摩擦 轴承磨损	换泵或加大流量 重新找正 检查处理 更换
7	轴承发热	冷却水太小或中断 润滑油太少或变质 轴承间隙过小或断油 同心度偏离 轴向力过大 轴弯曲	检查处理 加油或更换 检查调整 重新找正 检查处理 检查校正或更换
8	泵抽空	入口管线阀门开度不够 入口管线太长或管径偏小 吸入管线压力降太大 入口管线或泵内存在气体 泵内叶轮堵塞 塔压下降或塔底温度升高 泵安装吸入高度太高 泵汽蚀余量与设计不符	对应问题相应处理

专题二　其他类型液体输送机械

一、往复泵

往复泵是一种容积式泵，它依靠做往复运动的活塞依次开启吸入阀和排出阀，从而吸入、排出液体。

往复泵装置简图如图 2-44 所示。主要部件有泵缸 1、活塞 2、活塞杆 3、吸入阀 4 和排出阀 5。活塞杆与传动机构相连接而做往复运动。吸入阀和排出阀都是单向阀。泵缸内活塞与阀门间的空间称为工作室。

学习笔记

当活塞自左向右移动时，工作室的容积增大，形成低压，使贮池内的液体经吸入阀吸入泵缸内。吸液时，排出阀受排出管内液体压力作用而关闭。此后，活塞便改为由右向左移动，泵缸内液体受挤压，压强增大，使吸入阀关闭而推开排出阀将液体排出。

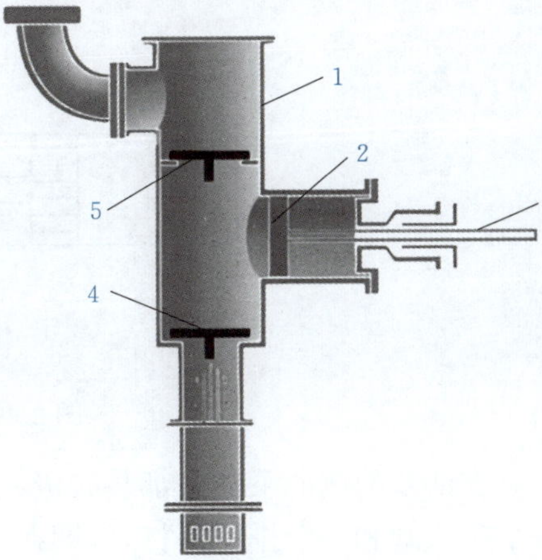

1—泵缸；2—活塞；3—活塞杆；
4—吸入阀；5—排出阀。

图 2-44 往复泵装置简图

由上可见，往复泵是靠活塞在泵缸的左右两端点间做往复运动而吸入和压出液体的。

活塞从左端点到右端点（或从右端点至左端点）的运动距离称为行程或冲程。

活塞在往复一次中，只吸入和排出液体各一次的泵，称为单动泵。

由于单动泵的吸入阀和排出阀均装在活塞的一侧，吸液时就不能排液，因此排液不连续。加之活塞由连杆和曲轴带动，活塞在左右两端点之间的往复运动不是等速度，所以排液量也就随着活塞的移动有相应的起伏，其流量曲线如图 2-45(a)所示。

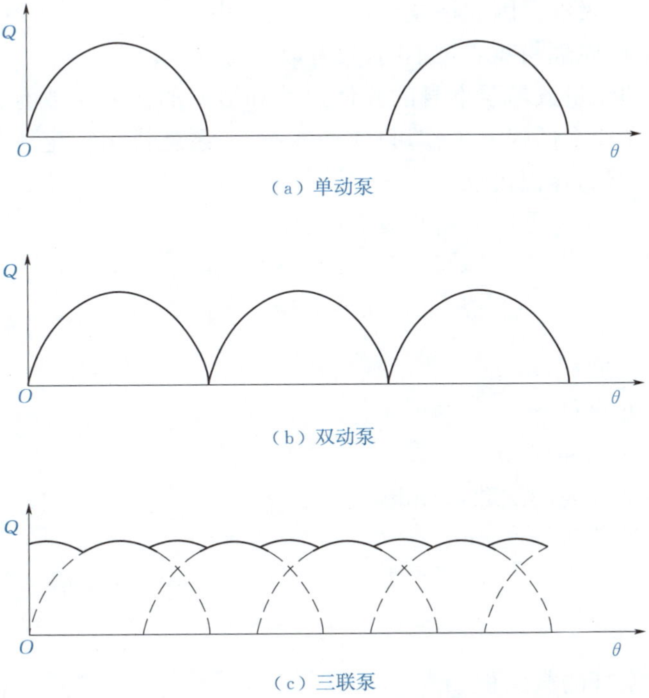

图 2-45 往复泵的流量曲线图

为了改善单动泵流量的不均匀性，多采用双动泵或三联泵。

双动往复泵的工作原理如图 2-46 所示。

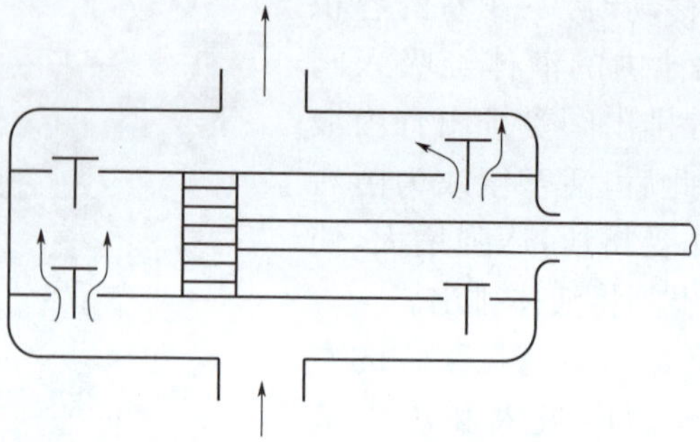

图 2-46　双动泵示意图

在活塞两侧的泵体内都装有吸入阀和排出阀，因此无论活塞向哪边运动，总有一个吸入阀和一个排出阀打开，即在活塞往复一次中，吸液和排液各两次，使吸入管路和排出管路总是有液体流过，所以送液连续，但流量曲线仍有起伏，如图 2-45(b)所示。

三联泵实质上为三台单动泵并联构成，其流量曲线如图 2-45(c)所示，其排液量较均匀。

与离心泵一样，往复泵也是借助泵缸内减压而吸入液体，所以吸入高度也有一定的限制。

往复泵的低压是靠泵缸内活塞移动使空间扩大而形成的。往复泵在开动之前，没有充满液体也能吸液。因此往复泵具有自吸能力。

往复泵的工作原理与离心泵不同，具有以下特点：

(1)往复泵的流量只与泵本身的几何尺寸和活塞的往复次数有关，而与泵的扬程无关，即无论在什么扬程下工作，只要往复一次，泵就排出一定体积的液体，所以往复泵是一种典型的容积式泵。

往复泵的理论流量可按下面的两个式子计算：

对于单动泵：

$$Q=F\cdot S\cdot n=0.785D^2\cdot S\cdot n \tag{2-15}$$

式中　F——活塞面积，m^2；

D——活塞直径，m；

S——活塞的冲程，m；

n——活塞往复的次数，1/min；

Q——理论流量，m^3/min。

对于双动泵：

$$Q=(2F-f)\cdot S\cdot n \tag{2-16}$$

式中　f——活塞杆的截面积，m^2。

实际上，由于活塞填衬不严；吸入阀与排出阀启闭不及时，并随着排液过程中液体压力的增高，液体漏损量加大等原因，往复泵的实际流量小于理论计算流量。

(2)往复泵的扬程与泵的几何尺寸无关，只要泵的机械强度及原动机的功率允许，输送系统要求多高的压头，往复泵就能提供多大的压头。

学习笔记

实际上，由于活塞环、轴封、吸入和排出阀等处的泄漏，往往降低了往复泵可能达到的扬程。

(3)往复泵的吸上真空度亦随安装地区的大气压强、输送液体的性质和温度而变，所以往复泵的吸上高度也有一定的限制。

(4)不能简单地用排出管路阀门来调节流量，一般采用旁路调节装置，如图 2-47 所示。

在往复泵出口处装有旁路，使一部分液体有可能返回进口处。这样，在旁路上装调节阀，改变调节阀的开启程度，即可调节流量。图 2-47 中安全阀是在输出端压力超过一定限度时自动开启，以保证系统安全运转。

往复泵主要适用于小流量、高压强(排出压力高于 10 MPa)的场合，输送高黏度液体时的效果比离心泵好。但不能输送腐蚀性液体和有固体颗粒的悬浮液。

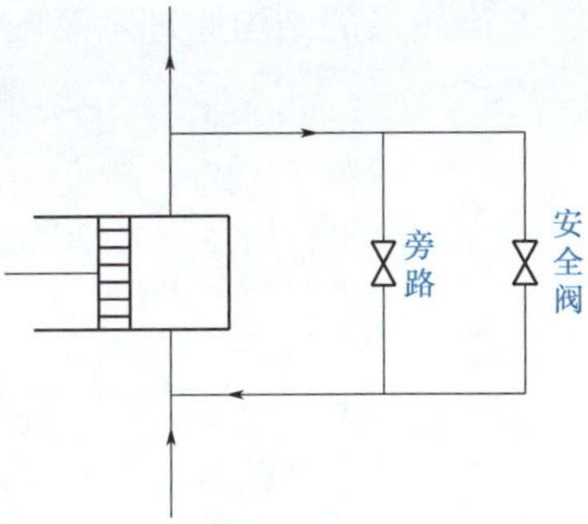

图 2-47 旁路调节流量示意图

二、计量泵

计量泵又称比例泵，从操作原理来看就是往复泵。

典型的计量泵结构形式如图 2-48 所示。通过偏心轮把电机的旋转运动变成柱塞的往复运动。偏心轮的偏心距离可以调整，可使得柱塞的冲程随之改变。

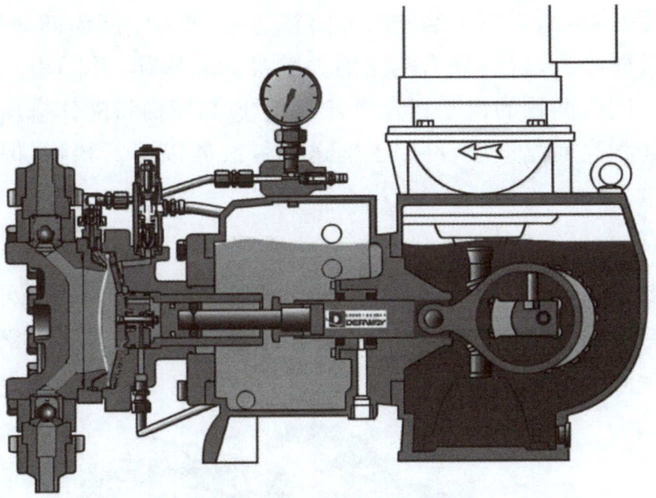

图 2-48 计量泵

单位时间内柱塞的往复次数不变时，泵的流量与柱塞的冲程成正比，所以可通过调节冲程而达到比较严格地控制和调节流量的目的。

计量泵适用于要求输液量十分准确而又便于调整的场合，如向化工厂的反应器中定量输送反应原料液。有时还可以通过电机带动几台计量泵的方法，使每股液体的流量稳定且各股流量的比例也固定。

学习笔记

三、旋转泵

旋转泵是靠泵内一个或多个转子的旋转来吸入与排出液体，又称转子泵。旋转泵的结构形式多样，但其操作原理都是相似的。工业中，较为常见的旋转泵类型有齿轮泵和螺杆泵。

(一)齿轮泵

齿轮泵的结构原理示意图如图 2-49 所示。

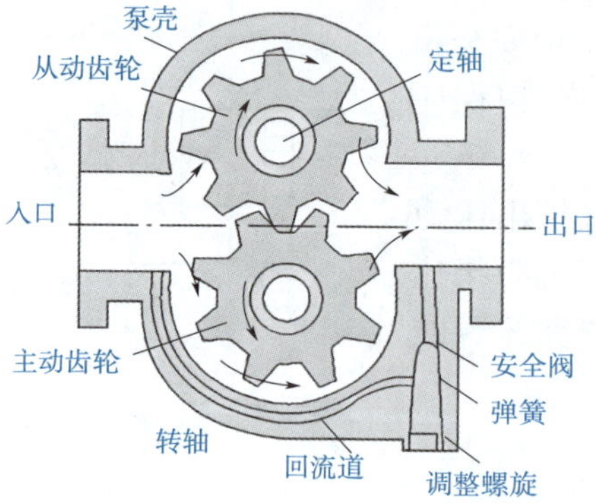

(a)

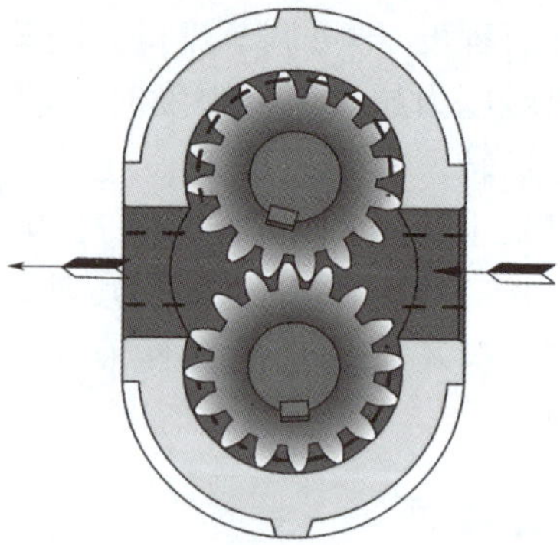
(b)

图 2-49　齿轮泵结构原理简图

泵壳内有两个齿轮，其中一个齿轮靠电机带动旋转，称为主动轮，另一个是靠与主动轮相啮合而转动，称为从动轮。两齿轮与泵体间形成吸入和排出两个空间。

当齿轮按图 2-49(a)中所示的箭头方向转动时，吸入空间内两轮的齿互相拨开，形成低压而将液体吸入，然后分为两路沿壳壁被齿轮嵌住，并随齿轮转动而达到排出空间。排出空间内两轮的齿互相合拢，于是形成高压而将液体排出。

齿轮泵的扬程高而流量小，可用于输送黏稠液体以至膏状物，但不能输送有固体颗粒的悬浮液。

(二)螺杆泵

螺杆泵主要由泵壳与一根或两根以上的螺杆构成，如图 2-50 所示。

双螺杆泵与齿轮泵十分相似，利用两根相互啮合的螺杆来排送液体。当所需的液体排出压强很高时，可采用较长的螺杆。

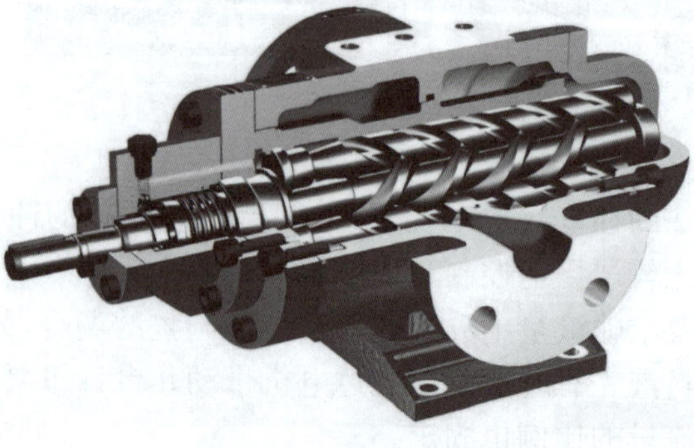

图 2-50　双螺杆泵

学习笔记

螺杆泵扬程高，效率高，噪声小，适于在高压下输送黏稠性液体。

泵的工作原理是靠螺杆在具有内螺旋的泵壳中转动，将液体沿轴向推进，最后挤压至排出口而排出。

以上所述的各种往复泵和旋转泵都是容积式泵或统称正位移泵。

正位移泵内的液体在泵内不能倒流，只要活塞在单位时间内以一定往复次数运动或转子以一定转速旋转，就排出一定体积流量的液体。

若把泵的出口堵死而继续运转，泵内压强便会急剧升高，造成泵体、管路和电机的损坏。

因此，正位移泵既不能像离心泵那样启动时把出口阀门关死，也不能用出口阀门调节流量，必须在排出管与吸入管之间安装回流支路，用支路阀配合来进行流量调节，如图 2-51 所示。

液体经吸入管路上的阀门 1 进入泵内，经排出管路上的阀门 2 排出，并有一部分经支路阀门 3 流回吸入管路。排出流量由阀门 2 及阀门 3 配合调节。

在泵运转过程中，阀门 2、阀门 3 至少有一个是开启的，以保证泵送出的液体有去处。

若泵出口端的压强超过一定限度时，安全阀 4 即自动开启，泄回一部分液体，以减轻泵及管路所承受的压力。

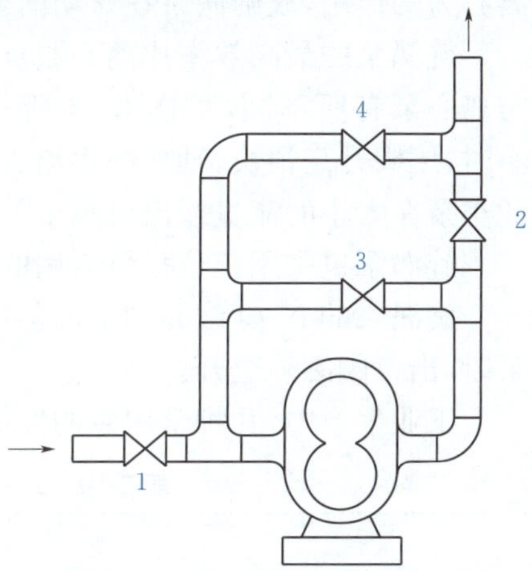

1—吸入管路上的阀门；2—排出管路上的阀门；
3—支路阀门；4—安全阀。

图 2-51 正位移泵的流量调节

四、旋涡泵

旋涡泵是一种特殊类型的离心泵，主要结构由泵壳和叶轮组成，如图 2-52 所示。

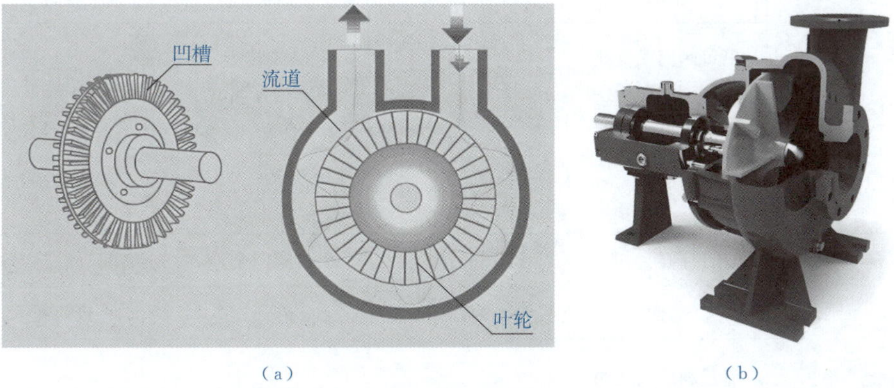

（a）　　（b）

图 2-52 旋涡泵

叶轮是一个圆盘，四周铣有凹槽而构成叶片，并成辐射状排列。叶片数目可多达几十片。泵内结构情况如图 2-52(b)所示，叶轮上有叶片，在泵壳内旋转，泵壳内有引水道，吸入口和排出口间有间壁，间壁与叶轮只有很小的缝隙，使吸入腔和排出

学习笔记

腔得以分隔开。

泵内液体随叶轮旋转的同时，又在引水道与各叶片间反复做旋转运动，因而被叶片拍击多次，获得较多的能量。

旋涡泵适用于要求输送量小、扬程高而黏度不大的液体。

旋涡泵的效率一般不超过40%。

液体在叶片与引水道之间的反复迂回是靠离心力的作用，故旋涡泵在开动前要灌满液体。

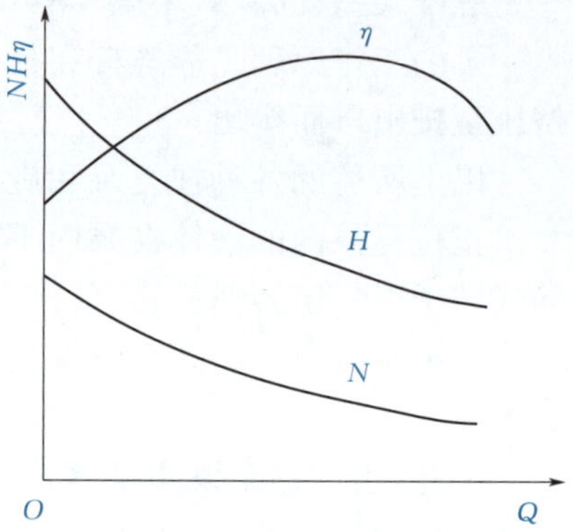

图 2-53 旋涡泵特性曲线示意图

旋涡泵的最高效率比离心泵低，特性曲线也与离心泵有所不同，如图2-53所示。当流量减小时，压头升高很快，轴功率也增大，所以应避免此类泵在太小的流量或出口阀全关的情况下作长时运转，以保证泵和电机的安全。

旋涡泵也采用正位移泵所用的回流支路来调节流量。

旋涡泵的 N-Q 线是向下倾斜的，当流量为零时，轴功率最大，所以在启动旋涡泵时，出口阀必须全开。

工业生产中，几种常用泵的性能比较、适用场合见表2-10。

表 2-10 几种常用泵性能比较及适用场合

泵类型		非正位移泵		正位移泵	
		离心泵	旋涡泵	往复泵	旋转泵
流量	均匀性	均匀	均匀	脉动	尚均匀
	恒定性	随管路阻力特性而变		恒定	恒定
	范围	广，易达大流量	小流量	较小流量	小流量
压头		不易达高压头	低压头	高压头	较高压头
效率		稍低	低	高	较高
操作	流量调节	出口阀门或变频调节	旁路调节	旁路或转速、活塞行程调节	旁路调节
	自吸作用	无	部分型号有自吸作用	有	有
	启动	出口阀门关闭	出口阀门全开	出口阀门全开	出口阀门全开
	维修	简便	简便	麻烦	较简便
适用场合		流量和压头适用范围广，尤其适宜于大流量、中压头；高黏度液体不适用	小流量、较高压头、低黏度清洁液体	小流量、高压头、不含杂质的黏性液体	小流量、较高压头、高黏度的液体

专题三　气体输送和压缩机械

输送和压缩气体的设备统称气体压送机械，其作用与液体输送设备颇为类似，都是对流体作功，克服气体在管路中流动阻力和管路两端的压强差以输送气体，或提高气体的压强(或产生真空)以满足工艺过程的需求。由于气体是可压缩流体，按理想气体状态方程，当气体压力发生变化，其体积和温度也会随之变化，这对气体输送机械的结构和形状都有较大影响。

一、认识气体输送机械

(一)按排气压力分类

气体压送机械一般可按其出口气体的压强或压缩比(气体进出口绝对压强之比)来分类，具体见表 2-11。按排气压力分类时，一般提升压力小于 0.2 MPa 时称为鼓风机，提升压力小于 0.02 MPa 时称为通风机。有的文献中分别以 15 kPa、300 kPa 作为不同分类界限。

表 2-11　按排气压力对气体输送机械分类

名　称		排 气 压 力
风机	通风机	<15 kPa
	鼓风机	0.015～0.2 MPa
压缩机	低压压缩机	0.2～1.0 MPa
	中压压缩机	1.0～10 MPa
	高压压缩机	10～100 MPa
	超高压压缩机	>100 MPa
真空泵		将容器/设备内气体抽出，制造真空，气体出口压强为大气压或略高于大气压

(二)按工作原理分类

按工作原理，压缩机可分为“容积式”和“动力式”两大类。容积式压缩机直接对一可变容积工作腔中的气体进行压缩，使该部分气体的容积缩小、压力提高，其特点是压缩机具有容积可周期变化的工作腔。容积式压缩机工作的理论基础是反映气体基本状态参数 p、V、T 关系的气体状态方程。

动力式压缩机首先使气体流动速度提高，即增加气体分子的动能，然后使气流速度有序降低，使动能转化为静压能，与此同时气体容积也相应减小，其特点是压缩机具有驱使气体获得流动速度的叶轮。动力式压缩机在个别文献中称为“速度式”或“叶轮式”压缩机。动力式压缩机工作的理论基础是反映流体静压能与动能守恒关系的流体力学伯努利方程。压缩机的种类和形式很多，不同压缩机的结构和特点差别巨大，因而其适用的场合、性能、造价、尺寸重量等指标也相差甚远。压缩机按结构、工作特征分类和命名见表 2-12。

学习笔记

表 2-12　压缩机按结构、工作特征分类

按工作原理	按工作腔中运动部件或气流工作特征	按工作腔中运动部件结构特征
容积式	往复式	活塞式
		柱塞式
		隔膜式
	回转式	双螺杆(螺杆)式
		单螺杆式
		涡旋式
		罗茨式
		滑片(旋叶)式
		滚动活塞(转子)式
		螺旋叶片式
		单齿转子式
		液环(液体活塞)式
		三角转子(汪克尔)式
动力式	离心式	叶轮(透平)式
	轴流式	
	旋涡式	
	喷射式	喷射泵

拓展阅读

透平机械:“透平”是英语 Turbine 的音译,其意为涡轮机械,泛指具有叶片或叶轮的旋转机械,如汽轮机、燃气轮机、水轮机等。故离心式压缩机行业内也常称为透平式压缩机。

(三)按压缩级数分类

在容积式压缩机中,每经过一次工作腔压缩后,气体由于压缩升温,一般便进入中间冷却器中进行一次冷却,这称为一级。而在动力式压缩机中,往往经过两次或两次以上叶轮压缩后,才进入冷却器进行冷却,把每进行一次冷却的数个压缩“级”合称为一个“段”。

单级压缩机:气体仅通过一次工作腔或叶轮压缩。

两级压缩机:气体顺次通过两个串联工作腔或叶轮压缩。

多级压缩机:气体顺次通过多个工作腔或叶轮压缩,相应通过几次便是几级压缩机。

学习笔记

(四)按功率大小分类

压缩机按功率大小分类见表 2-13。

表 2-13 压缩机按功率分类

名　称	功　率/kW	一般配用电源/V
小型压缩机	<5	220
中型压缩机	5～450	380
大型压缩机	≥450	3 000 或 6 000

(五)压缩机主要用途

压缩机的用途极为广泛，遍布工农业、交通运输、国防甚至生活的各个领域。按照气体被压缩的目的，大致可区分为如下四类：

1. 动力用压缩机

利用压缩空气驱动各种工具和器械已经应用得非常广泛，如风镐、风钻、气力扳手、造型机、车辆制动、仪表控制等。纺织工业中利用压缩空气吹送纬线以替代梭子，食品和制药工业用压缩空气搅拌浆液，中大型发动机用压缩空气启动，高压空气爆破采煤，鱼雷发射，潜艇沉浮等。这些场合均需用到不同压力的压缩空气，具有安全、可靠、方便、洁净等优点。

2. 化工工艺用压缩机

在化学工业中将气体压力提高有利于化学反应的进行，提高反应速度和产率，并可相应减小设备尺寸，降低工程造价。如化肥生产中的合成氨工艺要使氢气和氮气在 15～100 MPa 的压力下反应，尿素生产需要在 21 MPa 下使二氧化碳和氨发生化学反应，而由乙烯聚合生产塑料的工艺则需要高达 280 MPa 的工作压力，石油加氢精炼需要 7～32 MPa 的压力。

3. 制冷和气体分离用压缩机

制冷设备中需要把从蒸发器吸完热后的气态制冷剂继续提高压力，以便其在冷凝器中放热冷凝成液态，这需要压缩机提供 1.5～12 MPa 的压力。在气体分离工业(如空分)，需要用压缩机先将混合气体提高压力，然后进行冷却和膨胀降温并变成液态，最后利用不同组分沸点差将其蒸发分离。

4. 气体输送用压缩机

气体输送有管道输送和装瓶输送两种方式。气量大时由管道输送，此时压缩气体的目的是提高气体压力以克服流动过程中的管道阻力，并使较小的管径输送尽可能多的气体，如天然气管道输送需要 1～10 MPa 的压力。气量小时用容器装运，因容器一般体积有限，所以为装运更多的气体，往往将充气压力定得高一些，如天然气汽车加气站气体转运槽车的运输压力是 20 MPa，而燃料电池汽车车载氢气瓶的充装压力是 35～70 MPa。

各种压缩机热力性能与结构特点比较见表 2-14。在某些范围内几种形式的压缩机都可应用，此时应根据压力与流量以外的其他要求，如尺寸、重量、成本、可靠性、可维护性、安全性、供货周期等因素来选择压缩机型式。

学习笔记

表 2-14　各种压缩机性能与结构特点的比较

名　称	往　复　式	回　转　式	离　心　式	轴　流　式
排气压力/MPa	一般为 0.2～32，最高 700	一般为 0.2～32，最高 4.5	一般为 0.2～15，最高 70	一般为 0.2～0.8
容积流量/(m^3/min)	一般为 0.1～400，最小 0.01	0.1～500	10～3 000	200～10 000
调节性能	排气压力稳定	排气压力稳定	排气压力随流量变化	排气压力随流量变化
绝热效率	较高	一般	一般	较高
结构、零部件	复杂	较简单	简单	简单
可靠性	一般	高	高	高
寿命	一般	较长	长	长
制造要求	一般	大多很高	高	高
安装维修	较复杂	较简单	较简单	较简单
工作腔润滑	有、无	有、无	无	无
气体带液适应性	差	强	不可	不可

(六)压缩机的一些术语和基本概念

1. 表压力和绝对压力

用压力表测得的压力称为表压力，它是设备中工质绝对压力与当地大气压力之差，大气压力可由气压计测量。显然，同样的设备，安装使用地点不同，由于当地大气压不同，表压也会不同。表压力的数值后一般加符号“(G)”表示。

2. 吸、排气压力

压缩机首级汽缸工作腔进气法兰和末级汽缸工作腔排气法兰接管处测得的气体压力称为压缩机的吸、排气公称压力(名义压力)，简称压缩机的吸、排气压力。在某些场合，压缩机的排气压力也称“背压”。相应多级压缩机每一级的汽缸工作腔进、排气法兰接管处测得的气体压力称为级的公称(名义)吸、排气压力，并认为前级排气压力与后级吸气压力的名义值相等，称为级间压力。名义吸、排气压力分别用符号 p_s、p_d 表示。

3. 吸、排气温度

压缩机首级汽缸工作腔进气法兰和末级汽缸工作腔排气法兰接管处测得的气体温度称为压缩机的吸、排气温度。相应每一级工作腔进、排气法兰接管处测得的气体温度称为级的吸、排气温度。吸、排气温度分别用符号 T_s、T_d 表示。

4. 压力比

压缩机的压力比也称总压力比，是指末级排气接管处测得的名义排气压力与首级进气接管处测得的名义吸气压力之比，用符号 ε_t 表示。注意，计算压力比时，进排气压力均应换算成绝对压力。相应各级名义吸、排气压力之比称为级的名义(公称)压力比,或简称级的压力比。名义压力比用符号 ε 表示。

5. 工况

压缩机运行所在的进、排气压力和进气温度状态参数称为压缩机的“工况”,压缩机铭牌上所标的参数工况称为“额定工况”,偏离“额定工况”运行则称为“变工况”运行。

6. 标准状态

标准状态指压力为 1 atm(=101 325 Pa)、温度为 0 ℃的状态。

7. 基准状态

基准状态指压力为 1 atm(=101 325 Pa)、温度为某基准值 t_N 的状态。在美、英、澳等国家 t_N=15 ℃;在欧洲和日本 t_N=0 ℃;在中国 t_N=20 ℃,但民用燃气供应领域 t_N=0 ℃。

8. 绝热指数

气体的定压比热与定容比热之比,如空气的绝热指数 k 为 1.4。

二、通风机

通风机是依靠输入的机械能,提高气体压力并排送气体的机械,广泛用于设备及环境的通风、排尘和冷却等。按气体流动的方向,通风机可分为轴流式、离心式、斜流式和横流式等类型。

(一)轴流式通风机

轴流式通风机主要由圆筒形机壳及带螺旋桨式叶片的叶轮构成,如图 2-54 所示。由于流体进入和离开叶轮都是轴向的,故称为轴流式风机。

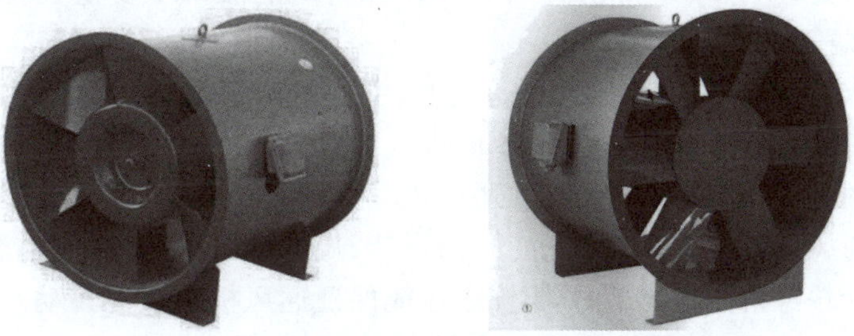

图 2-54 小型低压轴流式通风机

工作时,原动机驱动叶轮在圆筒形机壳内旋转,气体从集流器进入,通过叶轮获得能量,提高压力和速度,然后沿轴向排出。轴流通风机的布置形式有立式、卧式和倾斜式三种,小型的叶轮直径只有 100 mm 左右,大型的可达 20 m 以上。

小型低压轴流式通风机(见图 2-54)由叶轮、机壳和集流器等部件组成,通常安装在建筑物的墙壁或天花板上;大型高压轴流式通风机结构相对复杂,主要由集流器、叶轮、流线体、机壳、扩散筒和传动部件组成。叶片均匀布置在轮毂上,数目一般为 2~24。叶片越多,风压越高;叶片安装角一般为 10°~45°,安装角越大,风量和风压越大。轴流式通风机的主要零件大都用钢板焊接或铆接而成。

轴流式通风机可分为 T35、BT35、T40、GD30K-12、JS20-11、GD 系列、SS 系列和 DZ 系列等。它具有风压低、风量大的特点,用于工厂、仓库、办公室、住宅等地方

学习笔记

的通风换气。目前,在热能动力、化工等行业的凉水塔中也得到了广泛应用。

(二)离心式通风机

1. 离心式通风机基本结构及工作原理

离心式通风机按所产生的风压不同,可分为:

低压离心式通风机:出口风压低于 0.9807×10^3 Pa(表压);

中压离心式通风机:出口风压为 $0.9807\times10^3\sim2.942\times10^3$ Pa(表压);

高压离心式通风机:出口风压为 $2.942\times10^3\sim14.7\times10^3$ Pa(表压)。

离心式通风机的结构和单级离心泵相似。它的机壳也是蜗牛形,但机壳截面有方形和圆形两种,一般低、中压通风机多是方形,高压的多为圆形,如图 2-55 所示。

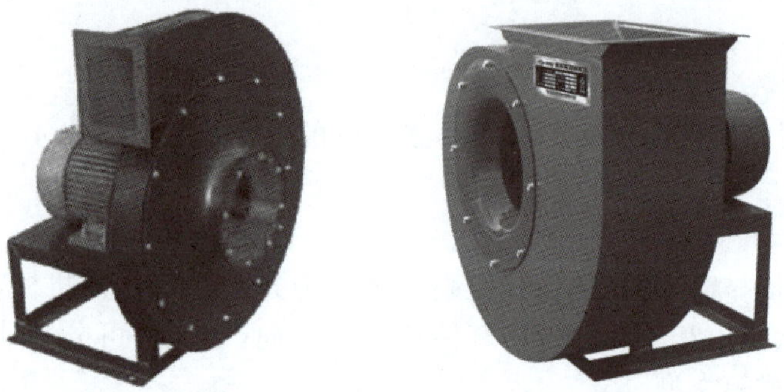

图 2-55 典型离心式通风机

工作时,原动机驱动叶轮在蜗形机壳内旋转,气体经吸气口从叶轮中心处吸入。由于叶片对气体的动力作用,气体压力和速度得以提高,并在离心力作用下沿着叶轮流道甩向机壳,从排气口排出。因气体在叶轮内的流动主要是在径向平面内,故又称径流通风机。

小型通风机的叶轮直接装在电动机上,中、大型通风机通过联轴器或皮带轮与电动机连接。离心式通风机一般为单侧进气,用单级叶轮;流量大的可双侧进气,用两个背靠背的叶轮,又称双吸式离心通风机。

叶轮是通风机的主要部件,它的几何形状、尺寸、叶片数目和制造精度对性能有很大影响。叶轮经静平衡或动平衡校正才能保证通风机平稳地转动。

按叶片出口方向的不同,叶轮分为前向、径向和后向三种形式。前向叶轮的叶片顶部向叶轮旋转方向倾斜;径向叶轮的叶片顶部是向径向的,又分直叶片式和曲线型叶片;后向叶轮的叶片顶部向叶轮旋转的反向倾斜。

前向叶轮产生的压力最大,在流量和转数一定时,所需叶轮直径最小,但效率一般较低;后向叶轮相反,所产生的压力最小,所需叶轮直径最大,效率一般较高;径向叶轮介于两者之间。叶片的型线以直叶片最简单,机翼型叶片最复杂。

为了使叶片表面有合适的速度分布,一般采用曲线形叶片,如等厚度圆弧叶片。叶轮通常都有盖盘,以增加叶轮的强度和减少叶片与机壳间的气体泄漏。叶片与盖盘的连接采用焊接或铆接。焊接叶轮的重量较轻,流道光滑。低、中压小型离心通风机的叶轮也有采用铝合金铸造的。

离心式通风机的叶片数目比较多且长度较短。低压通风机的叶片常是平直的,与轴心成辐射状安装。中、高压通风机的叶片是弯曲的。

同轴流式通风机相比，离心式通风机具有流量小、压头大的特点，前者的风压约为 9.8×10^{-3} MPa，后者的风压则可达到 0.2 MPa；在安装上，轴流式通风机的叶轮多为裸露安装，离心式通风机的叶轮多采用封闭安装。

2. 离心式通风机的性能参数与特性曲线

离心式通风机的主要性能参数有风量（流量）、风压（压力）、轴功率、效率和转速。另外，噪声和振动也是通风机主要技术指标。

由于气体通过风机的压强变化较小，在风机内运动的气体可视为不可压缩，所以离心泵基本方程式亦可用来分析离心式通风机的性能。

(1)风量

风量是单位时间内从风机出口排出的气体体积，并以风机进口处气体的状态计量，以 Q 表示，单位为 m^3/h。

(2)风压（又称全风压或全压）

风压是指单位体积的气体流过风机时所获得的总能量，以 H_T 表示，单位为 $J/m^3=N/m^2$（即 Pa）。由于风压的单位与压力的单位相同，故称风压。由于是压强的单位，习惯上也用 mmH_2O 来表示。

风压有静风压、动风压、全风压之分。

用下标 1、2 分别表示气体在风机进口与出口的状态。在风机的吸入口与压出口之间，列伯努利方程式

$$z_1+\frac{u_1^2}{2g}+\frac{p_1}{\rho g}+H=z_2+\frac{u_2^2}{2g}+\frac{p_2}{\rho g}+H_f$$

上式各项均乘以 ρg，并加以整理得

$$\rho gH=\rho g(z_2-z_1)+(p_2-p_1)+\frac{\rho(u_2^2-u_1^2)}{2}+\rho gH_f$$

对于气体，式中 ρ 及 (z_2-z_1) 值都比较小，故 $\rho g(z_2-z_1)$ 可忽略；因进出口管段很短，气体流动阻力 ρgH_f 亦可忽略；当空气直接由大气进入通风机时，u_1 也可忽略。记 $H_T=\rho gH$，则上述伯努利方程式可简化为

$$H_T=(p_2-p_1)+\frac{\rho u_2^2}{2} \tag{2-17}$$

式中 (p_2-p_1)——静风压，以 H_{st} 表示。

$\frac{\rho u_2^2}{2}$——动风压，其物理意义是指单位体积的气体经过风机后因动能的增加而增加的能量；由于离心式通风机出口处气体流速 u_2 较大，故动风压不能忽略。

式(2-17)表示离心式通风机的全风压 H_T 为静风压与动风压之和。

风机性能表上所列的风压，除非特别说明，均指全风压。一般都是在 20 ℃与 $1.013\,3\times10^5$ Pa 条件下用空气测定的（即通过在风机进出口应用伯努利方程的办法确定，与离心泵扬程的测定方法类似），该条件下空气的密度 $\rho=1.2\ kg/m^3$。

若实际操作条件与上述的实验条件不同时，应按式(2-18)将操作条件下的风压 H'_T 换算为实验条件下的风压 H_T，然后以实验条件下的风压 H_T 的数值来选择风机。

学习笔记

$$H_T = H'_T \frac{\rho}{\rho'} = H'_T \frac{1.2g/L}{\rho'} \tag{2-18}$$

式中 H_T——实验条件下的风压，N/m^2；

H'_T——操作条件下的风压，N/m^2；

ρ——实验条件下空气的密度，kg/m^3，$\rho=1.2\ kg/m^3$；

ρ'——操作条件下空气的密度，kg/m^3。

(3)轴功率 N 及效率 η

离心式通风机的轴功率计算式为

$$N = \frac{H_T \cdot Q}{1\,000\eta} \tag{2-19}$$

式中 N——轴功率，kW；

Q——风量，m^3/s；

H_T——全风压，Pa；

η——效率，因按全风压定出，故又称全压效率，其值可达 90%。

应用式(2-19)计算轴功率时，式中的 Q 与 H_T 必须是同一状态下的数值。

根据风压定义式(2-17)，显然风机的轴功率与被输送气体的密度有关。

离心式通风机的操作性能亦可用特性曲线表示。典型离心通风机的特性曲线如图 2-56 所示。

由于离心式通风机的风压有全风压 H_T 和静风压 H_{st} 之分，因此离心式通风机的特性曲线较离心泵多一根曲线。

某种型号的离心式通风机在一定转速下，有风量 Q 与全风压 H_T、静风压 H_{st}、轴功率 N、效率 η 四条关系曲线。曲线所反映的特性与离心泵基本一致，效率也有最高点。

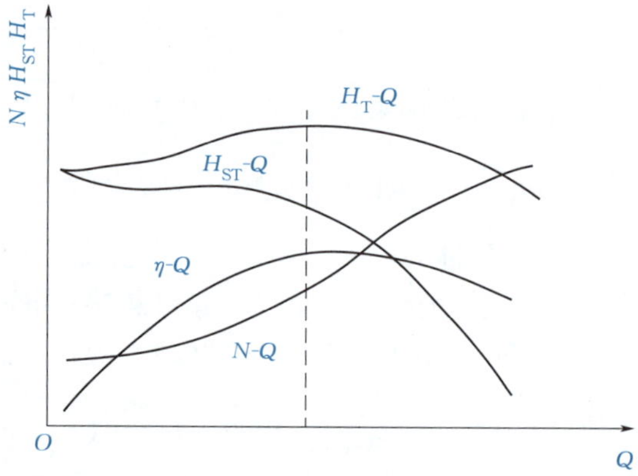

图 2-56 典型离心式通风机的特性曲线

3. 离心式通风机的选择

通风机的类型很多，必须合理选择，以保证经济合理。离心式通风机的选择和离心泵的情况相类似，其选择步骤如下：

(1)根据所输送气体的性质(如清洁空气，易燃、易爆或腐蚀性气体及含尘气体等)与应用场景(如矿井通风、除尘器风机、大型锅炉通/引风机、窑炉系列风机、水泥工业系列风机、烘干系列风机等)，确定风机类型。做方案设计时，可与专业风机厂家联系咨询，确保机型合适。

(2)根据风机使用工艺条件(风压、风量要求)或者伯努利方程式，计算输送系统所需的操作条件下的实际风压 H'_T，并按式(2-18)将 H'_T 换算成实验条件下的风压 H_T。

(3)根据实际风量 Q(以风机进口状态计)与实验条件下的风压 H_T，从风机产品目录中的特性曲线或性能表中选择合适的型号，选择的原则与离心泵相同。

学习笔记

选择风机时，如果操作工况下风量是变化的，应以风量的最大值为准，预留5%～10%的余量，同时应使风机的操作工况点落在高效工作区。通常情形下，符合操作条件的风机会有多个，此时应综合经济性进行选择。

例5 已知空气的最大输送量为14 500 kg/h，在最大风量下输送系统所需的风压为1 600 Pa(以风机进口状态计)。由于工艺条件的要求，风机进口与温度为40 ℃、压强为196 Pa的设备连接。试选择合适的离心通风机。当地大气压强为93.3×10^3 Pa。

解 按式(2-18)将输送系统所需的风压H'_T换算为实验条件下的风压H_T，即

$$H_T=H'_T\frac{1.2}{\rho'}$$

在本书附录中查得空气在$1.013\,3\times10^5$ Pa、40 ℃下的密度为1.128 kg/m³，当地压强下(93.3×10^3 Pa)40 ℃时的密度可通过下式进行换算：

$$\rho'=\rho\times\frac{p_a+p_b}{p_0}$$

式中 ρ'——操作条件下空气的密度，kg/m³；

ρ——$1.013\,3\times10^5$ Pa、某温度下空气的密度，kg/m³；

p_0——常压，即$1.013\,3\times10^5$ Pa；

p_a——当地大气压强，Pa；

p_b——操作条件下风机进口压强，Pa。

为此

$$\rho'=1.128\times(93\,300+196)/101\,330\ \text{kg/m}^3=1.04\ \text{kg/m}^3$$

所以

$$H_T=1\,600\times1.2/1.04\ \text{Pa}=1\,846\ \text{Pa}$$

风量按风机进口状态计，即

$$Q=14\,500/1.04\ \text{m}^3/\text{h}=13\,940\ \text{m}^3/\text{h}$$

根据风量$Q=13\,940$ m³/h和风压$H_T=1\,846$ Pa，查得4-72-11N0.6C型离心通风机可满足要求。其性能参数见表2-15。

表2-15 4-72-11N0.6C型离心通风机性能参数

转速/(r/min)	风压/Pa	风量/(m³/h)	效率/%	所需功率/kW
2 000	1 941.3	14 100	91	10

三、鼓风机

(一)离心鼓风机

离心鼓风机又称透平鼓风机，工作原理与离心通风机相同，结构类似于多级离心泵。气体由吸气口进入后，经过第一级的叶轮和导轮，然后转入第二级叶轮入口，再依次通过以后所有的叶轮和导轮，最后由排出口排出。典型多级离心鼓风机如图2-57所示。

学习笔记

离心鼓风机的送气量大，但产生的风压不高，出口表压强一般不超过 294×10^3 Pa。由于在离心鼓风机中，气体的压缩比不高，所以无须冷却装置，各级叶轮的直径也大体上相等，其选用方法与离心式通风机相同。

图 2-57　多级低速鼓风机

(二)罗茨鼓风机

罗茨鼓风机的工作原理与齿轮泵相似。如图 2-58 所示，罗茨鼓风机机壳内有两个特殊形状的转子，常为腰形或三星形，两转子之间、转子与机壳之间的缝隙很小，使转子能自由转动而无过多的泄漏。两转子的旋转方向相反，可使气体从机壳一侧吸入，从另一侧排出。如改变转子的旋转方向，则吸入口和排出口可互换。

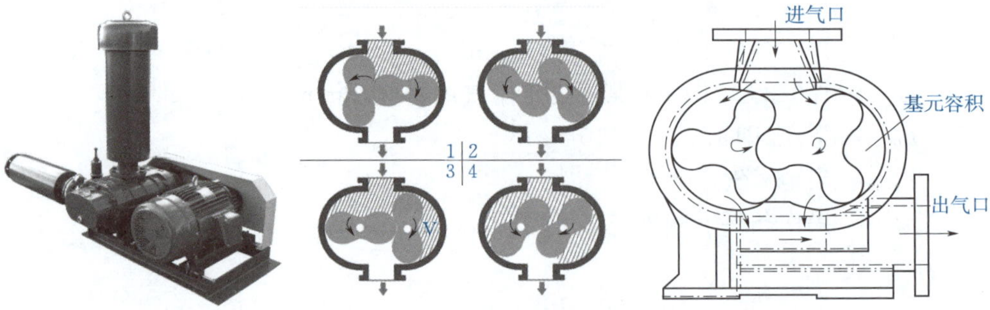

图 2-58　罗茨鼓风机

罗茨鼓风机的风量和转速成正比，而且几乎不受出口压力变化的影响。罗茨鼓风机转速一定时，风量可大体保持不变，故称为定容式鼓风机。

这一类型鼓风机的输气量范围是 2～500 m^3/min，出口表压在 80×10^3 Pa 以内，但在表压为 40×10^3 Pa 左右时效率较高。

罗茨鼓风机的出口应安装气体稳压罐，并配置安全阀。出口阀门不能完全关闭，一般采用回流支路调节流量。此外，操作温度不能高于 85 ℃，否则会引起转子受热膨胀，发生碰撞。

四、压缩机

视频

往复压缩机工作原理动画

(一)往复压缩机

1. 往复压缩机基本结构和工作原理

往复压缩机的构造、工作原理与往复泵相似，常见的小型往复式空气压缩机、大型特种气体压缩机，如图 2-59 和图 2-60 所示。往复压缩机的主要部件有汽缸、活塞、吸气阀和排气阀，依靠活塞的往复运动而将气体吸入和压出。

往复压缩机的机构学原理如图 2-61 所示。曲柄 1 的旋转运动通过来回摆动的连杆 2 转换成十字头 3 的往复运动，活塞 7 通过一根细长的活塞杆 4 连接在十字头上与其同步往复运动。活塞同心地安装在圆筒形汽缸 10 内，汽缸的一端或两端设有端盖，相应的前部和后部端盖称为缸盖和缸座。活塞、汽缸、缸盖和缸座共同围合成的封闭空间就是用于进行气体压缩的工作腔，当活塞在十字头带动下做往复运动时，工作腔容积做周期性变化，即可实现气体的吸入、压缩和排出。

图 2-59　小型往复式空气压缩机

图 2-60　大型特种气体压缩机

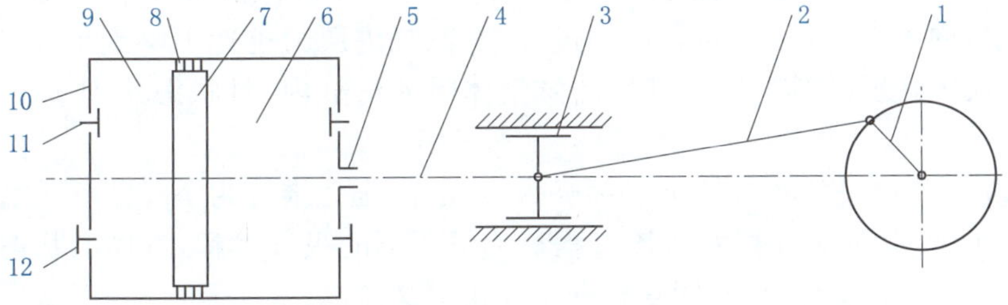

1—曲柄；2—连杆；3—十字头；4—活塞杆；5—填料；6—工作腔；7—活塞；8—活塞环；9—工作腔；10—汽缸；11—进气阀；12—排气阀。

图 2-61　往复压缩机的工作原理及基本构成

气体进出工作腔的控制部件 11、12 分别称为进气阀、排气阀。活塞杆穿出汽缸端盖的部位存在环形间隙，需要进行密封，该密封元件 5 一般为填料。活塞与汽缸之间同样也存在环形间隙，导致活塞两侧产生气体泄漏，对这一部位进行密封的元件 8 称为活塞环。

2. 往复压缩机工作过程

现以单动往复压缩机为例简要说明压缩机的工作程。如图 2-62 所示，吸气阀 S

学习笔记

和排出阀D都装在活塞的一侧，设压缩机入口处气体的压力为 p_1，出口处压力为 p_2。

为便于分析往复压缩机的工作过程，作如下假设：①被压缩的气体为理想气体；②气体流经吸气阀和排气阀的流动阻力可忽略不计，所以在吸气过程中缸内气体的压力恒等于入口处的压力 p_1，在排气过中汽缸内气体的压力恒等于出口处的压力 p_2；③压缩机无泄漏。

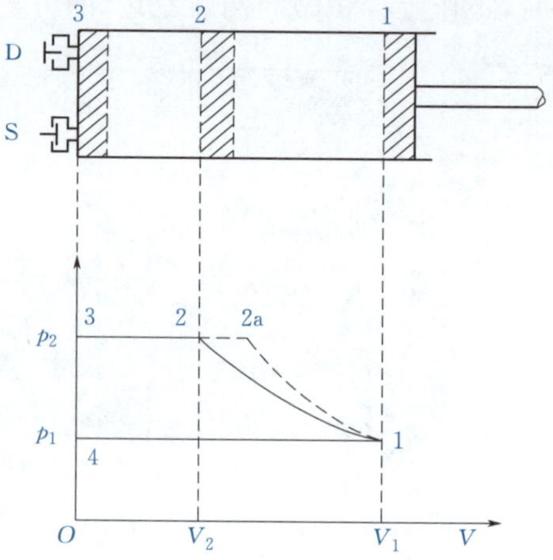

图 2-62　理想压缩的 p-V 图

(1)理想压缩循环

设汽缸中的气体在排气终了被全部排净，即排气终了时活塞与汽缸端盖间没有空隙，或者说没有余隙容积。

如图 2-62 所示，当活塞位于汽缸的最右端时，吸气阀打开而排气阀关闭，缸内气体与外界气体的压力相等，均为 p_1，体积为 V_1，其状态如 p-V 图上点 1 所示。

活塞开始向左运动时，由于吸气阀和排气阀都是关闭的，故气体的体积逐渐减小，压力逐渐上升，当活塞移动到截面 2 时，气体的体积压缩至 V_2，压力升至 p_2，其状态相当于 p-V 图上点 2，该过程称为压缩过程。气体的状态变化以 p-V 图上的曲线 1—2 表示。

当气体的压力达到 p_2 时，排气阀被顶开，随着活塞继续向左移动，气体在压力 p_2 下被排出，活塞移动到端面 3 时，气体全部被排净，该过程称为恒压下的排气过程。气体的状态沿 p-V 图上的水平线 2—3 而变化，直至点 3 为止。此时吸气阀和排气阀均处于关闭状态。

排完气体后，活塞在曲轴连杆机构带动下，又开始从汽缸最左端截面 3 向右移动。因汽缸内无气体，活塞向右运动过程中，汽缸内压力迅速下降到 p_1。此时，排气阀保持关闭，吸气阀被打开，外界新鲜气体吸入汽缸内，且状态达到 p-V 图上的点 4。

随着活塞向右移动，气体被继续吸入，汽缸内压力维持为 p_1，直至活塞达到右端截面 1，即体积为 V_1 时为止，该过程称为恒压下的吸气过程，气体的状态沿 p-V 图上水平线 4-1 而变化，直至回复到点 1 为止。这样，活塞往复一次，压缩机便完成了一个工作循环，再次做往复运动时，便开始了另一循环。

综上所述，图 2-62 所示的往复压缩机的工作循环是由恒压下吸气过程、压缩过程、恒压下排气过程所组成，称为理想压缩循环，或称为理想工作循环。

(2)实际压缩循环

上述过程之所以称为理想压缩循环，是因为假定在排气过程末端能把汽缸内的气体完全排出，即要求活塞移动到气缸的端盖上并与阀门密切接触，显然这样的设计是不适宜的。实际上排气终了时，活塞与汽缸盖之间必须留出很小的空隙，称为余隙。有余隙存在的理想气体的压缩循环称为实际压缩循环。

由于汽缸内有余隙存在，使往复压缩机的实际压缩循环与理想压缩循环不同，

学习笔记

如图 2-63 所示。活塞位于最右端即吸入了压力为 p_1、体积为 V_1 的气体后，就从 p-V 图上的状态点 1 开始进行压缩过程，气体压力达到 p_2 后排气阀被顶开，在恒定压力下进行排气过程，如 p-V 图上的水平线 2-3 所示。

因有余隙存在，排气过程终了时，活塞与汽缸端盖之间仍残存有压力为 p_2、体积为 V_3 的气体。

当活塞向右移动时，汽缸内体积逐渐扩大，残留的高压气体不断膨胀，直至压力降至与吸入压力 p_1 相等为止，此过程为余隙气体的膨胀过程，如 p-V 图中的曲线 3-4 所示。

活塞继续向右移动，吸气阀被打开，在恒定压力 p_1 下进行吸气过程，直至活塞回复到汽缸的最右端截面为止，如图中的水平线 4—1 所示。

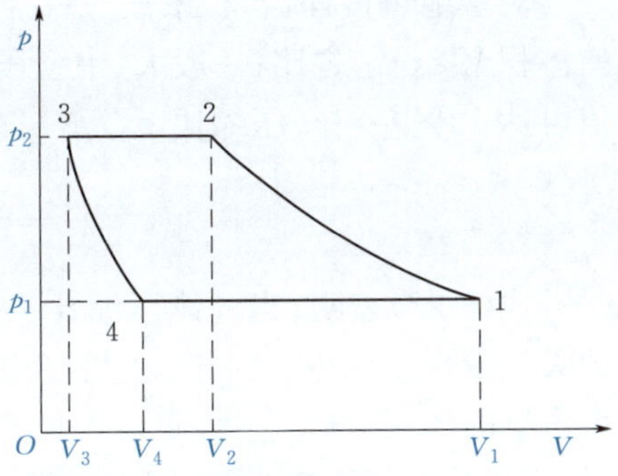

图 2-63 实际压缩循环的 p-V 图

活塞往复一次，完成一个压缩循环。所以实际压缩循环是由吸气、压缩、排气和膨胀四个过程组成。

由图可见，在每一个工作循环中，尽管活塞在汽缸内扫过的体积为 V_1-V_3，但吸入气体的体积只是 V_1-V_4。余隙的存在，明显减少了每一压缩循环的吸气量，而且功耗也会增加，因此往复压缩机结构设计时，应尽量优化减小余隙。

3. 往复压缩机主要性能参数

(1)排气量

往复压缩机的排气量又称压缩机的生产能力，通常将压缩机在单位时间内排出的气体体积换算成吸入状态下的数值，所以又称压缩机的输气量。气体只有被吸进汽缸后方能排出，故排气量的计算应从吸气量出发。

若没有余隙，则往复压缩机的理论吸气量按下式计算：

单动往复压缩机 $$V'_{min}=ASn_r \qquad (2\text{-}20)$$

双动往复压缩机 $$V'_{min}=(2A-a)Sn_r \qquad (2\text{-}21)$$

式中 V'_{min}——理论吸气量，m^3/min；

A——活塞的截面积，m^2；

a——活塞杆的截面积，m^2；

S——活塞行程，m；

n_r——活塞每分钟往复次数，1/min。

由于汽缸里有余隙，余隙气体膨胀后占据了部分汽缸容积；且气体通过吸气阀时存在流动阻力，使汽缸里的压力比吸入气体的压力稍微低一些，汽缸内的温度又比吸入气体的温度高，吸入汽缸的气体也要膨胀而占去一部分有效体积，所以实际吸气量要比理论吸气量少。而且，由于压缩机的各种泄漏，因此实际排气量又比实际吸气量要低。

综合上述原因，实际排气量应为

$$V_{min}=\lambda_d \cdot V'_{min} \qquad (2\text{-}22)$$

式中 V_{min}——压缩机实际排气量，m^3/min；

学习笔记

λ_d——压缩机排气系数，其值一般为(0.8～0.95)λ_0。

λ_0 也称压缩机容积系数，即压缩机一次循环过程中吸入气体的体积(V_1-V_4)与活塞一次扫过的体积(V_1-V_3)之比。

对于绝热过程，容积系数与汽缸余隙容积系数 ε(余隙体积 V_3 与活塞一次扫过的体积 V_1-V_3 之比；一般大、中型压缩机低压汽缸的 ε 值在 8%以下，高压汽缸的 ε 值可达 12%左右)、压缩比 p_2/p_1、气体绝热指数 k 有关，即

$$\lambda_0=1-\varepsilon\left[\left(\frac{p_2}{p_1}\right)^{\frac{1}{k}}-1\right] \tag{2-23}$$

式(2-23)表明，当气体压缩比一定时，余隙系数加大，容积系数就越小，压缩机的吸气量也就减少。对于一定的余隙系数 ε，气体的压缩比越高，余隙气体膨胀后所占汽缸的体积也就越大，使每一循环吸气量下降得更多。当压缩比高到某一程度时，容积系数可能变为零，即当活塞向右运动时，残留在余隙中的高压气体膨胀后完全充满汽缸，以致不能再吸入新的气体。

(2)轴功率与效率

以绝热过程为例，压缩机的理论功率为

$$N_a=p_1V_{\min}\frac{k}{k-1}\left[\left(\frac{p_2}{p_1}\right)^{\frac{k-1}{k}}-1\right]\times\frac{1}{60\times1\ 000} \tag{2-24}$$

式中 N_a——按绝热压缩考虑的压缩机的理论有用功率，kW；

$V_{\min}$——压缩机实际排气量，m^3/min。

但压缩机实际所需的轴功率一定比理论功率大，其原因是：①实际吸气量比实际排气量大，凡吸入的气体都要经历压缩过程，多消耗了能量；②气体在汽缸内湍动及通过阀门等的流动阻力要消耗能量；③压缩机运动部件之间的摩擦也要消耗能量。所以压缩机的轴功率为

$$N=\frac{N_a}{\eta_a} \tag{2-25}$$

式中 N——压缩机所需的轴功率，kW；

η_a——压缩机绝热效率，一般 $\eta_a=0.7\sim0.9$，设计完善的压缩机 $\eta_a\geq0.8$。

4. 多级压缩

前面讨论了气体在一个汽缸内工作的过程，即单级压缩过程。多级压缩过程，即将压缩机内的两个或更多个汽缸串联起来，如图 2-64 所示。气体在第一个汽缸 1 内被压缩后，经中间冷却器 2、油水分离器 3 送入第二个汽缸进行压缩，连续地依次经过若干汽缸的压缩，即达到所要求的最终压力。每经过一次压缩称为一级，每一级的压缩比只占总压缩比的一个分数。

采用多级压缩具有如下优点：

(1)避免排出气体温度过高。化工生产中常遇到将某些气体的压力从常压提高到数千甚至数万 kPa 以上的情况，这时压缩比就很高。对于绝热压缩，排出气体的温度 T_2 随压缩比增加而增高。

$$T_2=T_1\left(\frac{p_2}{p_1}\right)^{\frac{k-1}{k}} \tag{2-26}$$

学习笔记

式中，T_1 为吸入气体温度；k 为绝热压缩指数；p_1，p_2 分别为进排气压力。

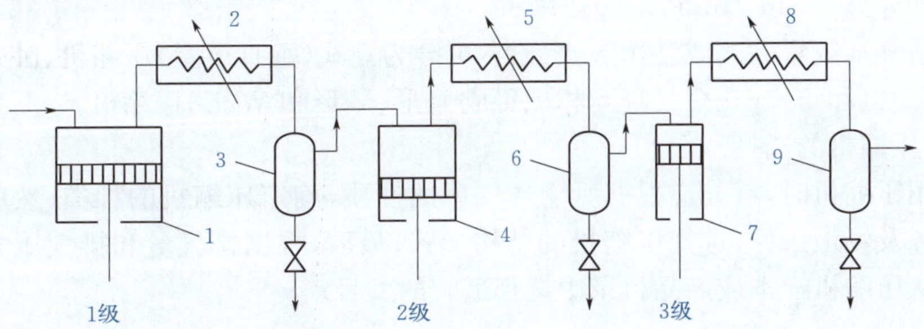

图 2-64 三级压缩示意图

过高的终温导致润滑油黏度降低，失去润滑性能，使运动部件间摩擦加剧，磨损零件，增加功耗。此外，温度过高，润滑油分解，油中低沸点组分挥发与空气混合，使油燃烧，严重时还会造成爆炸事故。因此在实际运转中，过高的油温是不允许的。

(2)减少功耗，提高压缩机的经济性。在同样的总压缩比下，多级压缩采用了中间冷却器，消耗的总功比单级压缩时少。

(3)提高汽缸容积利用率。汽缸内总是不可避免地会有余隙空间存在，当余隙系数一定时，由式(2-23)可知，压缩比愈高，容积系数愈小，汽缸容积利用率愈低。如采用多级压缩，每级压缩比较小，相应各级容积系数增大，从而可提高汽缸容积利用率。

(4)压缩机结构更为合理。若采用单级压缩，为了承受很高终压的气体，汽缸要做得很厚，又因要吸入初压很低、体积很大的气体，汽缸又要做得很大。若采用多级压缩，气体经每级压缩后，压力逐级增大，体积逐级减小，因此，汽缸的直径可逐级减小，缸壁也可逐级增厚。

当压缩比大于 8 时，一般采用多级压缩。但压缩机的级数越多，整个压缩系统结构愈复杂，冷却器、油水分离器等辅助设备的数量也随级数成比例地增加，且为克服阀门、管路系统和设备的流动阻力而消耗的能量也增加，因此，过多的级数也是不合理的。必须根据具体情况，恰当地确定级数。工业上常用级数与终压间的经验关系，见表 2-16。

表 2-16 级数与终压间关系

终压/kPa	<500	500～1 000	1 000～3 000	3 000～10 000	10 000～30 000	30 000～65 000
级 数	1	1～2	2～3	3～4	4～6	5～7

5. 往复压缩机类型与选择

(1)往复压缩机的类型

往复压缩机有多种分类方法，工业上常用的分类方法如下：

①按所压缩气体种类分类，可分为空气压缩机、氨气压缩机、氢气压缩机、石油气压缩机和氧气压缩机等。

②按吸气和排气方式分类，可分为单动式压缩机与多动式压缩机。

③按压缩机产生的终压分类，可分为低压(9.81×10^5 Pa 以下)压缩机、中压($<9.81\times10^6$ Pa)压缩机和高压(9.81×10^6 Pa 以上)压缩机。

学习笔记

④按排气量分类，可分为小型（10 m³/min以下）压缩机、中型（10～30 m³/min）压缩机和大型（30 m³/min以上）压缩机。

⑤按气缸放置方式或结构形式分类，可分为立式（垂直放置）压缩机、卧式（水平放置）压缩机和角式（几个气缸互相配置成L形、V形和W形）压缩机。

（2）压缩机的选择

选用压缩机时，首先应根据所输送气体的性质，确定压缩机的种类；然后，根据生产任务及场地条件，选择压缩机的结构形式；最后，根据排气量和排气压力（或压缩比），从压缩机样本或产品目录中选择适宜的型号。

（二）离心式压缩机

视频 离心式压缩机工作原理

1. 离心式压缩机基本结构和工作原理

离心式压缩机常称为透平压缩机，主要结构、工作原理都与离心鼓风机相似，其主要特点是转速高（一般5 000 r/min以上，高转速可超过10 000 r/min），离心压缩机的叶轮级数多（可在10级以上），故能产生更高的压强。目前离心式压缩机的送气量可以达到3 500 m³/min，出口最大压力可以达到70 MPa。

离心式压缩机工作时，气体由吸气室吸入，通过叶轮对气体作功，使气体压力、速度、温度提高。然后流入扩压器，使速度降低，压力提高。弯道和回流器主要起导向作用，使气体流入下一级继续压缩。最后，由末级出来的高压气体经排气口输出。

由于气体在压缩过程中温度升高，而气体在高温下压缩，功耗将会增大，为了减少压缩耗功，故对排气压力较高的多级离心式压缩机在压缩过程中采用中间冷却器，即由某中间级出口的气体，不直接进入下一级，而是通过蜗室和出气管，引到外面的中间冷却器进行冷却，冷却后的低温气体，再经吸气室进入下级压缩。

离心式压缩机零件很多，这些零件又根据它们的作用组成各种部件。我们把离心式压缩机中可以转动的零部件统称为转子，不能转动的零部件称为定子。
典型离心压缩机外观结构、主轴及叶轮分布如图2-65所示。

离心压缩机流量大，供气均匀，体积小，机体内易损部件少，可连续运转且安全可靠，维修方便。但也存在制造精度要求高、加工难度大、给气量变动时压力不稳定、负荷不足时效率显著下降等缺点。

每台压缩机出厂前必须标出其流量、压力、转速、功率等主要性能参数，并注明其进气条件和介质种类。离心式压缩机型号命名及含义通常由压缩机厂家企业标准定义，一般命名由以下四部分组成，如图2-66所示。

型号：EI800-3. 4/0. 98

结构特点：二段三级（见图2-67）

流量：800 m³/min

压力：3. 4/0. 98 kgf/cm²

2. 离心式压缩机特性曲线、工作点与气量调节

（1）性能曲线

离心式压缩机的性能曲线（亦称特性曲线）是全面反映压缩机性能参数之间变化关系的曲线，它包括转速和进口条件下的压力比（或出口压力）与流量、效率与流量的性能曲线。离心式压缩机典型的性能曲线如图2-68所示。

学习笔记

（a）单级单吸悬臂离心压缩机

（b）E系列单段多级压缩机主轴

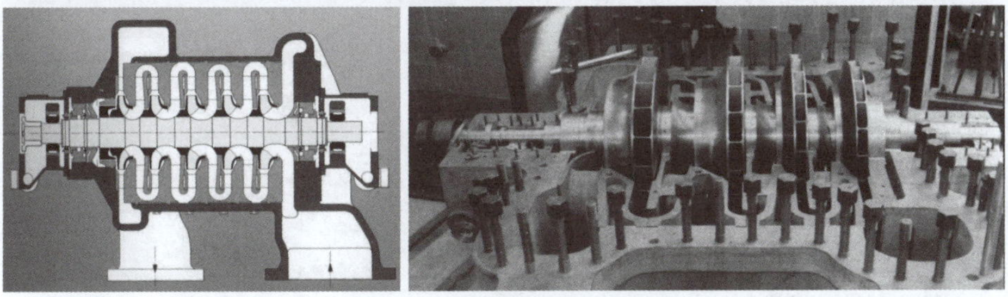

（c）E系列多级双支承压缩机结构示意及实物

图 2-65　典型压缩机结构

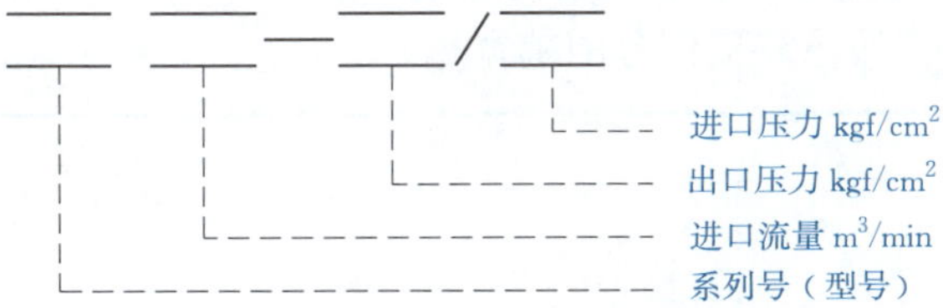

图 2-66　离心式压缩机型号说明

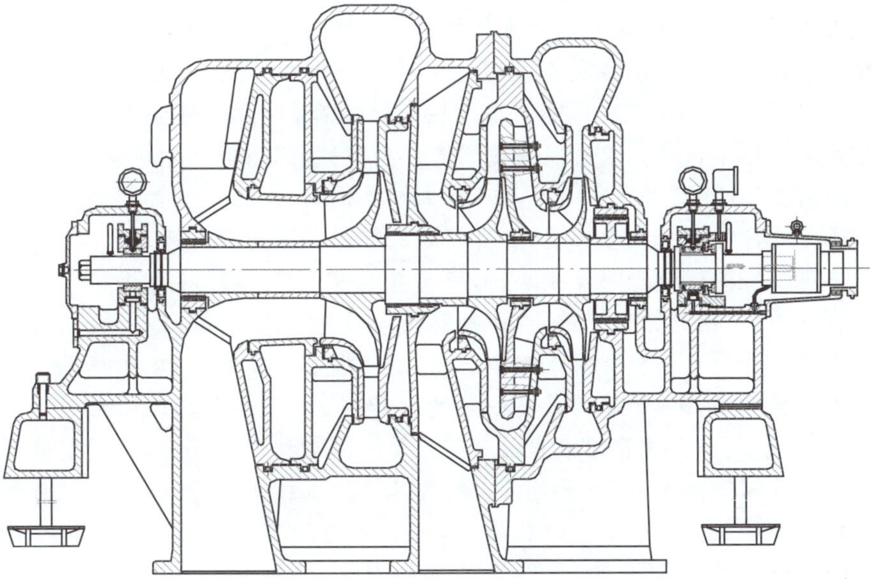

图 2-67　EI800-3.4/0.98 离心式压缩机

学习笔记

与离心泵类似，离心式压缩机的特性曲线是对特定的压缩机、在一定的转速下通过实验测定的。性能曲线上的某一点即为压缩机的某一运行工作状态（简称工况）。所以该性能曲线亦即压缩机的变工况性能曲线。这种曲线一目了然地表达了压缩机的工作特性，使用非常方便。功率与流量的关系可由压缩比、效率这两条曲线派生出来，有的列出，有的不列出。

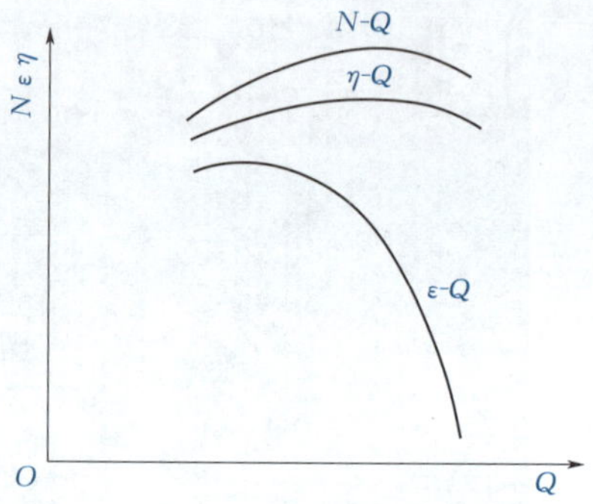

图 2-68　离心式压缩机性能曲线

就压力比和流量的性能曲线而言，在一定转速下，流量增大，压缩机的压力比将下降，反之则上升。

(2)最佳工况点

通常将效率与流量曲线上的效率最高点称为最佳工况点，一般是该机器设计计算的工况点。在最佳工况点左右两边的各工况点，其效率均有所降低。从节能的观点出发，要求选用机器时，尽量使机器运行在最佳工况点上或尽量靠近最佳工况点，以减少能量的消耗与浪费。

(3)稳定工作范围

压缩机性能曲线的左侧受到喘振工况的限制，右侧受到堵塞工况的限制，在这两个工况之间的区域称为压缩机的稳定工作范围。压缩机变工况（压缩机转速改变、流量减小或增大）的稳定工作范围越宽越好。

知识延展

1. 压缩机的喘振

当离心式压缩机流量减少至某一值时，会使叶轮叶片非工作面上的气流边界层严重分离，并沿叶道扩张开来，但由于各叶片制造与安装不尽相同，又由于来流的不均匀性，使气流脱离往往在一个或几个叶片上首先发生，这种现象称为“旋转脱离”。旋转脱离区有时也可能同时在某几个叶道中出现，而形成数个脱离团。叶片扩压器中同样存在旋转脱离，而且旋转脱离往往是首先在叶片扩压器中出现。旋转脱离使气流产生流速、压力等参数的周向脉动，其脉动的幅值小，而频率高。对叶片产生周期性的交变作用力，如该交变作用力的频率与叶片的固有频率相近，有可能造成叶片共振而遭破坏。

当压缩机的流量进一步减小时，叶道中的若干脱离团就会连在一起成为大的脱离团，占据大部分叶道，这时气流流动受到严重阻塞，致使性能曲线中断与突降。叶轮虽仍旋转对气流作功，但不能提高气体的压力，于是压缩机出口压力显著下降。由于管网具有一定的容积，因此管网中的气体压力不可能很快下降，于是会出现管网中的压力反大于压缩机的出口压力，从而使管网中的气体向压缩机倒流，并使压缩机中的气体冲出压缩机的进口，一直到管网中的压力下降至等于压缩机出口的压力，这时倒流停止。气流又在旋转叶轮的作用下正向流动，提高压力，并向管网供气，随之流经压缩机的流量又增大。但

学习笔记

当管网中的压力迅速回升，流量又下降时，系统中的气流又产生倒流，如此正流、倒流反复出现，使整个系统发生周期性的低频大振幅的轴向气流振荡现象，这种现象称为压缩机喘振。

以上对压缩机发生喘振的机理分析表明，旋转脱离是喘振的前奏，而喘振是旋转脱离进一步恶化的结果。发生喘振的内在因素是叶道中几乎充满了气流的脱离，而外在条件与管网的容积和管网的特性曲线有关。也有的离心式压缩机当流量减小时，由稳定工况直接突然变成了喘振工况，由于旋转脱离是后期研究发现的，故往往将小流量的不稳定工况通称为喘振。

喘振造成的后果是很严重的，它不仅使压缩机的性能恶化，压力和效率显著降低，机器出现异常的噪声、吼叫和爆声，而且使机器出现强烈的振动，致使压缩机的轴承、密封遭到损坏，甚至发生转子和固定部件的碰撞，造成机器的严重破坏。所以，应严格防止压缩机进入喘振工况，一旦发生喘振，应立即采取措施消除或停机。

2. 压缩机的堵塞工况

当离心式压缩机流量不断增大时，会使叶片工作面上气流发生分离（注意：喘振是在叶片非工作面发生气流边界层分离，二者完全不一样），当流量达到最大值时，叶轮作功全变为能量损失，压力不再升高，甚至可能使叶道中的流动变为收敛性质，或者流道最小截面处出现了声速，这时压缩机达到堵塞工况，其气流压力得不到提高，流量也不可能再增大了。故压缩机性能曲线的右边受到堵塞工况的限制。

应当说明，由于受逐级气流密度的变化与影响，级数愈多，压缩机的性能曲线愈陡，喘振流量愈大，堵塞流量愈小，其稳定工作范围也就愈窄。就压缩机的性能好坏而言，其最佳效率愈高，效率曲线愈平坦，稳定工作范围愈宽，压缩机的性能愈好。

(4)压缩机实际工作点

由于压缩机总是与一定的管道系统一道工作的。所以其工作点的确定与离心泵相似，为管路特性曲线和压缩机压力比（或出口压力）与流量特性曲线的交点，如图 2-69 所示。压缩机只有在工作点运行时，其流量和排气压力才能满足系统的需要。在离心式压缩机工作点的确定过程中，为与离心式压缩机的特性曲线相一致，将管路特性曲线也表示为气流通过管路所需要的出口压力和流量之间关系的曲线（如图 2-69 中的 A 管网阻力线曲线、B 管网阻力线曲线，均为一抛物线），其可由伯努利方程导出。

应该注意，离心式压缩机在极端工况下会发生喘振、堵塞情况，这都是不允许的，因此在压缩机性能曲线上，一般还会标注出防喘振线和防堵塞线，实际压缩机在流量调节时，应位于两条控制线之间。

(5)离心式压缩机流量调节

在实际操作中，经常会遇到管路特性和压缩机的特性不一致的情况，这时就需要改变压缩机的特性曲线，移动工作点，以满足实际需要。这种改变特性曲线的位

学习笔记

置，以适应工作需要的方法，称为离心式压缩机的气量调节。

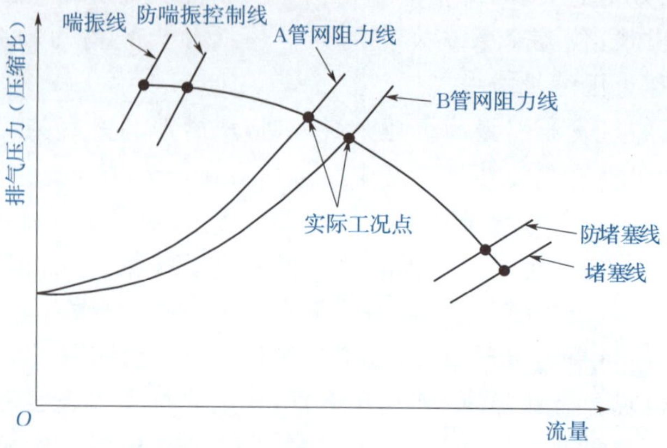

图 2-69　离心压缩机工作点

由于气体的流速一般均在 20～30 m/s 以上，所以，离心式压缩机不能像离心泵那样通过改变出口阀的开启程度来实现气量调节，因为这样会造成整个管网系统中的能耗增大，不经济。目前，在离心式压缩机中多采用进口节流调节，即通过调整进口阀门的开启程度来改变压缩机的特性曲线。因此，离心式压缩机在气量调节时，改变的是压缩机本身的特性曲线，而不是管路特性（也称管网特性）曲线，这是和离心泵进行流量调节相比的主要区别。

五、真空泵

从设备或系统中抽出气体，使其中的绝对压力低于大气压，此时所用的抽气机械称为真空泵。可见，真空泵就是在负压下吸气、一般在大气压下排气的输气机械。真空泵的类型有很多，常见的包括往复式真空泵、旋转真空泵、喷射泵等。

（一）往复真空泵

往复真空泵的构造及原理与往复压缩机基本相同，如图 2-70 所示。但是真空泵在低压下操作，汽缸内、外压差很小，因此吸入和排出阀门必须更加轻巧灵活。又因真空泵的压缩比一般很高，余隙中残留气体对往复真空泵性能的影响很大，故真空泵的余隙容积必须更小。

通常，真空泵设有连通活塞左右两端的气道。这样在排出行程终了时，让平衡气道连通很短的时间，使余隙中的残余气体从活塞一侧流至另一侧，从而提高容积系数，减小余隙的影响。

图 2-70　往复真空泵外观结构

往复真空泵所排出的气体应不含有液体，如气体中含有大量可凝性气体，则必须设法（一般采用冷凝法）将可凝性气体除去后再进入泵内。往复真空泵属于干式真空泵。

学习笔记

知识延展

W、WY 系列往复式真空泵是获得粗真空的主要设备，广泛用于炼油、颜料、肥皂、食品、制糖、制药等行业领域的真空蒸馏、蒸发、结晶、干燥过滤、建筑方面的混凝土作业、冶金工业中的真空除气，以及其他部门需要的低压、低温作业。其基本性能参数见表 2-17。

表 2-17 W、WY 系列往复式真空泵性能参数

型号	极限压力		抽速/(m^3/h)	电机型号/功率/kW
	Pa	Torr		
W3	2.6×10^3	20	200	Y132S-4/5.5
W4-1	2.6×10^3	20	370	Y160M-4/11
W5-1	2.6×10^3	20	770	Y200L2-6/22
W-300	2.6×10^3	20	1080	Y225M-6/30
W4-A	2.6×10^3	20	370	Y160L-6/11
W5-A	2.6×10^3	20	770	Y225M-6/22
WY-50(V5)	1.3×10^3	10	200	Y132S-4/5.5
WY-100(W4)	1.3×10^3	10	370	Y225M-6/11
WY-200(W5)	1.3×10^3	10	770	Y200L2-6/22

(二)水环真空泵

水环真空泵基本结构如图 2-71 所示。泵外壳内装有偏心叶轮，其上有辐射状的叶片。泵壳内约充有一半容积的水，当旋转时形成水环。水环具有液封的作用，与叶片之间形成许多大小不同的密封小室，当小室空间渐增时气体从吸入口吸入，当小室空间渐减时，气体由出口排出。

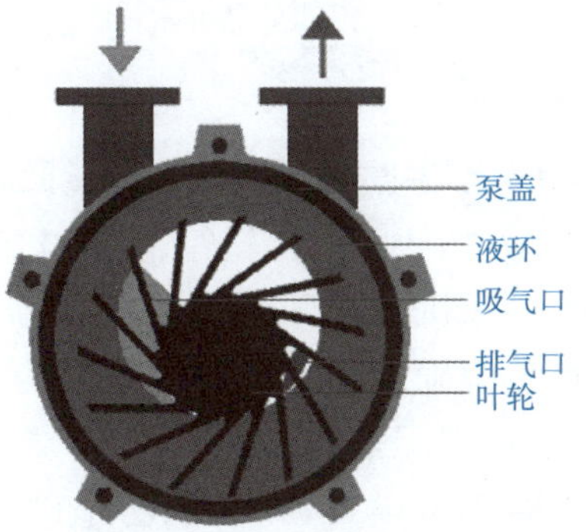

图 2-71 水环真空泵结构及外观

水环真空泵可以形成的真空度超过 83.4×10^3 Pa，当被抽吸的气体不宜与水接触时，泵内可充以其他液体，所以这种泵又称液环真空泵。

例如，市面上 2BVA 型真空泵，适用于抽除蒸汽，吸气压力可以达到绝压 33 mbar(约 97%真空度)。当用变压器油作为工作液时(称为油环真空泵)。吸气压

学习笔记

力可达到绝压 6～7 mbar(99.3%真空度)。

此类泵结构简单、紧凑，易于制造和维修。由于旋转部分没有机械摩擦，使用寿命长，操作可靠，因此适用于抽吸含有液体的气体，尤其在抽吸有腐蚀性或爆炸性气体时更为适宜。但其效率较低，一般为 30%～50%。另外，该泵所能造成的真空度受泵体中水的温度限制。

(三)喷射式真空泵

喷射泵是利用流体流动时静压能与动能相互转换的原理来吸、送流体的，它本身并没有需要传动或者转动的零部件。喷射泵既可用于吸送气体，也可用于吸送液体。在工业中，喷射泵常用于抽真空，故又称喷射式真空泵。

喷射泵的工作流体可以是蒸汽，也可以是液体。蒸汽喷射泵结构示意图如图 2-72 所示。工作蒸汽在高压下以很高的速度从喷嘴喷出，在喷射过程中，蒸汽的静压能转变为动能，产生低压，从吸入口(图 2-72 中的空气入口)将气体吸入。吸入的气体与蒸汽混合后进入扩散管，速度逐渐降低，压力随之升高，而后从压出口排出。

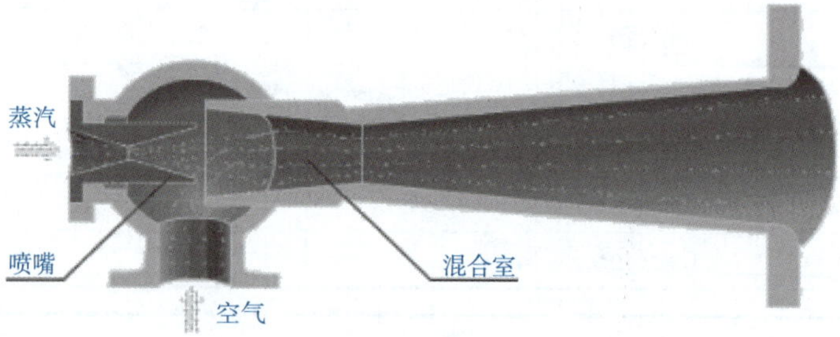

图 2-72　蒸汽喷射泵结构示意图

喷射泵构造简单、紧凑，没有机械运动部件。但是其效率很低，蒸汽消耗量大，故一般多作真空泵使用，而不作为输送设备用。由于所输送的流体与工作流体混合，因而使其应用范围受到一定限制。

六、压缩机典型应用案例

(一)工程概况

某重油渣综合利用技术改造工程 50×10^4 t/a 催化裂化主风机-烟气能量回收机组(简称主风机组)，其主机部分包括烟气轮机、离心式主风机、齿轮箱、异步电动机和联轴器，辅助设备主要包括润滑油站、高位油箱，主风机进、出口和放空消声器等。

在装置基础设计和审查会意见的基础上，设计单位确定了本机组以离心式主风机、烟气轮机、齿轮箱和异步电动机构成的“同轴式”机组配置方案。

根据装置电网的情况，电动机容量按直接启动机组设置，其额定功率确定为 5 500 kW。本机组的启动有两种方案。方案一：电动机直接启动全机组；方案二：备机开工，由烟气轮机冲转主风机组，待机组转速达到一定值时，投入主风机组电机，将机组带到正常操作转速(冲转时，应快速通过临界转速区，不允许在临界转速区停留)。

当烟气轮机故障，将烟气轮机解列的情况下，该电动机可拖动主风机在正常工况下操作。

本机组的离心式主风机和齿轮箱置于同一钢制联合底座上，烟气轮机和电动机置于单独的钢制底座上。基础上表面到机组中心线的相对高度定为 1 475 mm。机组布置示意图如图 2-73 所示。

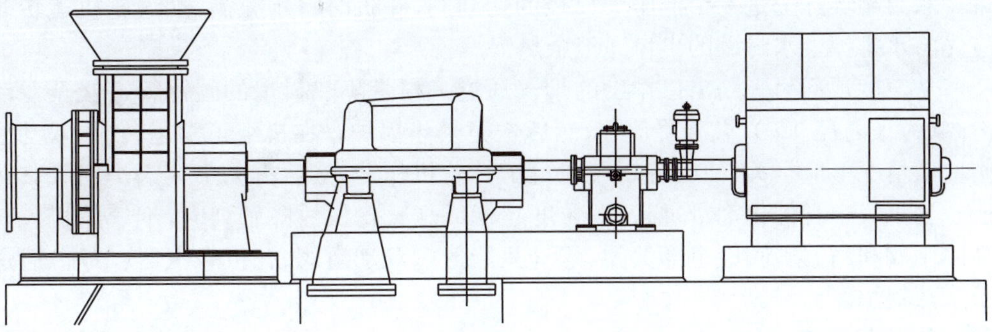

图 2-73　机组布置示意

(二)机组工艺流程说明及主要设备供货表

机组的工艺原则流程图如图 2-74 所示。本说明仅介绍与本机组有关的烟气进排气、主风机进排气系统等。

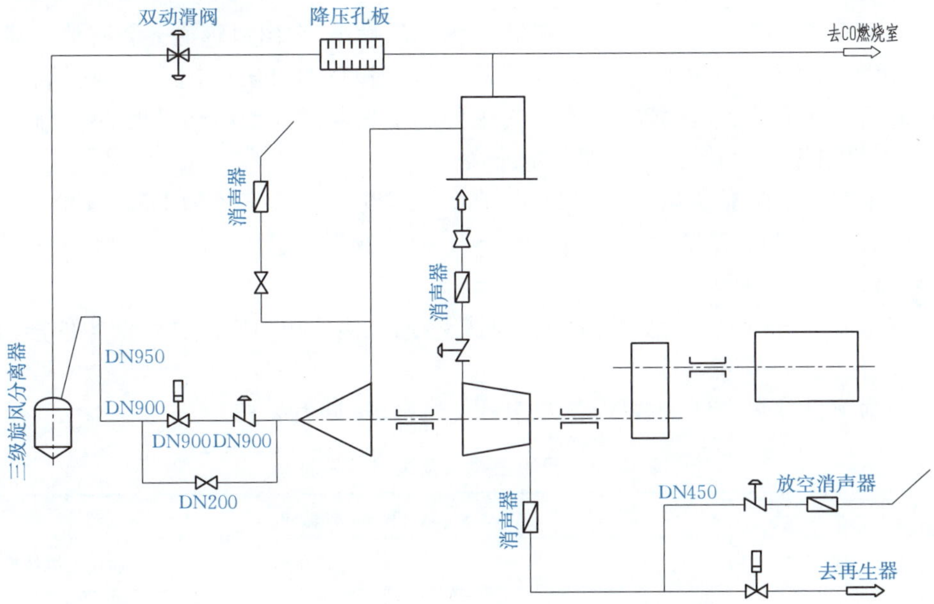

图 2-74　机组的工艺原则流程图

1. 烟气管道系统

从再生器排出的烟气经过三级旋分器，使烟气中催化剂浓度降至 200 mg/m^3 以下(其中大于 10 μm 的颗粒应小于 3%)。三旋出来通向烟气轮机的立管道为 DN950，水平管道为 DN900。在进入烟气轮机前的水平管段上，装有两个特殊高温阀门；一个是供开、停工切断用的气动高温闸阀(DN900)，另一个是采用电液执行机构的高温蝶阀(DN900)(与双动滑阀分程控制，保持再生器操作压力稳定)。

为了开工暖机的方便，在两个高温阀门之外跨接了一条旁通管道(DN200)，并装有一手动不锈钢闸阀。

烟气轮机出口垂直向上，通过一对称平衡型膨胀节转成水平出厂房，送至水封罐。水封罐实际上是一个低压大口径的切断阀，停机时将水充满，烟气轮机运转时应先将水排掉。水封罐的出口通至余热锅炉。

从三旋顶部另一路出口排出的烟气通过一根带隔热衬里的碳钢管道接至双动滑阀(衬里内径 950)、孔板降压器，然后送至余热锅炉。在机组正常运转时，双动滑阀一般情况下应全关，使所有烟气通过烟气轮机作功，然后再去余热锅炉回收其热能。当烟气中含催化剂量过高、颗粒度超标或烟气轮机故障解列时，烟气轮机入口高温闸阀和高温蝶阀应全部关闭，烟气只能通过双动滑阀、孔板降压器(节流)后送至余热锅炉。

2. 主风管道系统

入口管道系统：入口装有风帽，测流量用的锥管流量计、入口调节蝶阀和入口消声器，该消声器为阻性片式 90°L 形消声器，消声材料为超细玻璃棉。预期的消声效果为 30 dB。入口管道直径：DN1800，材料为碳钢。入口管道上有两个 90°转弯。为防止管道热膨胀或安装产生之力(或力矩)影响主风机，在主风机入口与管道连接处采用软连接(即橡胶管段连接)。

3. 出口管道系统

出口管道直径 DN750，材料为碳钢。为消除噪声，在出口管道上装有消声器(约降 30 dB)。后接一阻尼单向阀，该阀带有气缸。操作时气缸强制开启与强制关闭。在该阀后面还安装了电动蝶阀，该蝶阀主要用于切断。当机组运转时，两个阀门应全开；本机组停止运转时，两个阀门应全关。

在单向阀上游靠主风机出口侧的管道上还设有一条直径为 DN450 的放空管道，在该管道上装有防喘振放空阀(DN450)一台，阀后管道为 DN850，并设有放空消声器一台。

在主风机出口立管的最低点设有弹簧支座，以吸收出口管热膨胀产生的推力。

4. 主要设备供货一览

根据项目方案设计，主要设备及型号、供货厂家见表 2-18。

表 2-18　机组主要设备型号及供货商

序号	设备名称	设 备 型 号	台数	质量/kg	制　造　厂
1	烟气轮机	YL-5000	1	17 000	兰州炼油化工机械厂
2	主风机	5E1400-4.0/0.99	1	43 525	西安陕鼓动力股份有限公司
3	齿轮箱	HSG303-1	1	4 200	杭州南方齿轮减速机工业公司
4	电动机	YFKS900-4WTH	1	30 500	南阳防爆集团有限公司
5	烟-风联轴器	HBD6-2100-00T13(Z)	1	93.2	无锡创明公司
6	风-齿联轴器	HGD6-2100-00T12(Z1)	1	86.8	无锡创明公司

续上表

序号	设备名称	设 备 型 号	台数	质量/kg	制 造 厂
7	齿-电联轴器	TDP8-6600-00T10(Z1)	1	340	无锡创明公司
8	润滑油站	87006hFT	1	12 000	九江七〇七所
9	高位油箱	87422	1	674	九江七〇七所
10	联合底座	900401.17	1	6 348	西安陕鼓动力股份有限公司
11	主风机进口消声器	89374	1	4 795	西安陕鼓动力股份有限公司
12	主风机出口消声器	89465	1	1 820	西安陕鼓动力股份有限公司
13	主风机放空消声器	89510	1	3 380	西安陕鼓动力股份有限公司
14	润滑油过滤机	FLYC-100	1	270	
15	电动双梁桥式起重机	20/5T	1		

(三)主风机与配套电机主要技术数据、风机结构特征

主风机工艺参数及主要技术数据,见表 2-19 和表 2-20。

表 2-19 主风机设计工艺参数

项 目	单 位	最热月平均
输送介质		空气
介质摩尔质量	g/mol	28.56
进气温度	℃	28.7
进气压力	MPa(abs)	0.099 28
相对湿度	%	83
排气温度	℃	233
排气压力	MPa(abs)	0.4
进口流量	Nm^3/min	1 400
轴功率	kW	5 720
转 速	r/min	6 060
跳闸转速	r/min	6 362

表 2-20 主风机与电动机主要技术数据

主风机主要技术数据		电动机规格及技术数据	
离心式压缩机型号	5E1400-4.0/0.99	型号	YFKS900-4WTH
级数	4	额定功率	5 500 kW

学习笔记

续上表

主风机主要技术数据			电动机规格及技术数据	
一阶临界转速		2 750 r/min	额定电压/额定电流	10 000 V/370A
二阶临界转速		7 850 r/min	额定转速	1 482 r/min
转向		从进气端向压缩机排气端看逆时针	同步转速	1 500 r/min
主风机总质量		43 525 kg	电动工况满载时效率	96.50%
转子质量		2 408 kg	电动工况满载功率因数	0.9
联合底座质量		6 348 kg	最大转矩/额定转矩	1.8
进气口	方向	垂直向下	堵转转矩/额定转矩	0.6
	连接形式	法兰	堵转电流/额定电流	4.2
	压力等级	1.6 MPa	绝缘等级	F 级
	口径	DN900	启动时机端电压	≥75%额定电压
出气口	方向	垂直向下	转子飞轮力矩	650.95 kg·m^2
	连接形式	法兰	总质量	30 500 kg
	压力等级	1.6 MPa	转子质量	7 400 kg
	口径	DN500	转向	从轴伸端看顺时针
主要零部件材质	主轴	35CrMo	轴承型式	端盖式球面轴承，每个轴承内埋 1 个双支铂电阻(RTD)
	叶轮	15MnNiCrMoV		
	机壳	HT250		
	隔板	HT250	冷却器/冷却方式	全封闭水-风冷却安装在电机顶部
	轴承座	HT250		
	密封	1Cr18Ni9Ti	外壳防护要求	IP54

该机为单段四级离心压缩机，机体为水平剖分。压缩机主要由定子（机壳隔板、轴承、密封等）和转子（轴、叶轮、隔套、平衡盘、轴套和半联轴器）所组成。

机壳采用铸造结构，分成上、下两半，中分面经过精密加工，用螺栓将上下机壳紧固在一起，以防止漏气。下机壳两侧伸出四个支脚，将压缩机支在机座上，在机壳的两个支脚上有横向键槽作为压缩机纵向定位，在进、出气管外侧有两个立键作为机器的横向定位，轴承箱和下机壳成一体，以增加机壳的刚性，轴承箱和密封室之间用迷宫密封和油封隔离开。为保证机壳的刚度，压缩机的机壳和中分法兰均采用厚壁结构。级间隔板分为上、下两半，靠止口与机壳配合，上隔板用沉头螺钉固定在上机壳上，但不固定死，使之能绕中心稍有摆动，而下隔板自由装到下机壳上。

该机级间密封、轴端密封均为迷宫密封，平衡盘上也装有迷宫密封，迷宫密封用铝合金制成，密封体外环分成上、下两半，密封齿为梳齿状。

该机支承轴承为可倾瓦轴承，止推轴承为金斯贝雷轴承，轴承体均分为上、下两半，止推轴承共有两组分置于推力盘两侧。

叶轮为闭式后向型叶轮，轮盘、轮盖和叶片三者焊成整体，与轴之间有过盈，热装在轴上，平衡盘装在最后一级叶轮相邻的轴端上。

根据主风机厂家提供资料，主风机性能曲线如图 2-75 所示。

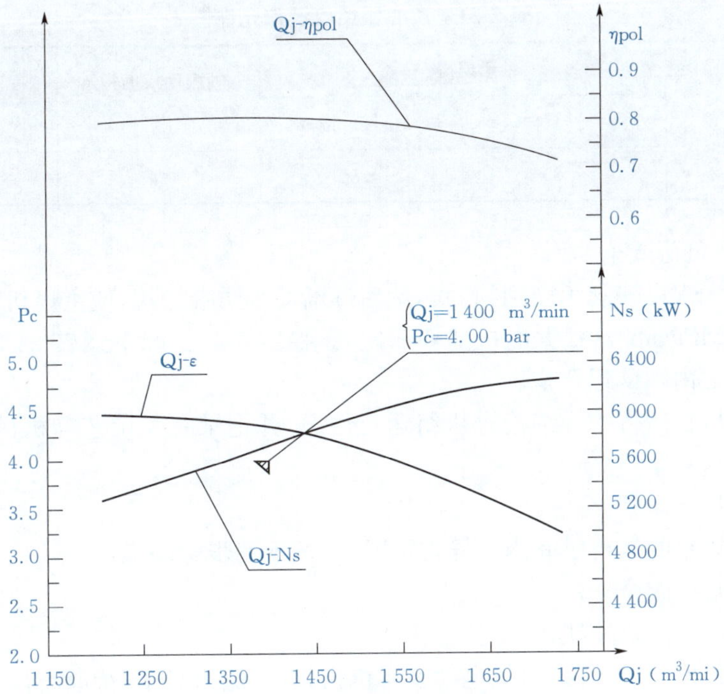

图 2-75 主风机性能曲线

(四)离心式主风机试运转

1. 试运前的准备工作

(1)全面检查电气系统及电机绝缘电阻等，并装示波器；

(2)仪表盘送电，全部控制、监测仪表均投入；

(3)连接主风机与齿轮箱之间联轴节及护罩；

(4)全面检查主风机本体及系统所有设备、管道阀门是否已全部安装调试完毕；

(5)投运润滑油系统，且系统压力已调整合格，并已建立正常的工作循环；

(6)启动电动盘车器，检查主风机内部有无异常声响，若无异常，运转至少 5 min。

2. 准备工作完成且经检查合格后方可启动主风机组

(1)预启动检查：手按“预启动检查”按钮，此时有关设备或阀门应达到位置如下：

入口蝶阀角度：$\alpha=15^{\circ}$；

电动蝶阀、单向阀：全关；

防喘振阀：全开。

当“启动待命”灯亮后即表示上述指标已达到，允许启动。

(2)启动：手按主电机开关，当机组转速达到额定值时(大约启动 25 s)。启动完毕，应立即听(有无异常声音)、看(轴承温度、轴振动等)，若有异常应立即停机检查。

学习笔记

3. 试运转

(1)离心式主风机在入口蝶阀15%开度条件下连续运转4 h,无异常情况,各项指标均符合表2-21的规定,可视为低负荷机械运转试车合格。

表2-21 离心压缩机操作允许值

项目	轴承温度/℃		轴振动双振幅/μm	轴位移/μm
	径向	止推		
允许值	<85	<85	<45	<400

(2)带低负荷试车

逐渐开大入口蝶阀角度到约30°,然后逐渐关小防喘振阀,使主风机出口压力力争达到0.4 MPa(abs)(根据电机功率而定)。稳定在此工况下运转24 h,且各项指标应在上表之内则试运合格。

(3)记录:在运行中详细检查机组运行情况,并记录有关工艺与机械参数(每半小时记录一次)。

(4)停机:

机组在规定的运行时间内无异常情况,可按下列步骤停机:

①将防喘振阀全开;

②按主电机停机按钮;

③电动机停止转动后,启动电动盘车机构,进行低速盘车,待离心压缩机出口温度降至常温后停止盘车;

④当进出轴承润滑油温差小于5℃时,停润滑油泵;

⑤切断控制等系统。

(5)停机后做下列项目的检查工作

①打开齿轮箱窥视窗,检查齿轮啮合斑迹;

②抽查轴瓦磨损情况。

(6)停机检查无异常情况,视为主风机试运合格。

(五)机组操作

1. 机组启动

(1)与机组有关的仪表及自保全部投用。

(2)联系电工将10 kV电送至机前。

(3)待反应系统操作正常,烟气化验分析合格后,打开烟气轮机密封空气阀,轮盘冷却、密封蒸汽阀及所有排凝阀。开始静止暖烟气轮机(蒸汽暖机)约30 min,当烟气轮机入口温度达到150 ℃,且机壳排凝阀门见蒸汽后,关闭排凝阀门。注意开关排凝阀门时要小心,防止烫伤。

(4)机组有关仪表及自保全部投用。

(5)按"存储器复位"钮复位;所有试验开关应复位;油压,油温应正常。

(6)在5 min后,"预启动检查可进行"灯亮,按"预启动检查钮"。

(7)当"启动待命"灯亮后,手按"主电机启动"按钮,将机组拖动到正常转速。

(8)“转速正常”灯亮后，迅速检查各单机运转情况，分析处理可能的异常现象。此时若出现超值报警等紧急情况应按“紧急停车”按钮，分析原因并处理后，方可再次启动主电机。

(9)联系反应岗位开启主风总管阻尼单向阀。

(10)反应岗位要求送风时，先手动缓慢关闭防喘振阀，至防喘振阀全关。

(11)主风送入再生器后，与反应岗位联系，确认主风机室与中控室的手动输出信号一致时，主风机室的“主风流量自动-手动切换器”才可切换为自动位置，以防入口蝶阀角度突变而导致喘振。至此，入口蝶阀角度改由反应岗位的主风流量控制器手动控制。反应岗位可随时由手动改为自动操作。

(12)再生器用风若有余，用微调放空或防喘振付线阀控制放风量。正常情况严禁反应岗位用手操器开防喘振阀，来调节放风量。

(13)调节好烟机冷却蒸汽、密封蒸汽，使轮盘温度在 300～350 ℃，密封差压保持在 0.007 MPa。

(14)待反应、分馏、稳定等系统操作正常后，化验烟气中的催化剂含量，如均合格，烟气可引入烟汽轮机。引入烟气前，烟汽轮机壳体底部排凝阀全开，见到烟气时再关闭，开关排凝阀时要小心，谨防烫伤。

(15)开烟气入口 DN200 旁路阀。再全开烟气入口闸阀，注意观察入口机壳升温及机组被冲动的情况。

(16)当烟机入口壳体温度升至≥500 ℃，且各单机转动正常时，手动逐渐开大烟机入口蝶阀(同时双动滑阀应自动逐渐关小)。

(17)烟气引入烟气轮机后，检查各部振动、声音、温升、热膨胀漏气情况，发现异常情况与班长、反应岗位联系，根据情况可将烟气切除。

(18)各处检查无问题，“可自动操作”灯亮经自动延时 5 min，可以按机组“自动操作”钮，机组进入“可自动操作”状态。但注意防喘振阀、入口蝶阀角度调节(流量)，仍应由手操器控制在机组启动初始位置。而转速调节(烟机入口蝶阀)，此时应投入自动。主风机出口阻尼单向阀则应全开。

2. 机组停机

停机操作分为两种：正常停机、紧急停机。

(1)正常停机

①切除烟气轮机前要通知厂调度。

②在反应岗位切断进料后，应做好切除烟机准备。双动滑阀为自动，用手操器，逐渐关小直至全关烟气轮机入口蝶阀，控制烟气轮机入口机壳温度，降温速度不超过 150 ℃/h。同时主风机减量减压，以使电动机功率不超过额定功率(5 500 kW)。

③当烟气轮机入口温度达 260 ℃，并且烟气轮机出口壳体温度低于 250 ℃后，停冷却和密封蒸汽：

(a)冷却蒸汽控制器改手动，关闭冷却蒸汽控制阀。

(b)密封蒸汽压差显示控制器改手动，关闭密封蒸汽控制阀。

(c)停密封蒸汽后再停阻尼风。

学习笔记

(d)当烟气轮机入口壳体温度降到 150 ℃时，把排凝阀打开，操作要缓慢进行，防止烧伤。

④反应岗位卸催化剂前，将中央仪表室自动保护开关放在断开位置。

⑤反应岗位不用风后，逐步通过手操器，手动打开主风机防喘振阀直至全开。出口止回阀，阻尼单向阀全关。将主风机入口蝶阀角度关至15°。

⑥按主电机停车按钮停电动机。

⑦停机后立即启动电动盘车器。

⑧当烟气轮机壳体温度降至 90 ℃以下。且轴承润滑油进出口温差小于 5 ℃时，先停电动盘车器，待其停稳后再停润滑油泵，停隔离风。

⑨烟气入口闸阀改手动，烟气轮机出口水封罐充满水。

(2)紧急停机

①机组在下列情况发生时，可自动紧急停机。

(a)机组超速：105%n_e(n_e=6 124 r/min)。

(b)滑润油压低：0.12 mPa。

(c)烟气轮机轴位移过大：≥0.65 mm。

(d)主风机轴位移过大：≥0.8 mm。

(e)电动机本身故障跳闸，且靠烟气轮机不能维持运转时。

(f)主风机持续低流量。

②机组在下列情况发生时，可根据情况按手动紧急停车按钮：

(a)机组发生强烈振动，轴承、轴封处发生冒烟或其他摩擦声。

(b)轴承温度升高、超过报警值而无法采取措施时。

(c)润滑油系统严重泄漏，油箱油位无法补充时。

(d)其他紧急情况必须停机组者。

发现以上情况之一者，必须正确判断、检查故障部位，记录正确的数据，紧急停机时必须与班长和反再系统联系并停机，由班长立即报告调度。

③手动紧急停机步骤：

(a)迅速向主控室发出紧急停机信号或电话通告反应岗位。

(b)按紧急停车钮。停机后检查：防喘振阀应全开，烟气轮机入口蝶阀应全关、双动滑阀应打开，主风机出口止回阀应全关，烟机入口闸阀应全关。

(c)按正常停机⑦、⑧、⑨条操作(自动紧急停机也照此处理)。

(d)查找事故原因，采取相应措施，以便再启动。

知识延展

上述机组案例摘录自设计院机组总成设计说明书，目的在于展示机组选型、采购、试运行、机组正常操作等过程。

实际机组的总成设计包括的内容非常丰富，如自动控制设计、机组安装与找正、机组性能测试和标定、机组后期维护等，需要多个专业(部门)、供货商的协同配合才能完成，这也启示我们今后工作过程中团结、协作的重要性。

学习笔记

七、压缩机常见故障及处理

结合编者多年设计院机组总成设计经验，总结离心式压缩机运行中常见的故障现象及处理措施见表2-22。

表2-22 离心压缩机常见故障的原因及处理

序号	故　障	产 生 原 因	处 理 措 施
1	轴瓦温度超温	1. 润滑油进口调节孔(限流孔板)偏小，油量不足 2. 油膜间隙小 3. 油中带水 4. 油进口温度高 5. 轴瓦中分面存油沟太小 6. 轴瓦缺陷	1. 调整孔径或调节调整入口阀门 2. 增大轴瓦间隙或增加油槽 3. 整体更换润滑油 4. 调节油冷却器水量 5. 适当增大 6. 检查更换
2	轴承振动偏大	1. 压缩机同心度偏离 2. 转子动平衡破坏 3. 轴承压盖未压紧 4. 润滑油温低 5. 转子与气封梳齿接触 6. 负荷急剧变化或处于飞动工作区 7. 机壳内有异物 8. 地脚螺栓松动	1. 重新找正 2. 清洗后重找动平衡 3. 拧紧螺栓 4. 加热油温 5. 重新调整及刮研 6. 调整操作，避免或快速通过飞动区 7. 排除异物 8. 拧紧螺栓
3	油管中油压失压	1. 油管路油压控制失灵 2. 油泵不上量 3. 管路损坏泄漏 4. 过滤器堵塞 5. 油箱液位偏低 6. 油泵内吸入空气或入口管线漏气	1. 检查控制阀门及管路 2. 检修或更换 3. 检修管路 4. 清理过滤器 5. 油箱加油 6. 排气或检查管路
4	冷却器后油温高	1. 油冷却器积垢 2. 冷却器内有空气 3. 油变质 4. 冷却水控制阀门开度不够或故障 5. 冷却水来量不足 6. 冷却水压力不足或中断	1. 清洗油过滤器 2. 排除空气 3. 更换润滑油 4. 检查或更换 5. 检查处理 6. 检查处理
5	油泵振动发热或噪声	1. 油泵同心度偏离 2. 螺杆泵转子接触 3. 油泵组装问题	1. 重新找正 2. 检查调整 3. 重新装配
6	气体管路压力显著改变	1. 管路腐蚀 2. 法兰垫片失效 3. 阀门失灵或堵塞 4. 管路入口过滤器杂物堵塞	1. 检查更换 2. 检查更换 3. 检查修理或更换 4. 检查清理

学习笔记

习　题

一、选择题

1. 离心泵启动后不进水的原因是(　　)。

A. 吸入管浸入深度不够　　B. 填料压得过紧

C. 泵内发生气缚现象　　D. 轴承润滑不良

2. 化工过程中常用到下列类型泵：a. 离心泵；b. 往复泵；c. 齿轮泵；d. 螺杆泵。其中属于正位移泵的是(　　)。

A. a,b,c　　B. b,c,d　　C. a,d　　D. a

3. 采用出口阀门调节离心泵流量时，开大出口阀门，扬程(　　)。

A. 增大　　B. 不变　　C. 减小　　D. 先增大后减小

4. 往复泵适用于(　　)的场合。

A. 大流量且要求流量均匀　　B. 介质腐蚀性强

C. 小流量，压头较高　　D. 小流量且要求流量均匀

5. 某同学进行离心泵特性曲线测定实验，启动泵后，出水管不出水，泵进口处真空表指示真空度很高，他对故障原因做出了正确判断，并排除了故障。以下可能的原因中真正的原因是(　　)。

A. 水温太高　　B. 真空表坏了

C. 吸入管路堵塞　　D. 排出管路堵塞

6. 若被输送液体的黏度增大时，离心泵的轴功率(　　)。

A. 增大　　B. 减小　　C. 不变　　D. 不定

7. 一台离心泵开动不久，泵入口处的真空度逐渐降低为零，泵出口处的压力表也逐渐降低为零，此时离心泵完全打不出水。发生故障的原因是(　　)。

A. 忘了灌水　　B. 吸入管路堵塞

C. 压出管路堵塞　　D. 吸入管路漏气

8. 在一输送系统中，改变离心泵的出口阀门开度，不会影响(　　)。

A. 管路特性曲线　　B. 管路所需压头

C. 泵的特性曲线　　D. 泵的工作点

9. 当离心泵输送的液体沸点低于水的沸点时，则泵的安装高度应(　　)。

A. 加大　　B. 减小　　C. 不变　　D. 无法确定

10. 离心泵的叶轮按机械结构分类，不包含(　　)。

A. 闭式　　B. 半闭式　　C. 开式　　D. 双吸式

11. 离心泵常见的性能参数不包括(　　)。

A. 扬程　　B. 流量　　C. 效率　　D. 静压能

12. 离心泵流量调节的方式不包括(　　)。

A. 改变阀门开度　　B. 改变泵的转速

C. 改变泵叶轮直径　　D. 改变泵进出口管径

13. 离心泵的特性曲线中，有一条为流量-扬程曲线，下列说法正确的是(　　)。

A. 扬程随流量增大而减小　　B. 扬程随流量增大而增大

C. 二者无任何关联　　D. 对给定的泵，扬程与流量的比值为定值

14. 离心泵发生气蚀可能是由于(　　)。

A. 离心泵未排净泵内气体

B. 离心泵实际安装高度超过最大允许安装高度

C. 离心泵发生泄漏

D. 所输送的液体中可能含有砂粒

15. 离心泵开动以前必须充满液体是为了防止发生(　　)。

A. 气缚现象　　B. 汽蚀现象　　C. 汽化现象　　D. 气浮现象

16. 启动往复泵前其出口阀必须(　　)。

A. 关闭　　B. 打开　　C. 微开　　D. 无所谓

17. 离心泵停止操作时，宜(　　)。

A. 先关出口阀后停电　　B. 先停电后关出口阀

C. 先关出口阀或先停电均可　　D. 单级泵先停电，多级泵先关出口阀

18. 为防止离心泵发生气缚现象，采取的措施是(　　)。

A. 启泵前灌泵　　B. 降低泵的安装高度

C. 降低被输送液体的温度　　D. 关小泵出口调节阀

19. 离心泵的泵壳的作用是(　　)。

A. 避免气缚现象　　B. 避免气蚀现象

C. 灌泵　　D. 汇集和导液的通道、能量转换装置

20. 以下关于气体输送机械的说法中不正确的是(　　)。

A. 通风机一般排气压力<15 kPa

B. 鼓风机排气压力一般为 0.015～0.2 MPa

C. 压缩机排气压力一般>0.2 MPa

D. 风机与压缩机是完全相同的设备

21. 按工作原理，以下关于压缩机的说法中不正确的是(　　)。

A. 往复压缩机按工作原理，属于“容积式”压缩机

B. 容积式压缩机工作的理论基础是气体状态方程

C. 离心式压缩机按工作原理，属于“动力式”压缩机

D. 螺杆压缩机按工作原理也属于“动力式”压缩机

22. 以下关于离心式通风机性能参数的说法中不正确的是(　　)。

A. 主要性能参数有风量、风压、轴功率、效率和转速

B. 风压有静风压、动风压、全风压之分

C. 性能参数中的风压指的是 20 ℃与 $1.013\,3\times10^5$ Pa 条件下用空气测定的静风压

D. 离心通风机性能曲线所反映的特性与离心泵基本一致，效率也有最高点

二、简答题

1. 离心泵为何采用后弯叶片？

2. 影响离心泵性能的因素有哪些？

3. 解释下列术语的含义：

(1)泵扬程；(2)气缚与汽蚀；(3)泵吸入装置的有效汽蚀余量与泵必需的汽蚀余量。

学习笔记

4. 为避免汽蚀可采取什么措施?

5. 如何表达管路特性? 离心泵的流量调节方法有哪些?

6. 如何选择泵的类型和型号?

7. 往复压缩机的理论循环与实际循环的差异是什么?

8. 多级压缩的好处是什么?

9. 今有一输送清水的任务,如图 2-76 所示,要求将某处清水以 90 m^3/h 的流量,输送到一高位槽中。已知高位槽水面高出河面 10 m,管路系统的总压头损失为 8 mH_2O。试选择一适当的离心泵。(答:IS100-80-125)

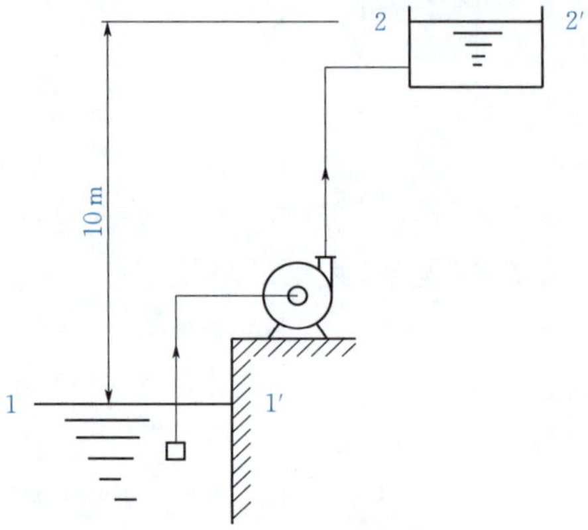

图 2-76　第 9 题附图

10. 在用水测定离心泵性能的实验中,当流量为 26 m^3/h 时,泵出口处压力表和入口处真空表的读数分别为 152 kPa 和 24.7 kPa,轴功率为 2.45 kW,转速为 2 900 r/min。若真空表和压力表两测压口间的垂直距离为 0.4 m,泵的进、出口管径相同,两测压口间管路流动阻力可忽略不计。试计算该泵的效率。(答:泵的效率为 53.1%)

11. 用某离心泵以 40 m^3/h 的流量将贮水池中 65 ℃的热水输送到凉水塔顶,并经喷头喷出而落入凉水池中,以达到冷却目的。已知水在进入喷头之前需要维持 49 kPa 的表压力,喷头入口较贮水池水面高 8 m。吸入管路和排出管路中压头损失分别为 1 m 和 5 m,管路中的动压头可以忽略不计。试选用合适的离心泵,并确定泵的安装高度。当地大气压按 101.33 kPa 计。(答:泵的型号为 IS80-65-125,安装高度低于 3.9 m)

学习笔记

附　录

附录 A　干空气的物理性质(101.33 kPa)

温度 t/℃	密度 ρ/(kg/m³)	比热容 c_p/[kJ/(kg·℃)]	导热系数 λ/[10^{-2}W/(m·℃)]	黏度 μ/(10^{-5}Pa·s)	普朗特数 Pr
−50	1.584	1.013	2.035	1.46	0.728
−40	1.515	1.013	2.117	1.52	0.728
−30	1.453	1.013	2.198	1.57	0.723
−20	1.395	1.009	2.279	1.62	0.716
−10	1.342	1.009	2.360	1.67	0.712
0	1.293	1.005	2.442	1.72	0.707
10	1.247	1.005	2.512	1.77	0.705
20	1.205	1.005	2.593	1.81	0.703
30	1.165	1.005	2.675	1.86	0.701
40	1.128	1.005	2.756	1.91	0.699
50	1.093	1.005	2.826	1.96	0.698
60	1.060	1.005	2.896	2.01	0.696
70	1.029	1.009	2.966	2.06	0.694
80	1.000	1.009	3.047	2.11	0.692
90	0.972	1.009	3.128	2.15	0.690
100	0.946	1.009	3.210	2.19	0.688
120	0.898	1.009	3.338	2.29	0.686
140	0.854	1.013	3.489	2.37	0.684
160	0.815	1.017	3.640	2.45	0.682
180	0.779	1.022	3.780	2.53	0.681
200	0.746	1.026	3.931	2.60	0.680
250	0.674	1.038	4.288	2.74	0.677
300	0.615	1.048	4.605	2.97	0.674
350	0.566	1.059	4.908	3.14	0.676
400	0.524	1.068	5.210	3.31	0.678
500	0.456	1.093	5.745	3.62	0.687
600	0.404	1.114	6.222	3.91	0.699
700	0.362	1.135	6.711	4.18	0.706
800	0.329	1.156	7.176	4.43	0.713
900	0.301	1.172	7.630	4.67	0.717
1 000	0.277	1.185	8.041	4.90	0.719
1 100	0.257	1.197	8.502	5.12	0.722
1 200	0.239	1.206	9.153	5.35	0.724

学习笔记

附录B　水的物理性质

温度/℃	饱和蒸汽压/kPa	密度/(kg/m³)	焓/(kJ/kg)	比热容/[kJ/(kg·℃)]	导热系数 λ/[10^{-2}W/(m·℃)]	黏度 μ/(10^{-5} Pa·s)	体积膨胀系数 β/(10^{-4} 1/℃)	表面张力 σ/(10^{-3} N/m)	普朗特数 *Pr*
0	0.608 2	999.9	0	4.212	55.13	179.21	−0.63	75.6	13.66
10	1.226 2	999.7	42.04	4.191	57.45	130.77	0.70	74.1	9.52
20	2.334 6	998.2	83.90	4.183	59.89	100.50	1.82	72.6	7.01
30	4.247 4	995.7	125.69	4.174	61.76	80.07	3.21	71.2	5.42
40	7.376 6	992.2	167.51	4.174	63.38	65.60	3.87	69.6	4.32
50	12.34	988.1	209.30	4.174	64.78	54.94	4.49	67.7	3.54
60	19.923	983.2	251.12	4.178	65.94	46.88	5.11	66.2	2.98
70	31.164	977.8	292.99	4.187	66.76	40.61	5.70	64.3	2.54
80	47.379	971.8	334.94	4.195	67.45	35.65	6.32	62.6	2.22
90	70.136	965.3	376.98	4.208	68.04	31.65	6.95	60.7	1.96
100	101.33	958.4	419.10	4.220	68.27	28.38	7.52	58.8	1.76
110	143.31	951.0	461.34	4.238	68.50	25.89	8.08	56.9	1.61
120	198.64	943.1	503.67	4.260	68.62	23.73	8.64	54.8	1.47
130	270.25	934.8	546.38	4.266	68.62	21.77	9.17	52.8	1.36
140	361.47	926.1	589.08	4.287	68.50	20.10	9.72	50.7	1.26
150	476.24	917.0	632.20	4.312	68.38	18.63	10.3	48.6	1.18
160	618.28	907.4	675.33	4.346	68.27	17.36	10.7	46.6	1.11
170	792.59	897.3	719.29	4.379	67.92	16.28	11.3	45.3	1.05
180	1 003.5	886.9	763.25	4.417	67.45	15.30	11.9	42.3	1.00
190	1 255.6	876.0	807.63	4.460	66.99	14.42	12.6	40.0	0.96
200	1 554.77	863.0	852.43	4.505	66.29	13.63	13.3	37.7	0.93
210	1 917.72	852.8	897.65	4.555	65.48	13.04	14.1	35.4	0.91
220	2 320.88	840.3	943.70	4.614	64.55	12.46	14.8	33.1	0.89
230	2 798.59	827.3	990.18	4.681	63.73	11.97	15.9	31	0.88
240	3 347.91	813.6	1 037.49	4.756	62.80	11.47	16.8	28.5	0.87
250	3 977.67	799.0	1 085.64	4.844	61.76	10.98	18.1	26.2	0.86
260	4 693.75	784.0	1 135.04	4.949	60.48	10.59	19.7	23.8	0.87
270	5 503.99	767.9	1 185.28	5.070	59.96	10.20	21.6	21.5	0.88
280	6 417.24	750.7	1 236.28	5.229	57.45	9.81	23.7	19.1	0.89
290	7 443.29	732.3	1 289.95	5.485	55.82	9.42	26.2	16.9	0.93

续上表

温度/℃	饱和蒸汽压/kPa	密度/(kg/m³)	焓/(kJ/kg)	比热容/[kJ/(kg·℃)]	导热系数 $\lambda/[10^{-2}W/(m \cdot ℃)]$	黏度 $\mu/(10^{-5} Pa \cdot s)$	体积膨胀系数 $\beta/(10^{-4} 1/℃)$	表面张力 $\sigma/(10^{-3} N/m)$	普朗特数 Pr
300	8 592.94	712.5	1 344.80	5.736	53.96	9.12	29.2	14.4	0.97
310	9 877.6	691.1	1 402.16	6.071	52.34	8.83	32.9	12.1	1.02
320	11 300.3	667.1	1 462.03	6.573	50.59	8.3	38.2	9.81	1.11
330	12 879.6	640.2	1 526.19	7.243	48.73	8.14	43.3	7.67	1.22
340	14 615.8	610.1	1 594.75	8.164	45.71	7.75	53.4	5.67	1.38
350	16 538.5	574.4	1 671.37	9.504	43.03	7.26	66.8	3.81	1.60
360	18 667.1	528.0	1 761.39	13.984	39.54	6.67	109	2.02	2.36
370	21 040.9	450.5	1 892.43	40.319	33.73	5.69	264	0.471	6.80

附录 C　饱和蒸汽表(按温度顺序排列)

温度/℃	绝对压力		蒸汽的密度/(kg/m³)	焓				汽化热	
				液体		蒸汽			
	Kgf/cm²	kPa		kcal/kg	kJ/kg	kcal/kg	kJ/kg	kcal/kg	kJ/kg
0	0.006 2	0.608 2	0.004 84	0	0	595	2 491.1	595	2 491.1
5	0.008 9	0.873 0	0.006 80	5.0	20.94	597.3	2 500.8	592.3	2 479.89
10	0.012 5	1.226 2	0.009 40	10.0	41.87	599.6	2 510.4	589.6	2 468.5
15	0.017 4	1.706 8	0.012 83	15.0	62.80	602.0	2 520.5	587.0	2 457.7
20	0.023 8	2.334 6	0.017 19	20.0	83.74	604.3	2 530.1	584.3	2 446.3
25	0.032 3	3.168 4	0.023 04	25.0	104.67	606.6	2 539.7	581.6	2 435.0
30	0.043 3	4.247 4	0.030 36	30.0	125.60	608.9	2 549.3	578.9	2 423.7
35	0.057 3	5.620 7	0.039 60	35.0	146.54	611.2	2 559.0	576.2	2 412.4
40	0.075 2	7.376 6	0.051 14	40.0	167.47	613.5	2 568.6	573.5	2 401.1
45	0.097 7	9.583 7	0.065 43	45.0	188.41	615.7	2 577.8	570.7	2 389.4
50	0.125 8	12.340	0.083 0	50.0	209.34	618.0	2 587.4	568.0	2 378.1
55	0.160 5	15.743	0.104 3	55.0	230.27	620.2	2 596.7	565.2	2 366.4
60	0.203 1	19.923	0.130 1	60.0	251.21	622.5	2 606.3	562.0	2 355.1
65	0.255 0	25.014	0.161 1	65.0	272.14	624.7	2 615.5	559.7	2 343.4
70	0.317 7	31.164	0.197 9	70.0	293.08	626.8	2 624.3	556.8	2 331.2
75	0.393	38.551	0.241 6	75.0	314.01	629.0	2 633.5	554.0	2 319.5
80	0.483	47.379	0.292 9	80.0	334.94	631.1	2 642.3	551.2	2 307.8

学习笔记

续上表

温度/℃	绝对压力		蒸汽的密度/(kg/m^3)	焓				汽化热	
	Kgf/cm^2	kPa		液体		蒸汽		kcal/kg	kJ/kg
				kcal/kg	kJ/kg	kcal/kg	kJ/kg		
85	0.590	57.875	0.353 1	85.0	355.88	633.2	2 651.1	548.2	2 295.2
90	0.715	70.136	0.422 9	90.0	376.81	635.3	2 659.9	545.3	2 283.1
95	0.862	84.556	0.503 9	95.0	397.75	637.4	2 668.7	542.4	2 270.9
100	1.033	101.33	0.597 0	100.0	418.68	639.4	2 677.0	539.4	2 258.4
105	1.232	120.85	0.703 6	105.1	440.03	641.3	2 685.0	536.3	2 245.4
110	1.461	143.31	0.825 4	110.1	460.97	643.3	2 693.4	533.1	2 232.0
115	1.724	169.11	0.963 5	115.2	482.32	645.2	2 701.3	530.0	2 219.0
120	2.025	198.64	1.1199	120.3	503.67	647.0	2 708.9	526.7	2 205.2
125	2.367	232.19	1.296	125.4	525.02	648.8	2 716.4	523.5	2 191.8
130	2.755	270.25	1.494	130.5	546.38	650.6	2 723.9	520.1	2 177.6
135	3.192	313.11	1.715	135.6	567.73	652.3	2 731.0	516.7	2 163.3
140	3.685	361.47	1.962	140.7	589.08	653.9	2 737.7	513.2	2 148.7
145	4.238	415.72	2.238	145.9	610.85	655.5	2 744.4	509.7	2 134.0
150	4.855	476.24	2.543	151.0	632.21	657.0	2 750.7	506.0	2 118.5
160	6.303	618.28	3.252	161.4	675.75	659.9	2 762.9	498.5	2 087.1
170	8.080	792.59	4.113	171.8	719.29	662.4	2 773.3	490.6	2 054.0
180	10.23	1 003.5	5.145	182.3	763.25	664.6	2 782.5	482.3	2 019.3
190	12.80	1 255.6	6.378	192.9	807.64	666.4	2 790.1	473.5	1 982.4
200	15.85	1 554.77	7.840	203.5	852.01	667.7	2 795.5	464.2	1 943.5
210	19.55	1 917.72	9.567	214.3	897.23	668.6	2 799.3	454.4	1 902.5
220	23.66	2 320.88	11.60	225.1	942.45	669.0	2 801.0	443.9	1 858.5
230	28.53	2 798.59	13.98	236.1	988.50	668.8	2 800.1	432.7	1 811.6
240	34.13	3 347.91	16.76	247.1	1 034.56	668.0	2 796.8	420.8	1 761.8
250	40.55	3 977.67	20.01	258.3	1 081.45	664.0	2 790.1	408.1	1 708.6
260	47.85	4 693.75	23.82	269.6	1 128.76	664.2	2 780.9	394.5	1 651.7
270	56.11	5 503.99	28.27	281.1	1 176.91	661.2	2 768.3	380.1	1 591.4
280	65.42	6 417.24	33.47	292.7	1 225.48	657.3	2 752.0	364.6	1 526.5
290	75.88	7 443.29	39.60	304.4	1 274.46	652.6	2 732.3	348.1	1 457.4
300	87.6	8 592.94	46.93	316.6	1 325.54	646.8	2 708.0	330.2	1 382.5
310	100.7	9 877.96	55.59	329.3	1 378.71	640.1	2 680.0	310.8	1 301.3
320	115.2	11 300.3	65.95	343.0	1 436.07	632.5	2 648.2	289.5	1 212.1
330	131.3	12 879.6	78.53	357.5	1 446.78	623.5	2 610.5	266.6	1 116.2

续上表

温度/℃	绝对压力		蒸汽的密度/(kg/m^3)	焓				汽化热	
				液体		蒸汽			
	Kgf/cm^2	kPa		kcal/kg	kJ/kg	kcal/kg	kJ/kg	kcal/kg	kJ/kg
340	149.0	14 615.8	93.98	373.3	1 562.93	613.5	2 568.6	240.2	1 005.7
350	168.6	16 538.5	113.2	390.8	1 636.20	601.1	2 516.7	210.3	880.5
360	190.3	18 667.1	139.6	413.0	1 729.15	583.4	2 442.6	170.3	713.0
370	214.5	21 040.9	171.0	451.0	1 888.25	549.8	2 301.9	98.2	411.1
374	225	22 070.9	322.6	501.1	2 098.0	501.1	2 098.0	0	0

附录 D　饱和蒸汽表（按压力顺序排列）

绝对压力/kPa	温度/℃	蒸汽的密度/(kg/m^3)	焓/(kJ/kg)		汽化热/(kJ/kg)
			液体	蒸汽	
1.0	6.3	0.007 73	26.48	2 503.1	2 476.8
1.5	12.5	0.011 33	52.26	2 515.3	2 463.0
2.0	17.0	0.014 86	71.21	2 524.2	2 452.9
2.5	20.9	0.018 36	87.45	2 531.8	2 444.3
3.0	23.5	0.021 79	98.38	2 536.8	2 438.4
3.5	26.1	0.025 23	109.30	2 541.8	2 432.5
4.0	28.7	0.028 67	120.23	2 546.8	2 426.6
4.5	30.8	0.032 05	129.00	2 550.9	2 421.9
5.0	32.4	0.035 37	135.69	2 554.0	2 418.3
6.0	35.6	0.042 00	149.06	2 560.1	2 411.0
7.0	38.8	0.048 64	162.44	2 566.3	2 403.8
8.0	41.3	0.055 14	172.73	2 571.0	2 398.2
9.0	43.3	0.061 56	181.16	2 574.8	2 393.6
10.0	45.3	0.067 98	189.59	2 578.5	2 388.9
15.0	53.5	0.099 56	224.03	2 594.0	2 370.0
20.0	60.1	0.130 68	−251.51	2 606.4	2 854.9
30.0	66.5	0.190 93	288.77	2 622.4	2 333.7
40.0	75.0	0.249 75	315.93	2 634.1	2 312.2
50.0	81.2	0.307 99	339.80	2 644.3	2 304.5
60.0	85.6	0.365 14	358.21	2 652.1	2 393.9
70.0	89.9	0.422 29	376.61	2 659.8	2 283.2

学习笔记

续上表

绝对压力/kPa	温度/℃	蒸汽的密度/(kg/m^3)	焓/(kJ/kg)		汽化热/(kJ/kg)
			液体	蒸汽	
80.0	93.2	0.478 07	390.08	2 665.3	2 275.3
90.0	96.4	0.533 84	403.49	2 670.8	2 267.4
100.0	99.6	0.589 61	416.90	2 676.3	2 259.5
120.0	104.5	0.698 68	437.51	2 684.3	2 246.8
140.0	109.2	0.807 58	457.67	2 692.1	2 234.4
160.0	113.0	0.829 81	473.88	2 698.1	2 224.2
180.0	116.6	1.020 9	489.32	2 703.7	2 214.3
200.0	120.2	1.127 3	493.71	2 709.2	2 204.6
250.0	127.2	1.390 4	534.39	2 719.7	2 185.4
300.0	133.3	1.650 1	560.38	2 728.5	2 168.1
350.0	138.8	1.907 4	583.76	2 736.1	2 152.3
400.0	143.4	2.161 8	603.61	2 742.1	2 138.5
450.0	147.7	2.415 2	622.42	2 747.8	2 125.4
500.0	151.7	2.667 3	639.59	2 752.8	2 113.2
600.0	158.7	3.168 6	670.22	2 761.4	2 091.1
700	164.7	3.665 7	696.27	2 767.8	2 071.5
800	170.4	4.161 4	720.96	2 773.7	2 052.7
900	175.1	4.652 5	741.82	2 778.1	2 036.2
1×10^3	179.9	5.143 2	762.68	2 782.5	2 019.7
1.1×10^3	180.2	5.633 9	780.34	2 785.5	2 005.1
1.2×10^3	187.8	6.124 1	797.92	2 788.5	1 990.6
1.3×10^3	191.5	6.614 1	814.25	2 790.9	1 976.7
1.4×10^3	194.8	7.103 8	829.06	2 792.4	1 963.7
1.5×10^3	198.2	7.593 5	843.86	2 794.5	1 950.7
1.6×10^3	201.3	8.081 4	857.77	2 796.0	1 938.2
1.7×10^3	204.1	8.567 4	870.58	2 797.1	1 926.5
1.8×10^3	206.9	9.053 3	883.39	2 798.1	1 914.8
1.9×10^3	209.8	9.539 2	896.21	2 799.2	1 903.0
2×10^3	212.2	10.033 8	907.32	2 799.7	1 892.4
3×10^3	233.7	15.007 5	1 005.4	2 798.9	1 793.5
4×10^3	250.3	20.096 9	1 082.9	2 789.8	1 706.8
5×10^3	263.8	25.366 3	1 146.9	2 776.2	1 629.2
6×10^3	275.4	30.849 4	1 203.2	2 759.5	1 556.3
7×10^3	285.7	36.574 4	1 253.2	2 740.8	1 487.6

续上表

绝对压力/kPa	温度/℃	蒸汽的密度/(kg/m³)	焓/(kJ/kg)		汽化热/(kJ/kg)
			液体	蒸汽	
8×10^3	294.8	42.576 8	1 299.2	2 720.5	1 403.7
9×10^3	303.2	48.894 5	1 343.5	2 699.1	1 356.6
10×10^3	310.9	55.540 7	1 384.0	2 677.1	1 293.1
12×10^3	324.5	70.307 5	1 463.4	2 631.2	1 167.7
14×10^3	336.5	87.302 0	1 567.9	2 583.2	1 043.4
16×10^3	347.2	107.801 0	1 615.8	2 531.1	915.4
18×10^3	356.9	134.481 3	1 699.8	2 466.0	766.1
20×10^3	365.6	176.596 1	1 817.8	2 364.2	544.9

附录 E 常用无缝钢管尺寸规格

（摘自 GB/T 17395—2024）

外径/mm	壁厚/mm																										
	2	2.5	3	3.5	4	4.5	5	5.5	6	6.5	7	7.5	8	8.5	9	9.5	10	11	12	13	14	15	16	17	18	19	20
10																											
12																											
16																											
18																											
19																											
20																											
22																											
25																											
32																											
38																											
42																											
45																											
50																											
54																											
57																											
60																											
63.5																											
68																											

学习笔记

续上表

外径/mm	壁厚/mm																										
	2	2.5	3	3.5	4	4.5	5	5.5	6	6.5	7	7.5	8	8.5	9	9.5	10	11	12	13	14	15	16	17	18	19	20
70																											
73																											
76																											
83																											
89																											
95																											
102																											
108																											
114																											
121																											
127																											
133																											
140																											
146																											
152																											
159																											
168																											
180																											
194																											
203																											
219																											
245																											
273																											
299																											
325																											
351																											
377																											

学习笔记

续上表

外径/mm	壁厚/mm																										
	2	2.5	3	3.5	4	4.5	5	5.5	6	6.5	7	7.5	8	8.5	9	9.5	10	11	12	13	14	15	16	17	18	19	20
402																											
426																											
450																											
(465)																											
480																											
500																											
530																											
(550)																											

附录 F　冷热水用 PPR 塑料管尺寸规格

（摘自 GB/T 18742.2—2017）

公称外径 dn	平均外径		公称壁厚 en					
			管系列					
	dem. min	dem. max	S6. 3[a]	S5	S4	S3. 2	S2. 5	S2
16	16. 0	16. 3	—	—	2. 0	2. 2	2. 7	3. 3
20	20. 0	20. 3		2. 0	2. 3	2. 8	3. 4	4. 1
25	25. 0	25. 3	2. 0	2. 3	2. 8	3. 5	4. 2	5. 1
32	32. 0	32. 3	2. 4	2. 9	3. 6	4. 4	5. 4	6. 5
40	40	40. 4	3. 0	3. 7	4. 5	5. 5	6. 7	8. 1
50	50. 0	50. 5	3. 7	4. 6	5. 6	6. 9	8. 3	10. 1
63	63. 0	63. 6	4. 7	5. 8	7. 1	8. 6	10. 5	12. 7
75	75. 0	75. 7	5. 6	5. 8	8. 4	10. 3	12. 5	15. 1
90	90. 0	90. 9	6. 7	8. 2	10. 1	12. 3	15. 0	18. 1
110	110. 0	111. 0	8. 1	10.	12. 3	15. 1	18. 3	22. 1
125	125. 0	126. 2	9. 2	11. 4	14. 0	17. 1	20. 8	25. 1
140	140. 0	141. 3	10. 3	12. 7	15. 7	19. 2	23. 3	28. 1
160	160. 0	161. 5	11. 8	14. 6	17. 9	21. 9	26. 6	32. 1
180	180. 0	18L. 7	13. 3	16. 1	20. 1	24. 6	29. 0	36. 1
200	200. 0	201. 8	11. 7	18. 2	22. 1	27. 4	33. 2	40. 1

a. 仅适用于 β 晶型 PP-RCT 管材。

附录G 泵规格

1. IS型单级单吸离心泵性能表(摘录)

型号	转速 n/(r/min)	流量		扬程 H/m	效率 η/%	功率/kW		必需气蚀余量 $NPSH_r$/m	质量(泵/底座)/kg
		m^3/h	L/s			轴功率	电机		
IS50-32-125	2 900	7.5	2.08	22	47	0.96	2.2	2.0	32/46
		12.5	3.47	20	60	1.13		2.0	
		15	4.17	18.5	60	1.26		2.5	
IS50-32-160	2 900	7.5	2.08	34.3	44	1.59	3	2.0	50/46
		12.5	3.47	32	54	2.02		2.0	
		15	4.17	29.6	56	2.16		2.5	
IS50-32-200	2 900	7.5	2.08	82	38	2.82	5.5	2.0	52/66
		12.5	3.47	80	48	3.54		2.0	
		15	4.17	78.5	51	3.95		2.5	
IS50-32-250	2 900	7.5	2.08	21.8	23.5	5.87	11	2.0	88/110
		12.5	3.47	20	38	7.16		2.0	
		15	4.17	18.5	41	7.83		2.5	
IS65-50-125	2 900	7.5	4.17	35	58	1.54	3	2.0	50/41
		12.5	6.94	32	69	1.97		2.0	
		15	8.33	30	68	2.22		3.0	
IS65-50-160	2 900	15	4.17	53	54	2.65	5.5	2.0	51/66
		25	6.94	50	65	3.35		2.0	
		30	8.33	47	66	3.71		2.5	
IS65-40-200	2 900	15	4.17	53	49	4.42	7.5	2.0	62/66
		25	6.94	50	60	5.67		2.0	
		30	8.33	47	61	6.29		2.5	
IS65-40-250	2 900	15	4.17	82	37	9.05	15	2.0	82/110
		25	6.94	80	50	10.89		2.0	
		30	8.33	78	53	12.02		2.5	
IS65-40-315	2 900	15	4.17	127	28	18.5	30	2.5	152/110
		25	6.94	125	40	21.3		2.5	
		30	8.33	123	44	22.8		3.0	

学习笔记

续上表

型号	转速 n/(r/min)	流量		扬程 H/m	效率 η/%	功率/kW		必需气蚀余量 $NPSH_r$/m	质量(泵/底座)/kg
		m^3/h	L/s			轴功率	电机		
IS80-65-125	2 900	30	8.33	22.5	64	2.87	5.5	3.0	44/46
		50	13.9	20	75	3.63		3.0	
		60	16.7	18	74	3.98		3.5	
IS80-65-160	2 900	30	8.33	36	61	4.82	7.5	2.5	48/66
		50	13.9	32	73	5.97		2.5	
		60	16.7	29	72	6.59		3.0	
IS80-50-200	2 900	30	8.33	53	55	7.87	15	2.5	64/124
		50	13.9	50	69	9.87		2.5	
		60	16.7	47	71	10.8		3.0	
IS80-50-250	2 900	30	8.33	84	52	13.2	22	2.5	90/110
		50	13.9	80	63	17.3		2.5	
		60	16.7	75	64	19.2		3.0	
IS80-50-315	2 900	30	8.33	128	41	25.5	37	2.5	125/160
		50	13.9	125	54	31.5		2.5	
		60	16.7	123	57	35.3		3.0	
IS100-80-125	2 900	60	16.7	24	67	5.86	11	4.0	49/64
		100	27.8	20	78	7.00		4.5	
		120	33.3	16.5	74	7.28		5.0	
IS100-80-160	2 900	60	16.7	36	70	8.42	15	3.5	69/110
		100	27.8	32	78	11.2		4.0	
		120	33.3	28	75	12.2		5.0	
IS100-65-200	2 900	60	16.7	54	65	13.6	22	3.0	81/110
		100	27.8	50	76	17.9		3.6	
		120	33.3	47	77	19.9		4.8	
IS100-65-250	2 900	60	16.7	87	61	23.4	37	3.5	90/160
		100	27.8	80	72	30.0		3.8	
		120	33.3	74.5	73	33.3		4.8	
IS100-65-315	2 900	60	16.7	133	55	39.6	75	3.0	180/295
		100	27.8	125	66	51.6		3.6	
		120	33.3	118	67	57.5		4.2	

学习笔记

续上表

型号	转速 n/(r/min)	流量		扬程 H/m	效率 n/%	功率/kW		必需气蚀余量 $NPSH_r$/m	质量（泵/底座）/kg
		m^3/h	L/s			轴功率	电机		
IS125-100-200	2 900	120	33.3	57.5	67	28.0	45	4.5	108/160
		200	55.6	50	81	33.6		4.5	
		240	66.7	44.5	80	36.4		5.0	
IS125-100-250	2 900	120	33.3	87	66	43.0	75	3.8	166/295
		200	55.6	80	78	55.9		4.2	
		240	66.7	72	75	62.8		5.0	
IS125-100-315	2 900	120	33.3	132.5	60	72.1	110	4.0	189/330
		200	55.6	125	75	90.8		4.5	
		240	66.7	120	77	101.9		5.0	
IS125-100-400	1 450	60	16.7	52	53	16.1	30	2.5	205/233
		100	27.8	50	65	21.0		2.5	
		120	33.3	48.5	67	23.6		3.0	
IS150-125-250	1 450	120	33.3	22.5	71	10.4	18.5	3.0	188/158
		200	55.6	20	81	13.5		3.0	
		240	66.7	17.5	78	14.7		3.5	
IS150-125-315	1 450	120	33.3	34	70	15.9	30	2.5	192/233
		200	55.6	32	79	22.1		2.5	
		240	66.7	29	80	23.7		3.0	
IS150-125-400	1 450	120	33.3	53	62	27.9	45	2.0	223/233
		200	55.6	50	75	36.3		2.8	
		240	66.7	46	74	40.6		3.5	
IS200-150-315	1 450	240	66.7	37	70	34.6	55	3.0	262/295
		400	111.1	32	82	42.5		3.5	
		460	127.8	28.5	80	44.6		4.0	
IS200-150-400	1 450	240	66.7	55	74	48.6	90	3.0	295/298
		400	111.1	50	81	67.2		3.8	
		460	127.8	48	76	74.2		4.5	

学习笔记

2. ISG、IRG、GRG 系列立式管道离心泵（摘自扬子江泵业样本）

型号	流量 Q		扬程/m	效率/%	转速/(r/min)	电机功率/kW	必需汽蚀余量 $NPSH_r$/m	质重/kg
	m^3/h	L/s						
40-160(I)B	7.3 10.4 13.5	2.38 2.89 3.75	23 22 20.5	50	2 900	1.5	2.3	43
40-200(I)	8.8 12.5 16.3	2.44 3.47 4.63	51.2 50 48	38 46 46	2 900	5.5	2.3	85
40-200(I)A	8.3 11.7 15.3	2.31 3.25 4.25	45.0 44 42	37 45 45	2 900	4	2.3	75
40-200(I)B	7.5 10.6 13.8	2.08 2.94 3.83	37 36 34	44	2 900	3	2.3	63
40-250(I)	8.8 12.5 16.3	2.44 3.47 4.53	81.2 80 77.5	30 38 40	2 900	11	2.3	145
40-250(I)A	8.2 11.6 15.2	2.28 3.22 4.22	71.0 70 68	38	2 900	7.5	2.3	95
40-250(I)B	7.6 10.8 14	2.11 3.0 3.89	61.4 60 68	37	2 900	7.5	2.3	94
40-250(I)C	7.1 10.0 13.1	1.97 2.78 3.64	53.2 52 50.4	36	2 900	5.5	2.3	88
50-100	8.8 12.5 16.3	2.44 3.47 4.53	13.6 12.5 11.3	55 62 60	2 900	1.1	2.3	36
50-100A	8 11 14.5	2.22 3.05 4.03	11 10 9	60	2 900	0.75	2.3	35
50-125	8.8 12.5 16.3	2.44 3.47 4.53	21.5 20 17.8	49 68 57	2 900	1.5	2.3	43

学习笔记

续上表

型号	流量Q		扬程/m	效率/%	转速/(r/min)	电机功率/kW	必需汽蚀余量 $NPSH_r$/m	质重/kg
	m^3/h	L/s						
50-125A	8 11 14.5	2.22 3.05 4.03	17 16 14	57	2 900	1.1	2.3	38
50-160	8.8 12.5 16.3	2.44 3.47 4.53	33 32 30	45 52 51	2 900	3	2.3	59
50-160A	8.2 11.7 15.2	2.28 3.25 4.22	29 28 26	44 51 50	2 900	2.2	2.3	51
50-160B	7.3 10.4 13.5	2.38 2.89 3.75	23 22 20.5	50	2 900	1.5	2.3	47
50-200	8.8 12.5 16.3	2.44 3.47 4.53	52 50 48	38 46 46	2 900	5.5	2.3	101

3. ISW、ISWR、ISWH系列卧式离心泵(摘自扬子江泵业样本)

型号	流量Q		扬程 H/m	效率 n/%	电机功率/kW	转速 n/(r/min)	必需汽蚀余量 $NPSH_r$/m	质量/kg
	(m^3/h)	(L/s)						
50-160(I)B	15.0 21.6 28	4.17 6.0 7.78	26 24 20.6	51 58 56	3	2 900	2.5	61
50-200(I)	17.5 25 32.5	4.86 6.94 9.03	52.7 50 45.5	53 60 58	7.5	2 900	2.5	113
50-200(I)A	16.4 23.5 30.5	4.56 6.53 8.47	46.4 44 40	49 58 54	7.5	2 900	2.5	111
50-200(I)B	15.2 21.8 28.3	4.2 6.06 7.86	40 38 34.5	47 55 51	5.5	2 900	2.5	104

学习笔记

续上表

型号	流量 Q		扬程 H/m	效率 η/%	电机功率/kW	转速 n/(r/min)	必需汽蚀余量 $NPSH_r$/m	质量/kg
	(m^3/h)	(L/s)						
50-250(I)	17.5 25 32.5	4.86 6.94 9.03	82 80 76.2	49 52 50	15	2 900	2.5	180
50-250(I)A	16.4 23.4 30.5	4.56 6.53 8.47	71.5 70 67	45 51 47	11	2 900	2.5	170
50-250(I)B	15 21.6 28	4.17 6.0 7.78	61 60 57.4	38 54 49	11	2 900	2.5	170
50-315(I)	17.5 25 32.5	4.86 6.94 9.03	128 125 122	38 44 40	30	2 900	2.5	313
50-315(I)A	16.6 23.7 31	4.61 6.58 8.6	115 113 112	37 43 40	22	2 900	2.5	247
50-315(I)B	15.7 22.5 29.2	4.36 6.25 8.1	103 101 98	33 39 37	18.5	2 900	2.5	217
65-100	17.5 25 32.5	4.86 6.94 9.09	13.7 12.5 10.5	67 69 68	1.5	2 900	2.5	48
65-100A	15.6 22.3 29	4.3 6.19 8.1	11 10 8.4	65 68 67	1.1	2 900	2.5	42
65-125	17.6 25 32.5	4.86 6.94 9.03	21.5 20 18	61 68 66	3	2 900	2.5	60
65-125A	15.6 22.3 29	4.33 6.19 8.1	17 16 14.4	58 66 65	2.2	2 900	2.5	51

学习笔记

附录H 典型风机规格

1. A系列离心鼓风机(摘自西安陕鼓通风设备有限公司样本)

型号	流量/(m^3/min)	进口压力/bar	出口压力/bar	转速/(r/min)	电机功率/kW	电机型号
AⅠ60-1.2	60	1	1.2	2 970	37	Y200L2-2
AⅠ80-1.12	80	1	1.12	2 980	30	YB200L1-2
AⅠ115-1.02/1.015	115	1.015	1.02	2 970	75	YB280S-2
AⅠ115-1.12/1.105-1	115	1.105	1.12	2 970	75	YB820S-3
AⅠ120-1.2245	120	1	1.224 5	2 970	75	YB280S-2
AⅠ130-1.125/1.08	130	1.08	1.125	1 480	45	YB225M-4
AⅠ150-1.216/1.046	150	1.046	1.216	1 480	110	YB315S-4
AⅠ150-1.29	150	1	1.29	2 940	125	JK112-2
AⅠ180-1.365/1.245	180	1.245	1.365	2 970	75	YB820S-3
AⅠ180-1.94/1.87	180	1.87	1.94	2980	110	YB215S-2
AⅠ200-1.2	200	1	1.2	2 970	132	YB315M-2
AⅠ240-1.325/1.203	240	1.203	1.325	2 970	90	YB280M-2
AⅠ250-1.3	250	1	1.3	2 980	220	JK123-2
AⅠ300-1.33	300	1	1.33	2 950	275	JK124-2
AⅠ320-1.215/1.047	320	1.047	1.215	2 960	160	YB315L1-2
AⅠ400-1.245/1.04	400	1.04	1.245	2 980	220	YB355S2-2
AⅠ480-1.25	480	1	1.25	2 975	280	YKK450
AⅠ500-0.919/0.836	500	0.836	0.919	2 960	185	YB355-2
AⅠ560-1.3/1.05	560	1.05	1.3	2 980	450	YKK450
AⅠ580-1.28	580	1	1.28	2 980	450	YKK450
AⅠ600-1.0765/0.8011	600	0.801 1	1.076 5	2 980	400	YBP400-2
AⅠ700-1.24	700	1	1.24	2 960	440	JK134-2
AⅠ800-1.296	800	1	1.296	2 983	560	YK450-2
AⅠ900-1.066/0.796	900	0.796	1.066	2 985	630	JK630-2
AⅠ1200-1,29/1.01	1 200	1.01	1.29	2 975	800	JK800-2
AⅡ1150-1.096/0.816	1 150	0.816	1.096	2 975	800	YKK4502-2

续上表

型号	流量/ (m^3/min)	进口压力/bar	出口压力/bar	转速/(r/min)	电机功率/kW	电机型号
AⅡ1600-1.087/0.867	1 600	0.867	1.087	2 980	1 120	YB710M1-2
AⅡ1760-0.93/0.64	1 760	0.64	0.93	2 980	1 250	YBPT710-2
AⅡ1770-0.987/0.707	1 770	0.707	0.987	2 980	1 250	YB710M2-2
AⅡ1850-1.35/1.05	1 850	1.05	1.35	2 980	1 250	YB560M1-4

注：1. 该系列离心鼓风机为单吸入、低速、单级结构，风机通过联轴器与电机直联，按照结构形式可以分为AⅠ系列（单级悬臂结构）和AⅡ系列（单级双支撑结构）风机。该系列离心鼓风机主要适用于化工、冶金行业输送空气、煤气以及其它无毒、无腐蚀性的混合气体，排气压力一般低于0.3 MPa。

2. AⅠ系列鼓心鼓风机，其进气流量范围为10～1 200 m^3/min，压升不大于3 000 mmH_2O，压比不大于1.3，工作转速不大于3 000 r/min。

3. AⅡ系列离心鼓风机，其进气流量范围为1 000～3 000 m^3/min，压升不大于4 000 mmH_2O，压比不大于1.45，工作转速不大于3 000 r/min。

2. 4-72型离心通风机规格（摘录）

机号	转速/(r/min)	全压/Pa	风量/ (m^3/h)	出风口方向/(°)	电动机		传动方式	外形尺寸(长/mm)×(宽/mm)×(高/mm)	质量(不带电动机)/kg
					型号	功率/kW			
2.8	2 900	994 606	1 131 2 356	0～225 间隔45	Y90S-2 (B35)	1.5	A	215×455×561	24.5
3.2	2 900	1300 792	1 688 3 517	0～225 间隔22.5	Y90L-2 (B35)	2.2	A	279×519×637	31.3
3.6	2 900	1 578	2 664	0～225 间隔22.5	Y100L-2 (B35)	3	A	308×584×714	44.3
	1 450	393	1 332		Y90S-4 (B35)	1.1			
4	2 900	2 014	4 012	0～225 间隔22.5	Y132S1-2 (B35)	5.5	A	336×647×789	61.9
4.5	2 900	2 554	5 712	0～225 间隔22.5	Y132S2-2 (B35)	7.5	A	371×728×885	82
5	2 900	3 187	7 728	0～225 间隔22.5	Y160M2-2 (B35)	15	A	406×809×981	90

学习笔记

续上表

<table>
<tr><th rowspan="2">机号</th><th rowspan="2">转速/(r/min)</th><th rowspan="2">全压/Pa</th><th rowspan="2">风量/(m^3/h)</th><th rowspan="2">出风口方向/(°)</th><th colspan="2">电动机</th><th rowspan="2">传动方式</th><th rowspan="2">外形尺寸(长/mm)×(宽/mm)×(高/mm)</th><th rowspan="2">质量(不带电动机)/kg</th></tr>
<tr><th>型号</th><th>功率/kW</th></tr>
<tr><td rowspan="6">6</td><td>2 240</td><td>2 734</td><td>10 314</td><td rowspan="6">0～225
间隔 22.5</td><td>Y160L-4</td><td>15</td><td>C</td><td rowspan="2">1 091.5×969×1 243</td><td rowspan="2">132</td></tr>
<tr><td>1 800</td><td>1 760</td><td>8 288</td><td>Y132M-4</td><td>7.5</td><td>C</td></tr>
<tr><td>1 450</td><td>1 139</td><td>6 677</td><td>Y112M-4</td><td>4</td><td>A</td><td>476×969×1 171</td><td rowspan="2">132</td></tr>
<tr><td>1 250</td><td>846</td><td>5 756</td><td>Y100L2-4</td><td>3</td><td>C</td><td rowspan="3">1 901.5×969×1 243</td></tr>
<tr><td>960</td><td>498</td><td>4 420</td><td>Y100L-6
(B35)</td><td>1.5</td><td>A</td><td rowspan="2">132</td></tr>
<tr><td>800</td><td>346</td><td>3 684</td><td>Y90S-4</td><td>1.1</td><td>C</td></tr>
<tr><td>8</td><td>1 800</td><td>3 143</td><td>19 646</td><td>0～225
间隔 45</td><td>Y200L1-2</td><td>30</td><td>C</td><td>1 541.5×1 291×1 715</td><td>609</td></tr>
<tr><td>10</td><td>1 450</td><td>3 202</td><td>40 441</td><td>0～225
间隔 45</td><td>Y250M-4</td><td>55</td><td>D</td><td>1 674.5×1 611×2 095</td><td>817</td></tr>
<tr><td>12</td><td>1 120</td><td>2 746</td><td>53 978</td><td>0～225
间隔 45</td><td>Y280S-4</td><td>75</td><td>C</td><td>2 021.5×1 931×2 475</td><td>1 244</td></tr>
<tr><td>16</td><td>900</td><td>3 157</td><td>102 810</td><td>0,90,180</td><td>Y315L2-6</td><td>132</td><td>B</td><td>12 508×2 653×3 226.5</td><td>2 523</td></tr>
<tr><td>20</td><td>710</td><td>3 068</td><td>158 410</td><td>0,90,180</td><td>Y335-8</td><td>220</td><td>B</td><td>2 787×3 328×4 009.5</td><td>3 756</td></tr>
</table>

学习笔记

参考文献

[1]夏清，贾绍义．化工原理：上册[M].2版．天津：天津大学出版社，2012.

[2]陈敏恒，丛德滋，方图南．化工原理：上册[M].5版．北京：化学工业出版社，2019.

[3]蒋丽芬．化工原理[M].3版．北京：高等教育出版社，2021.

[4]李薇，崔芙红．化工原理：上册：流体输送与传热技术[M].3版．北京：化学工业出版社，2021.

[5]李云，姜培正．过程流体机械[M].2版．北京：化学工业出版社，2008.

[6]中石化上海工程有限公司．化工工艺设计手册：上册[M].5版．北京：化学工业出版社，2018.

[7]中石化上海工程有限公司．化工工艺设计手册：下册[M].5版．北京：化学工业出版社，2018.

[8]刘光启，马连湘，项曙光．化学化工物性数据手册：无机卷[M].增订版．北京：化学工业出版社，2013.

[9]童钧耕，王丽伟，叶强．工程热力学[M].6版．北京：高等教育出版社，2022.

[10]孔珑．工程流体力学[M].4版．北京：中国电力出版社，2014.

[11]郑瑞澄．民用建筑太阳能热水系统工程技术手册[M].2版．北京：化学工业出版社，2011.

[12]国家市场监督管理总局，国家标准化管理委员会．压力容器：第2部分：材料：GB/T 150.2—2024[S].北京：中国标准出版社，2024.

[13]国家市场监督管理总局，国家标准化管理委员会．钢管尺寸、外形、重量及允许偏差：GB/T 17395—2024[S].北京：中国标准出版社，2024.

[14]中华人民共和国国家质量监督检验检疫总局，中国国家标准化管理委员会．冷热水用聚丙烯管道系统　第2部分：管材：GB/T 18742.2—2017[S].北京：中国标准出版社，2017.

[15]住房和城乡建设部．民用建筑太阳能热水系统应用技术标准：GB 50364—2018[S].北京：中国建筑工业出版社，2018.

[16]国家质量监督检验检疫总局，中国国家标准化管理委员会．离心泵和转子泵用轴封系统：GB/T 34875—2017[S].北京：中国标准出版社，2017.